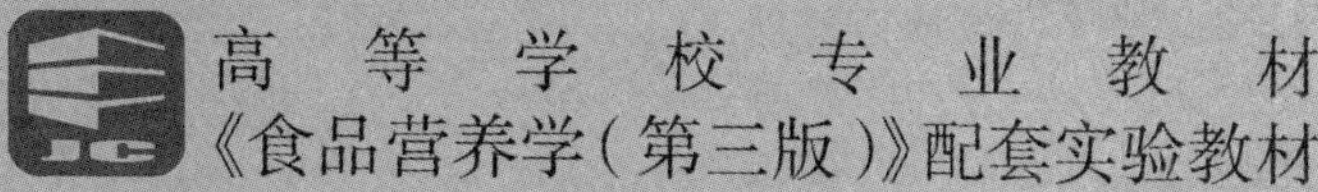

高等学校专业教材
《食品营养学（第三版）》配套实验教材

食品营养学实验指导

主　编　汪建明
副主编　王　浩　杨　晨

中国轻工业出版社

图书在版编目(CIP)数据

食品营养学实验指导/汪建明主编．—北京:中国轻工业出版社,2022.7

ISBN 978－7－5184－3930－0

Ⅰ.①食…　Ⅱ.①汪…　Ⅲ.①食品营养—营养学—实验　Ⅳ.①TS201.4－33

中国版本图书馆 CIP 数据核字(2022)第 051614 号

责任编辑:马　妍　潘博闻

策划编辑:马　妍　　责任终审:劳国强　　封面设计:锋尚设计

版式设计:砚祥志远　　责任校对:朱燕春　　责任监印:张　可

出版发行:中国轻工业出版社(北京东长安街 6 号,邮编:100740)

印　　刷:北京君升印刷有限公司

经　　销:各地新华书店

版　　次:2022 年 7 月第 1 版第 1 次印刷

开　　本:787×1092　1/16　印张:14.5

字　　数:292 千字

书　　号:ISBN 978－7－5184－3930－0　定价:36.00 元

邮购电话:010－65241695

发行电话:010－85119835　传真:85113293

网　　址:http://www.chlip.com.cn

Email:club@chlip.com.cn

如发现图书残缺请与我社邮购联系调换

190186J1X101ZBW

本书编审人员

主　　编　汪建明（天津科技大学）

副 主 编　王　浩（天津科技大学）
　　　　　杨　晨（天津科技大学）

参编人员（按姓氏笔画排序）
　　　　　朱巧梅（天津科技大学）
　　　　　金　艳（天津科技大学）
　　　　　周仲凯（天津科技大学）
　　　　　孟　晶（天津科技大学）
　　　　　潘明飞（天津科技大学）

主　　审　张泽生（天津科技大学）

前言 | Preface

《食品营养学实验指导》是《食品营养学（第三版）》的配套实验教材，结合《食品营养学》的教学内容，对实验内容进行了合理编排。《食品营养学》1996 年曾荣获中国轻工总会第三届全国优秀教材一等奖，第二版教材自 2004 年出版发行以来印刷 22 次，已成为食品营养学课程的精品教材。《食品营养学实验指导》根据教学需要和社会需求，紧密围绕《食品营养学》的核心内容，结合现行国家标准、国内外研究数据，经过多次重复实验，编选出本书推荐开展的实验内容。以往食品营养学实验教材涉及实验项目较少，实验过程简单，与现代先进科学研究技术手段联系不够密切。本书力图拓展食品营养学实验覆盖的范围，结合先进科学技术研究方法，丰富营养学实验教学内容，明确营养学实验的目的和意义，在实验中开展实践能力和创新意识的培养与锻炼。

《食品营养学实验指导》共分为十章。内容包括：碳水化合物的营养评价、脂类的营养评价、蛋白质的营养评价、维生素的营养评价、矿物质的营养评价、其他指标（食品中黄酮含量、抗氧化成分、血管紧张素转化酶等）的测评、营养素在加工中的评价、健康指标与评价方法、常见营养功能的评价、膳食调查和食谱编制。编者根据《食品营养学》教材中的核心内容，力求将与营养学相关的实验汇总至本书中，使本书的内容丰富全面，覆盖面广。近年来，随着高校先进实验仪器的丰富和先进实验方法的应用，营养学相关实验技术不断更新，编者结合现代营养学实验技术手段，更新了实验和评价方法。本书中每一节实验中包括理论知识、实验内容、思考题、参考文献四部分。“理论知识”中简要说明了实验背景、实验目的、实验原理，可促使读者理解实验的意义和基本理论对于要解决技术问题的重要作用。在“实验内容”中，不仅阐明了实验方法，还对结果进行解读并说明了实验注意事项，可加深学生对实验方法和过程的理解。在“思考题”中，结合“理论知识”和“实验内容”，使学生更好地对实验内容进行思考和分析。本书在“参考文献”中提供了与实验相关的可以检索应用的学术论文、参考方法以及参考书等，试图以此帮助学生和读者拓展食品科学的视野。本书结尾的“实验报告”为学生提供了整理实验结果和结论的框架，引导学生总结实验结果，发现问题，在回答思考题的同时，思索实验与原理、实际相结合的问题。

本书作为 2021 年天津市教育科学规划（重点）课题“校企深度融合的路径创新研究”（BIE210023）项目成果，由天津科技大学汪建明担任主编，天津科技大学王浩、杨晨担任副主编，编者均为多年从事食品营养学教学科研的教师。本书在编写的过程中得到了许多相关人士的支持和帮助，在此一并表示衷心感谢。

本书可供高等学校食品科学与工程、食品质量与安全、食品营养与健康、动物科学、生物工程、生物技术专业教师和学生使用，可以作为食品营养学实验课程的教材以及课外科技活动的辅助资料。本书也适用于高职院校食品专业的学生以及攻读食品科学专业的研究生使用。除此之外，本书还可以作为食品研究与设计单位、食品加工企业的参考书。

由于编者水平所限，时间仓促，书中难免存在不妥及错误之处，恳请各位专家、同行、读者提出宝贵意见。

编　者
2022 年 3 月

目录 Contents

第一章 碳水化合物的营养评价

CHAPTER 1

实验一　比色定糖法测定总糖/还原糖的含量

理论知识

（一）背景材料

植物体内的还原糖，主要是葡萄糖、果糖和麦芽糖。它们不仅通过在植物体内的分布反映植物体内碳水化合物的运转情况，而且也是呼吸作用的基质。还原糖还能形成其他物质，如有机酸等。此外，水果蔬菜中含糖量的多少，也是鉴定其品质的重要指标。还原糖在有机体的代谢中起着重要作用，其他碳水化合物，如淀粉、蔗糖等，经水解也生成还原糖。各种单糖和麦芽糖是还原糖，蔗糖和淀粉是非还原糖。利用溶解度不同可将植物样品中的单糖、双糖和多糖分别提取出来，再用酸水解法使没有还原性的双糖和多糖彻底水解成为有还原性的单糖。

（二）实验目的

（1）掌握还原糖定量测定的基本原理。

（2）学习比色定糖法的基本操作。

（3）熟悉分光光度计的使用方法。

（三）实验原理

在碱性的条件下，还原糖与3,5－二硝基水杨酸共热，3,5－二硝基水杨酸（DNS）被还原为3－氨基－5－硝基水杨酸（棕红色物质），还原糖的量与棕色物质颜色深浅的程度成一定的比例关系，在540nm波长下测定棕红色物质的吸光值，对照标准曲线并计算，便可分别求出样品中还原糖和总糖的含量。多糖水解时，在单糖残基上加了一分子水，在计算中须扣除已加入的水量，然后将测定所得的总糖量乘以0.9即为实际的总糖量。

实验内容

（一）实验设备与材料

1. 实验设备

（1）25mL 刻度试管×11；

(2) 大离心管或玻璃漏斗 ×2;

(3) 烧杯 100mL ×1;

(4) 容量瓶 100mL ×3;

(5) 刻度吸管 1mL ×11、2mL ×4、10mL ×1;

(6) 恒温水浴锅;

(7) 沸水浴;

(8) 电子天平;

(9) UV2600 紫外 – 可见分光光度计。

2. 实验材料与试剂

(1) 市售面粉;

(2) 1.0mg/mL 葡萄糖标准溶液 准确称取 100mg 分析纯葡萄糖(预先在 80℃烘至恒重),置于小烧杯中,用少量蒸馏水溶解后,定量转移至 100mL 的容量瓶中,以蒸馏水定容至刻度,摇匀,置于冰箱中保存备用;

(3) 3,5 – 二硝基水杨酸试剂(DNS) 将6.3g 3,5 – 二硝基水杨酸和 262mL 2mol/L NaOH 溶液,加到 500mL 含有 185g 酒石酸甲钠的热水溶液中,再加 5g 结晶酚和 5g 亚硫酸钠,搅拌溶解。冷却后加蒸馏水定容至 1000mL,贮于棕色瓶中备用;

(4) 碘 – 碘化钾溶液 称取 5g 碘和 10g 碘化钾,溶于 100mL 蒸馏水中;

(5) 酚酞指示剂 称取 0.1g 酚酞,溶于 250mL 70% 乙醇中;

(6) 6mol/L HCl;

(7) 6mol/L NaOH。

(二)实验方法与数据处理

1. 葡萄糖标准曲线的绘制

取 7 支 25mL 刻度试管,编号,按表 1 – 1 操作。

表 1 – 1 葡萄糖标准曲线的绘制

操作项目	试管编号						
	0	1	2	3	4	5	6
葡萄糖标准液/mL	0	0.2	0.4	0.6	0.8	1.0	1.2
蒸馏水/mL	2	1.8	1.6	1.4	1.2	1.0	0.8
3,5 – 二硝基水杨酸/mL	1.5	1.5	1.5	1.5	1.5	1.5	1.5
吸光值(A_{540})							

将各管摇匀,在沸水浴中加热 5min,取出后立即放入盛有冷水的烧杯中冷却至室温,再以蒸馏水定容至 25mL 刻度处,用橡皮塞塞住管口,颠倒混匀(如用大试管,则向每管加入 21.5mL 蒸馏水,混匀)。在 540nm 波长下,用 0 号试管调零,分别读取 1 ~ 6 号管的吸光值。以吸光值为纵坐标,葡萄糖质量为横坐标,绘制标准曲线。

2. 样品中还原糖和总糖的测定

(1) 样品中还原糖的提取 准确称取 2g 食用面粉,放在 100mL 的烧杯中,先以少量的蒸馏水调成糊状，然后加 50mL 蒸馏水，搅匀，置于 50℃恒温水浴中保温 20min，使还原糖浸出。离心或过滤，用 20mL 蒸馏水洗残渣，再离心或过滤，将两次离心的上清液或滤液全部收集在 100mL 的容量瓶中，用蒸馏水定容至刻度，混匀，作为还原糖待测液。

（2）样品中总糖的水解和提取　准确称取 1g 食用面粉，放在 100mL 的三角瓶中，加入 10mL 6mol/L HCl 及 15mL 蒸馏水，置于沸水浴中加热水解 30min。取 1 ~2 滴水解液于白瓷板上，加 1 滴碘 – 碘化钾溶液，检查水解是否完全。如已水解完全，则不显蓝色。待三角瓶中的水解液冷却后，加入 1 滴酚酞指示剂，以 6mol/L NaOH 中和至微红，过滤，再用少量蒸馏水冲洗三角瓶及滤纸，将滤液全部收集在 100mL 的容量瓶中，用蒸馏水定容至刻度，混匀。精确吸取 10mL 定容过的水解液，移至另一 100mL 的容量瓶中，定容，混匀，作为总糖待测液。

（3）显色和比色　取 5 支 25mL 刻度的血糖或刻度试管，编号，按表 1 – 2 所示的量，精确加入待测液和试剂。

表 1 – 2　　显色和比色

操作项目	还原糖测定管号		总糖测定管号		
	①	②	Ⅰ	Ⅱ	Ⅲ
还原糖待测液/mL	2	2	0	0	0
总糖待测液/mL	0	0	1	1	0
蒸馏水/mL	0	0	1	1	2
3,5 – 二硝基水杨酸/mL	1.5	1.5	1.5	1.5	1.5
吸光值（A_{540}）					

以管①、②的吸光值平均值和管Ⅰ、Ⅱ的吸光值平均值，分别在标准曲线查出相应的还原糖毫克数。按下式计算出样品中的还原糖和总糖的百分含量。如式（1 – 1）、式（1 – 2）所示。

$$还原糖(\%) = \frac{查曲线所得还原糖毫克数 \times \dfrac{测定时取用体积}{提取液总体积}}{样品毫克数} \times 100\% \tag{1-1}$$

$$总糖(\%) = \frac{查曲线所得水解后还原糖毫克数 \times 稀释倍数}{样品毫克数} \times 0.9 \times 100\% \tag{1-2}$$

（三）结果解读

1. 参考范围

糖渍类总糖≤70%；糖霜类总糖≤75%；果脯类总糖≤85%；凉果类总糖≤70%；不加糖类总糖≤6%；加糖类总糖≤60%；糕类总糖≤75%；条类总糖≤70%；片类总糖≤80%。

2. 检测结果的解释

还原糖不达标会影响产品本身的风味。还原糖偏高会使糖果吸潮，易使糖果变质，不耐贮藏，影响糖果的质量。还原糖含量过低会使产品发硬，而含量太高了又发软、出水，所以还原糖含量需要控制在某一范围内。

在重复性条件下获得的两次独立测定结果的绝对差值不得超过算术平均值的5%。

3. 营养建议

糖类对人类十分重要，人体的各器官活动所需的能量主要靠糖类供给，所以，糖类在我们饮食中起着非常巨大的作用。糖类作为功能食品的基料，应用于各类保健品和食品工业中，应针对现在糖尿病患者或肥胖人群开发低热量、无蔗糖的食品。

（四）注意事项与说明

（1）沸水浴时应将试管口用保鲜膜封住，以防止水分蒸发引起体积误差。

（2）应该在反应体系稳定后进行比色。

（3）比色时，比色皿中盛放的溶液体积不应过多，一般在2/3～3/4。

（4）比色时，不能将溶液溅在仪器面板和仪器内。

（5）标准曲线制作与样品含糖量测定应同时进行，一起显色与比色。

思考题

1. 面粉中主要含有何种糖?
2. 糖含量定量测定的方法还有哪些?
3. 在提取糖时，其他杂质是否会影响到沉淀?

参考文献

西北农业大学. 基础生物化学实验指导［M］. 西安：陕西科学技术出版社，1986.

实验二　高效液相色谱分析法测定单糖的含量

理论知识

（一）背景材料

单糖是指分子结构中含有3～6个碳原子的糖，如三碳糖的甘油醛；四碳糖的赤藓糖、苏力糖；五碳糖的阿拉伯糖、核糖、木糖、来苏糖；六碳糖的葡萄糖、甘露糖、果糖、半乳糖。食品中的单糖以己糖（六碳糖）为主。单糖就是不能再水解的糖类，是构成各种二糖和多糖分子的基本单位。

按碳原子数目，单糖可分为丙糖、丁糖、戊糖、己糖等。自然界的单糖主要是戊糖和己糖。根据构造，单糖又可分为醛糖和酮糖。多羟基醛称为醛糖，多羟基酮称为酮糖。例如，葡萄糖为己醛糖，果糖为己酮糖。单糖中最重要且与人们关系最密切的是葡萄糖。常见的单糖还有果糖、半乳糖、核糖和脱氧核糖等。

检测食品单糖的方法有化学法、高效液相色谱法和气相色谱法等。高效液相色谱法与现在使用的测定糖含量的斐林滴定法相比，具有灵敏度好、检测速度快、适用范围广等特点。

（二）实验目的

（1）掌握单糖测定的基本原理。

（2）学习高效液相色谱法测定单糖含量的基本操作。

（3）熟悉高效液相色谱仪的使用方法。

（三）实验原理

高压泵将贮液罐的流动相经进样器送入色谱柱中，然后从检测器的出口流出，这时整个系统就被流动相充满。当欲分离样品从进样器进入时，流经进样器的流动相将其带入色谱柱中进行分离，分离后不同组分依先后顺序进入检测器，记录仪将进入检测器的信号记录下来，即得到液相色谱图。

实验内容

（一）实验设备与材料

1. 实验设备

（1）高效液相色谱仪（具有示差折光检测器）；

（2）色谱柱（氨基色谱柱：4.6mm×250mm，5μm）；

（3）磁力搅拌器；

（4）离心机。

2. 化学药品与试剂

乙腈（色谱纯）；乙酸锌溶液；亚铁氰化钾溶液：称取10.6g亚铁氰化钾，加水溶解并稀释至100mL；石油醚（沸程30～60℃）；糖（纯度≥99%）；单糖标准品。

（二）实验方法与数据处理

1. 试样的制备

（1）块状或颗粒状样品　取有代表性的样品至少200g，用粉碎机粉碎，置于密闭的容器内。

（2）粉末状、糊状或液体样品　取有代表性的样品至少200g，充分混匀，置于密闭的容器内。

2. 样品处理

（1）脂肪含量小于10%的食品　称取均匀的食品样品0.5～10g（m_1，精确至0.1mg），含糖量5%以下称取10g，含糖量5%～10%称取5g，含糖量10%～40%称取2g，含糖量40%以上称取0.5g，于150mL带有磁力搅拌子的烧杯中，加水约50g溶解，缓慢加入乙酸锌溶液和亚铁氰化钾溶液各5mL，再加水至溶液总质量约为100g（m_2，精确至0.1mg），磁力搅拌30min，放置室温后，用干燥滤纸过滤，取约2mL滤液用0.45μm微孔滤膜或离心获取清液至样品瓶，待色谱仪测定。

（2）糖浆、蜂蜜类　称取1～2g均匀样品（m_1，精确至0.1mg）于50mL容量瓶，加水至溶液总质量约为50g（m_2，精确至0.1mg），充分摇匀，用0.45μm微孔滤膜或离心获取清液至样品瓶，待色谱仪测定。

（3）含二氧化碳的饮料　吸取去除了二氧化碳的样品 50mL（m_1），移入 100mL 容量瓶中，缓慢加入乙酸锌溶液和亚铁氰化钾各 5mL，放置待样品达到室温后，用水定容至刻度（m_2），摇匀，静置 30min，然后用干燥滤纸过滤，取约 2mL 滤液，用 0.45μm 微孔滤膜或离心获取清液至样品瓶，待色谱仪测定。

（4）脂肪含量大于 10% 的食品　称取均匀的样品 5 ~ 10g（m_1，精确至 0.1mg），置于 100mL 具塞离心管中，加入 50mL 石油醚，振摇 2min，1800r/min 离心 15min，去除石油醚，重复以上步骤至去除大部分脂肪。蒸发残留的石油醚，用玻璃棒将样品捣碎，将样品移至 150mL 带有磁力搅拌子的烧杯中，用 50g 水分两次冲洗离心管，并将洗液并入烧杯，加入乙酸锌溶液和亚铁氰化钾溶液各 5mL，剩余步骤同上。

3. 测定

色谱参考条件如下。柱温：40℃；流动相：乙腈 - 水（85 + 15，体积比）；流速：1.0mL/min；进样体积：20μL。

分别吸取 20μL 标准工作液注入高效液相色谱仪，在上述色谱条件下测定标准溶液的响应值（峰面积），以浓度为横坐标、峰面积为纵坐标，绘制标准曲线。

样品中糖的测定：吸取 20μL 样液注入高效液相色谱仪，在上述色谱条件下测定试样的响应值（峰面积）。以标准曲线上查得样液中各单糖的含量，或利用回归方程式计算样液中各单糖的含量。

4. 结果的计算

样品中各单糖含量以质量分数 X 计，数值以% 表示，按式（1 - 3）计算：

$$X = \frac{c \times m_2}{m_1 \times 1000} \times 100 \tag{1-3}$$

式中　X——样品中糖含量，%；

c——样液中糖的含量，mg/g；

m_2——水溶液总质量或总体积，g 或 mL；

m_1——样品的质量或体积，g 或 mL。

平行测定结果用算术平均值表示，保留 3 位有效数字。

（三）结果解读

1. 参考范围

不同食品中单糖含量会有不同。

2. 检测结果的解释

在重复性条件下获得的两次独立测定结果的绝对差值不得超过算术平均值的 5%。

3. 营养建议

世界卫生组织（WHO）提出新准则，建议成人的每日摄取热量中，糖量应该≤5%。

（四）注意事项

（1）将已经过滤并脱气的流动相注入储液罐。

（2）用流动相冲洗金属过滤器，然后将过滤器浸入储液罐的流动相中。

（3）将储液罐放置在一定的高度，以避免由于搬运和其他操作人员的移动而造成不必要的跌落。

（4）然后按以下顺序依次启动高效液相色谱仪：泵→检测器→高效液相色谱软件→按预先计划的方法设置软件参数，如分析时间、检测波长、流速等。

（5）启动泵，运行5min，主要是为了排除系统中的气泡，结束后关闭所有排气阀。

（6）然后按照预先计划的速度，以固定的速率，如1mL/min左右，运行流动相，走基线，直到基线平稳，就可以在计算机软件上进行监测。

（7）基线平稳后，在软件中设置样品的运行参数，如流速和分析时间等。分析时间会因样品、流速、柱长等因素变化。

（8）参数设置完毕后，将固定体积的样品溶液注入进样阀，然后在软件中启动注入命令，进样器中的样品溶液就会随流动相进入色谱柱。

（9）通过软件监测各项读数，当检测器检测到样品所有峰值后，可停止运行并设置下一次进样。在下一个样品分析前，建议留出5~10min，待流动相通过色谱柱，以便清洗之前样品的残留物；确认基线稳定后，可进行下一次进样。

（10）分析结束后，先关闭检测器，然后关闭泵，最后关闭软件。

思考题

1. 还有哪些检测单糖含量的方法？
2. 检测食品单糖的方法中，高效液相色谱法相较于其他方法的优点有哪些？

参考文献

［1］王放．食品营养保健原理及技术［M］．北京：中国轻工业出版社，1996.
［2］赵克健．现代药学名词手册［M］．北京：中国医药科技出版社，2004.
［3］汪东风．食品质量与安全检测技术［M］．北京：中国轻工业出版社，2018.

实验三　黏度法测定右旋糖苷分子质量

理论知识

（一）背景材料

多糖的分子质量测定是研究多糖性质的一项重要工作。多糖的性质往往与它的分子质量大小有关。例如，多糖溶液的黏度不但随浓度的增大而增高，而且与多糖分子质量大小有关。一般来说，分子质量越大，黏度越高。在生物学研究中，发现某些多糖由于分子质量大小方面有差别，所产生的某些效应也有一定差异。

由于不同分子质量大小的多糖具有不同的性质，在多糖的应用中，如以其作为试剂使用于某些实验时，往往需要从它的分子质量大小方面做选择。可见，不论在多糖性质的研究方面，还是在它的用途等方面，都涉及分子质量的概念，往往需要测定多糖的分子质量。多糖分子质量的测定没有一种绝对的方法，其分子质量只代表相似链长的平均配比而不是确切的分子大小。用不同的方法会得到不同的分子质量。对于黏度大的多糖，可采用黏度法求得其分子质量。

（二）实验目的

（1）了解测定多糖分子质量的目的及作用。

（2）理解黏度法测定多糖分子质量的基本原理。

（3）掌握用乌氏黏度计测定聚合物稀溶液黏度的实验技术及数据处理方法。

（三）实验原理

聚合物在溶剂中充分溶解和分散，其分子链在良溶剂中的构象是无规线团。这样聚合物稀溶液在流动过程中，分子链线团与线团间存在摩擦力，这使得溶液表现出比纯溶剂的黏度高。聚合物在稀溶液中的黏度是它在流动过程中所存在的内摩擦的反映，其中溶剂分子相互之间的内摩擦所表现出来的黏度称为溶剂黏度，以 η_0 表示，黏度的单位为 Pa · s。而聚合物分子相互间的内摩擦以及聚合物分子与溶剂分子之间的内摩擦，再加上溶剂分子相互间的摩擦，三者的总和表现为聚合物溶液的黏度，以 η 表示。聚合物稀溶液的黏度主要反映了分子链线团间因流动或相对运动所产生的内摩擦阻力。分子链线团的密度越大、尺寸越大，则其内摩擦阻力越大，聚合物溶液表现出来的黏度就越大。聚合物溶液的黏度与聚合物的结构、溶液浓度、溶剂的性质、温度和压力等因素有密切的关系。通过测量聚合物稀溶液的黏度可以计算得到聚合物的分子质量，称为黏均分子质量。

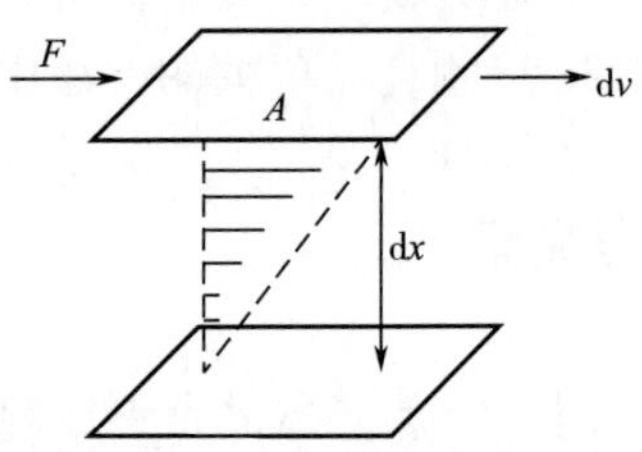

图 1－1　液体的流动示意图

黏度是指液体对流动所表现出来的阻力，这种力阻碍液体中邻接部分的相对移动，因此可看作是一种内摩擦。图 1－1 是液体流动的示意图。当相距为 ds 的两个液层以不同速度（v 和 $v+\mathrm{d}v$）移动时，产生的流速梯度为 dv/ds。当建立平衡流动时，维持一定流速所需的力（即液体对流动的阻力）f' 与液层的接触面积 A 以及流速梯度 dv/ds 成正比，如式（1－4）所示。即

$$f' = \eta A \frac{\mathrm{d}v}{\mathrm{d}s} \tag{1-4}$$

若以 f 表示单位面积液体的黏滞阻力，$f=f'/A$，如式（1－5）所示：

$$f = \eta \frac{\mathrm{d}v}{\mathrm{d}s} \tag{1-5}$$

式（1－5）称为牛顿黏度定律表示式，其比例常数 η 称为黏度系数，简称黏度，单位为 Pa · s。

高聚物在稀溶液中的黏度，主要反映液体在流动时存在着内摩擦。其中因溶剂分子之间的内摩擦表现出来的黏度叫纯溶剂黏度，记作 η_0；此外，还有高聚物分子相互之间的内摩擦，以及高分子与溶剂分子之间的内摩擦。三者之总和表现为溶液的黏度 η。在同一温度下，一般来说，$\eta > \eta_0$ 相对于溶剂，其溶液黏度增加的分数，称为增比黏度，记作 η_{sp}，如式（1－6）所示，即

$$\eta_{sp} = (\eta - \eta_0)/\eta_0 \tag{1-6}$$

而溶液黏度与纯溶剂黏度的比值称为相对黏度，记作 η_r，如式（1－7）所示，即

$$\eta_r = \eta/\eta_0 \tag{1-7}$$

η_r也是整个溶液的黏度行为，η_{sp}则意味着已扣除了溶剂分子之间的内摩擦效应，两者关系如式（1－8）所示：

$$\eta_{sp} = (\eta - \eta_0)/\eta_0 = \eta_r - 1 \tag{1-8}$$

对于高分子溶液，增比黏度η_{sp}往往随溶液的浓度c的增加而增加。为了便于比较，将单位浓度下所显示出的增比浓度，即η_{sp}/c称为比浓黏度；而$\ln\eta_r/c$称为比浓对数黏度。η_r和η_{sp}都是无因次的量。

为了进一步消除高聚物分子之间的内摩擦效应，必须将溶液浓度无限稀释，使得每个高聚物分子间彼此相隔极远，其相互干扰可以忽略不计。这时溶液所呈现出的黏度行为基本上反映了高分子与溶剂分子之间的内摩擦。这一黏度的极限值如式（1－9）所示：

$$\lim_{c \to 0} \frac{\eta_{sp}}{c} = [\eta] \tag{1-9}$$

［η］被称为特性黏度，其值与浓度无关。实验证明，当聚合物、溶剂和温度确定以后，［η］的数值只与高聚物平均相对分子质量M有关，它们之间的半经验关系可用Mark Houwink 方程，即式（1－10）表示：

$$[\eta] = kM^{\alpha} \tag{1-10}$$

式中 k——比例常数；

α——与分子形状有关的经验常数。

它们都与温度、聚合物、溶剂性质有关，在一定的相对分子质量范围内与相对分子质量无关。

k和α的数值，只能通过其他绝对方法确定，例如渗透压法、光散射法等。黏度法只能测定［η］，求算出M。

测定液体黏度的方法主要有3类：①用毛细管黏度计测定液体在毛细管里的流出时间；②用落球式黏度计测定圆球在液体里的下落速度；③用旋转式黏度计测定液体与同心轴圆柱体相对转动的情况。

测定高分子的［η］时，用毛细管黏度计最为方便。当液体在毛细管黏度计内因重力作用而流出时，遵守泊肃叶（Poiseuille）定律，如式（1－11）所示：

$$\frac{\eta}{\rho} = \frac{\pi hgr^4 t}{8lV} - m\frac{V}{8\pi lt} \tag{1-11}$$

式中 ρ——液体的密度；

l——毛细管长度；

r——毛细管半径；

t——流出时间；

h——流经毛细管液体的平均液柱高度；

g——重力加速度；

V——流经毛细管的液体体积；

m——与机器的几何形状有关的常数，在$r/l \ll 1$时，可取$m=1$。

对某一支指定的黏度计而言，令$\alpha = \frac{\pi hgr^4}{8lV}$，$\beta = m\frac{V}{8\pi l}$，则如式（1－12）所示：

$$\frac{\eta}{\rho} = \alpha t - \frac{\beta}{t} \tag{1-12}$$

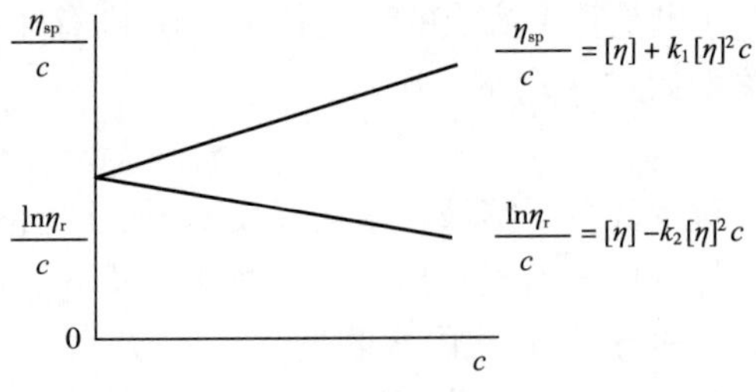

$\beta<1$，当 $t>100$s 时，等式右边第二项可以忽略。设溶液的密度 ρ 与溶剂密度 ρ_0 近似相等。这样，通过测定溶液和溶剂的流出时间 t 和 t_0，就可求算 η_r，如式（1－13）所示：

$$\eta_r=\eta/\eta_0=t/t_0 \qquad (1-13)$$

因此，可计算得到 η_{sp}，η_{sp}/c 和 $\ln\eta_{sp}/c$ 值。配制一系列不同浓度的溶液分别进行测定，η_{sp}/c 以 $\ln\eta_{sp}/c$ 为纵坐标，c 为横坐标作图，可得到两条直线，分别外推到 $c=0$ 处，其截距即为［η］，代入［η］$=kM^{\alpha}$，即可得到 M。

实 验 内 容

（一）实验设备与材料

1. 实验设备

乌氏黏度计；移液管；恒温水浴；秒表；3 号砂芯漏斗；容量瓶；吸滤瓶；水抽气泵。

2. 化学药品及试剂

蒸馏水；右旋糖苷（分析纯）。

（二）实验方法与数据处理

1. 实验方法

（1）溶液配制　用分析天平准确称取 1g 右旋糖苷样品，倒入预先洗净的 50mL 烧杯中，加入约 30mL 蒸馏水，在水浴中加热溶解至溶液完全透明，取出溶液自然冷却至室温，再将溶液移至 50mL 的容量瓶中，并用蒸馏水稀释至刻度。然后，用预先洗净并烘干的 3 号砂芯漏斗过滤，装入 100mL 锥形瓶中备用。

（2）黏度计的洗涤　先将洗液灌入黏度计内，并使其反复流过毛细管部分。然后将洗液倒入专用瓶中，再顺次用自来水、蒸馏水洗涤干净。容量瓶、移液管也都应仔细洗净。

（3）溶剂流出时间 t_0 的测定　开启恒温水浴。并将黏度计垂直安装在恒温水浴中（G 球及以下部位均浸在水中），用移液管吸 10mL 蒸馏水，从 A 管注入黏度计 F 球内，在 C 管和 B 管的上端均套上干燥清洁橡皮管，并用夹子夹住 C 管上的橡皮管下端，使其不通大气。在 B 管的橡皮管口用针筒将水从 F 球经 D 球、毛细管、E 球抽至 G 球中部，取下针筒，同时松开 C 管上夹子，使其通大气。此时溶液顺毛细管而流下，当液面流经刻度 a 线处时，立刻按下停表开始计时，至 b 处则停止计时。记下液体流经 a、b 之间所需的时间。重复测定 3 次，偏差小于 0.2s，取其平均值，即为 t_0 值。

（4）溶液流出时间的测定　取出黏度计，倾去其中的水，连接到水泵上抽气，同时用移液管吸取已预先进行恒温的溶液 10mL，并将其注入黏度计内，同上法，安装黏度计，测定溶液的流出时间 t。

然后依次加入 2mL、3mL、5mL、10mL 蒸馏水。每次稀释后都要将稀释液抽洗黏度计的 E 球，使黏度计内各处溶液的浓度相等，按同样方法进行测定。

2. 数据处理

（1）根据实验对不同浓度的溶液测得相应流出时间，计算 η_{sp}、η_r、η_{sp}/c 和 $\ln\eta_r/c$。

（2）用 η_{sp}/c 和 $\ln\eta_r/c$ 对 c 作图，得两直线，外推至 $c=0$ 处，求出［η］。

（3）将［η］值代入式（1－10）中，计算 M。

（4）25℃时，右旋糖苷水溶液的参数 $k=9.22\times10^{-2}cm^3/g$，$\alpha=0.5$。

（三）结果解读

1. 参考范围

右旋糖苷水溶液的参数：

37℃时，$k=0.141cm^3/g$，$\alpha=0.46$。

25℃时，$k=9.22\times10^{-2}cm^3/g$，$\alpha=0.5$。

此处以37℃时为例，根据［η］＝kM^{α}，代入数据可得 $M=3.17\times10^4$，通过查阅文献可知，右旋糖苷水溶液高聚物的相对分子质量在 2×10^4 ~ 4×10^4 的范围内。

2. 结果分析与讨论

高聚物相对分子质量是表征聚合物特征的基本参数之一，相对分子质量不同，高聚物的性能差异很大。本次实验理论上应该得到两条直线重合于一点。但由图可知，直线线性很差，因此用外推法得到的相对分子质量参考价值不大。

3. 检验结果的解释

导致该结果的原因分析如下：

（1）溶液浓度太稀，测定的 T 和 T_0 很接近，会导致 η_{sp} 的相对误差比较大。

（2）高聚物分子链之间的距离随着浓度的变化而变化，当浓度超过一定的限度时，高聚物溶液中的 η_{SP}/c 或 $\ln\eta_r/c$ 与 c 的关系有可能不再呈线性。查阅相关资料可得知通常选用 $\eta_r=1.2$ ~ 2.0 的浓度范围，本次实验最后两组数据 η_r 均低于1.2，故偏差比较大。

（3）恒温水槽由于搅拌器的存在导致黏度计不能保持垂直，致使液体下流时间改变。

（4）黏度计中的液体在毛细管中流动还受到其他因素的影响，比如倾斜度、重力加速度、毛细管内壁粗糙度、表面张力、动能改正等的影响，这使得测出的流动时间有一定的误差。

（四）注意事项与说明

（1）高聚物在溶剂中溶解缓慢，配制溶液时必须保证其完全溶解，否则会影响溶液起始浓度，而导致结果偏低。

（2）黏度计必须洁净，高聚物溶液中若有絮状物不能将它移入黏度计中。

（3）本实验溶液的稀释是直接在黏度计中进行的，因此，每加入一次溶剂进行稀释时必须混合均匀，并抽洗 E 球和 G 球。

（4）温度对黏度影响很大，实验过程中恒温槽的温度要恒定，溶液每次稀释恒温后才能测量。

（5）黏度计要垂直放置，实验过程中不要振动黏度计，否则影响结果的准确性。

思考题

1. 乌氏黏度计中的支管 C 有什么作用？除去支管 C 是否仍可以测黏度？

2. 黏度计的毛细管太粗太细各有何特点?

3. 评价黏度法测定高聚物相对分子质量的优缺点，指出影响准确测定结果的因素。

参考文献

[1] 钱人元. 高聚物分子量的测定 [M]. 北京：科学出版社，1958.

[2] 何曼君，陈维孝，董西侠. 高分子物理 [M]. 上海：复旦大学出版社，1982.

[3] 张杰，马芝静，李娜. 黏度法测定高聚物分子量实验的改进 [J]. 安徽化工，2017，43 (1)：74 -77.

实验四　酶重法测定膳食纤维的含量

理 论 知 识

(一) 背景材料

“粗纤维”一词最早用于营养学研究，并被认为是对人体不起营养作用的一种非营养成分。然而，近年来随着分析技术的发展和对这种“非营养素”认识的提高，“粗纤维”也被“膳食纤维”所替代，而且人们为其赋予了更丰富的内容。膳食纤维大致分为两类，一类为可溶性的，一类为不可溶性的，二者合并即为总的膳食纤维。它主要包括植物细胞壁的成分，如纤维素、半纤维素、果胶、木质素、角质和二氧化硅等，最早曾有中型洗涤剂法和酸性洗涤剂法等，但测定结果常不能包括全部。本章所介绍的为 Englist 建立的、AOAC 推荐的方法。它主要测定可溶性膳食纤维、不可溶性膳食纤维和总膳食纤维 3 种。

膳食纤维实际上属于碳水化合物的范畴。如今，膳食纤维已被确认为与传统的六大营养素并列的“第七营养素”，对维持人体健康具有重要的生理作用。膳食纤维的理化特性概括起来是膨胀作用、持水能力、胶体形成、离子交换、改善胃肠微生物菌落和产生低热量等。这些特性产生的生理作用如下：使人产生饱腹感并抑制进食，从而预防肥胖；润肠通便，防治肠道疾病和便秘；调控血清胆固醇，降血压，防治冠状动脉硬化，胆石症和预防心脑血管疾病；降血糖，防治糖尿病等。

目前，结肠癌、炎症性肠炎和其他结肠紊乱疾病已经严重影响身体健康。膳食纤维可为肠道微生物生长提供均衡的能量和营养，这是维持结肠生态系统平衡所必需的，另外，膳食纤维的发酵，特别是丁酸发酵，有利于结肠健康。目前国内外已研究开发出的膳食纤维共有 6 大类约 30 余种，其中，应用于实际生产的不超过 10 种。

膳食纤维的物化特性主要包括 5 个方面：

(1) 很高的持水力。

(2) 对阳离子有结合和交换能力。

(3) 对有机化合物有吸附螯合作用。

(4) 具有类似填充剂的充盈作用。

(5) 可改变肠道系统中的微生物群系组成。

(二) 实验目的

(1) 了解食物中膳食纤维的来源及作用。

(2) 理解食物中膳食纤维的测定原理。

(3) 掌握食物中膳食纤维(总膳食纤维、可溶性膳食纤维、不可溶性膳食纤维)测定的方法。

(三) 实验原理

在中性洗涤剂的消化作用下,样品中的糖、淀粉、蛋白质、果胶等物质被溶解除去,不能消化的残渣为不可溶性膳食纤维,主要包括纤维素、半纤维素、木质素、角质和二氧化硅等,并包括不溶性灰分。

样品分别用α-淀粉酶、蛋白酶、葡萄糖苷酶进行酶解消化以去除蛋白质和可消化的淀粉。总膳食纤维(TDF)应先酶解,然后用乙醇沉淀,再将沉淀物过滤,将TDF残渣用乙醇和丙酮冲洗,再干燥称重。不可溶性膳食纤维(IDF)的测定是将IDF酶解后过滤,将过滤后的残渣用热水冲洗,经干燥后称重。可溶性膳食纤维(SDF)的测定则是将上述滤出液用4倍量的95%乙醇沉淀,然后再过滤,干燥,进行称重。TDF、IDF和SDF的量通过蛋白质、灰分含量进行校正。

实验内容

(一) 实验设备与材料

1. 实验设备

(1) 烧杯 400mL或600mL高脚型。

(2) 过滤用坩埚 玻料滤板,美国试验和材料学会(ASTM)40~60μm,Pyrex 60mL(Corning No. 36060 buchner,或同等的)。处理过程如下所述。

①在灰化炉525℃下灰化过夜。降炉温至130℃以下取出坩埚。

②用真空装置移出硅藻土和灰质。

③在室温下用2%清洗溶液浸泡1h。

④用水和去离子水冲洗坩埚;然后用15mL丙酮冲洗然后风干。

⑤在干燥的坩埚中加0.5g硅藻土,在130℃烘干恒重。

⑥ 在干燥器中冷却1h,记录坩埚加硅藻土质量,精确至0.1mg。

(3) 真空装置

①真空泵或抽气机作为控制装置。

②1L的厚壁抽滤瓶。

③与抽滤瓶相配套的橡皮圈。

(4) 振荡水浴箱

①自动控温使温度能保持在(98±2)℃。

②恒温控制在60℃。

(5) 天平 分析级,精确到±0.1mg。

(6) 马弗炉 温度控制在(525±5)℃。

（7）干燥箱　温度控制在105℃和（130±3）℃。

（8）干燥器　用二氧化硅或同等的干燥剂。干燥剂两周一次在130℃烘干过夜。

（9）pH计　注意温控，用pH 4.0、7.0和10.0缓冲液标化。

（10）移液管及套头　容量100μL和5mL。

（11）分配器或量筒

①（15±0.5）mL，供分配78%的乙醇、95%的乙醇以及丙酮。

②（40±0.5）mL，供分配缓冲液。

（12）磁力搅拌器和搅拌棒。

2. 化学药品及试剂

全过程使用去离子水，试剂不加说明均为分析纯。

（1）乙醇溶液

①85%：加895mL 95%乙醇在1L量筒中，用水稀释至刻度。

②78%：加821mL 95%乙醇在1L量筒中，用水稀释至刻度。

（2）丙酮。

（3）供分析用酶　在0～5℃下储存。

①热稳定α－淀粉酶溶液：Cat. No. A3306，Sigma Chemical Co.，St. Louis，MO63178，或Termamyl 300L，Cat. No. 361－6282，Novo－Nordisk，Bagsvaerd，Denmark，或等效的。

②蛋白酶：Cat. No. P3910，Sigma Chemical Co.，或等效的。当天用MES/TRIS缓冲液现配50mg/mL酶溶液。

③淀粉葡萄糖苷酶溶液：Cat. No. AMG A9913，Sigma Chemical Co.，或等效的。

（4）硅藻土　酸洗（Celite 545 AW，No. C8656，Sigma Chemical Co.，或等效的）。

（5）洗涤液　两者挑一。

①铬酸：120g重铬酸钠$Na_2Cr_2O_7 \cdot 2H_2O$，1000mL蒸馏水和1600mL浓硫酸。

②实验室用液体清洁剂，预备急需清洗的（Micro，International Products Corp.，Trenton，NJ08016，或等效的）。用水配制2%溶液。

（6）MES－Tris缓冲液　0.05mol/L，温度在24℃时pH为8.2。

①MES：2－（*N*－吗啉代）磺酸基乙烷（No. M－8250，Singma Chemical Co. 或等效的）。

②Tris：三羟（羟甲基）氨基甲烷（No. T－1503，Sigma Chemical Co. 或等效的）。

在1.7L的蒸馏水中溶解19.52g MES和12.2g Tris，用6mol/L NaOH调pH到8.2，用水定容至2L（注意：24℃时的pH为8.2，但是，如果缓冲液温度在20℃，pH就为8.3，如果温度在28℃，pH为8.1。为了使温度在20～28℃，需根据温度调整pH）。

（7）HCl溶液　0.561mol/L，加93.5mL 6mol/L盐酸到700mL水中，用水定容1L。

（二）实验方法与数据处理

1. 样品制备

（1）固体样品　如果样品粒度>0.5mm，研磨后过0.3～0.5mm（40～60目）筛。

（2）高脂肪样品　如果脂肪含量>10%，用石油醚去脂。每克样品用25mL，每次提取完静置一会儿再小心将烧杯倾斜，慢慢将石油醚倒出，共洗3次。

（3）高碳水化合物样品　如果样品干重含糖>50%，用85%乙醇去除糖分，每克样品每次 10mL，共洗 3 次轻轻倒出，然后在 40℃烘箱中不时翻搅干燥过夜，并研磨过 0.5mm 筛。

2. 样品消化

（1）准确称取双份（1.000 ±0.005）g 样品（m_1 和 m_2），置于高脚烧杯中。

（2）在每个烧杯中加入 40mL MES – Tris 缓冲液，在磁力搅拌器上搅拌直到样品完全分散（注意：防止团块形成，使受试物与酶能充分接触）。

（3）用热稳定的淀粉酶进行酶解处理　加 100μL 热稳定的淀粉酶溶液，低速搅拌。用铝箔片将烧杯盖住，在 95 ~ 100℃水浴中反应 30min（注意：起始的水浴温度应达到 95℃）。

（4）冷却　所有烧杯从水浴中移出，晾至 60℃。打开铝箔盖，用刮勺将烧杯边缘的网状物以及烧杯底部的胶状物刮离，以使样品能够完全酶解。用 10mL 蒸馏水冲洗烧杯壁和刮勺。

（5）用蛋白酶进行酶解处理　在每个烧杯中各加入 10μL 蛋白酶溶液。用铝箔盖住，在 60℃持续摇动反应 30min（注意：开始时的水浴温度应达 60℃），使之充分反应。

（6）pH 测定　30min 后，打开铝箔盖，搅拌中加入 5mL 0.561mol/L HCl 至烧杯中。60℃时用溶液或 1mol/L HCl 溶液调整 pH，最终使 pH 达到 4.0 ~4.7（注意：当溶液为 60℃时检测和调整 pH，因为在较低温度时 pH 会偏高）。

（7）用淀粉葡萄糖苷酶溶液酶解处理　搅拌同时加 100μL 淀粉葡萄糖苷酶溶液。用铝箔盖住，在 60℃持续振摇反应 30min，温度应恒定在 60℃。

3. 测定

（1）总膳食纤维测定

①用乙醇沉淀膳食纤维：在每份样品中，加入预热至 60℃的 95% 乙醇 225mL，乙醇与样品的体积比为 4∶1。室温下沉淀 1h。

②过滤装置：用 15mL 78% 乙醇将硅藻土湿润和重新分布在已称重的坩埚中。用适度的抽力把坩埚中的硅藻土吸到玻板上。

③酶解过滤，用 78% 乙醇和刮勺将所有内容物微粒移到坩埚中（注意：如果一些样品形成胶质，用刮勺破坏表面，可加速过滤）。

④抽真空，分别用 15mL 的 78% 乙醇、95% 乙醇和丙酮冲洗残渣各 2 次，将坩埚内的残渣抽干后在 105℃烘干过夜。将坩埚置于干燥器中冷却至室温。坩埚重量，包括膳食纤维残渣和硅藻土，精确称至 0.1mg。减去坩埚和硅藻土的干重，计算残渣重量。

（2）蛋白质和灰分的测定　取成对的样品中的一份测定蛋白质，用本书前述方法测定。用（$N \times 6.25$）作为蛋白质的转换系数。

分析灰分时用平行样的第二份在 525℃条件下灼烧 5h，然后在干燥器中冷却，精确称至 0.1mg，减去坩埚和硅藻土的质量，即为灰分质量。

（3）不可溶性膳食纤维测定　称适量样品按（2）进行酶解，过滤前用 3mL 水湿润和重新分布硅藻土在预先处理好的坩埚上，保持抽气使坩埚中的硅藻土抽成均匀的一层。

过滤并冲洗烧杯，用 10mL 70℃水洗残渣 2 次，然后再过滤并用水洗，然后转移到 600mL 高脚烧杯中，保留用以测定可溶性膳食纤维，按（4）操作。

用抽滤装置，分别用15mL 78%乙醇、95%乙醇和丙酮各冲洗残渣2次。

注意：应及时用78%乙醇、95%乙醇和丙酮冲洗残渣，否则可造成不可溶性膳食纤维数值的增大。

按（2）用双份样品测定蛋白质和灰分。

（4）可溶性膳食纤维测定　将不可溶性膳食纤维过滤后的滤液收集到600mL高脚烧杯中，对比烧杯和滤过液，估计体积。

加约滤出液4倍量的已预热至60℃的95%乙醇。或者将滤液和洗过残渣的蒸馏水的混合液调至80g，再加入预热至60℃的95%乙醇320mL。

在室温下沉淀1h。

下面按（2）测定总膳食纤维，方法同“湿润和重新分布硅藻土……”之后步骤。

4. 计算

TDF、IDF、SDF均用同一公式计算。

膳食纤维（DF，g/100g）测定，如式（1-14）所示。

$$\mathrm{TDF} = \frac{\frac{R_1 + R_2}{2} - P - A}{\frac{M_1 + M_2}{2}} \times 100 \qquad (1-14)$$

式中　R_1 和 R_2——双份样品残留物质量，mg；

P 和 A——分别为蛋白质和灰分质量，mg；

M_1 和 M_2——样品质量，mg。

（三）结果解读

1. 参考范围

稻米0.2~0.4；糙米0.2~0.4；糯米0.2~0.4；面粉（全）1.5~2.4；面粉（标准）0.6~0.8；麦麸4.9~6.5；燕麦3.1；大麦片4.9~6.5。

2. 检验结果的解释

总膳食纤维 = 可溶性膳食纤维 + 不可溶性膳食纤维

3. 营养建议

每天保证一定的膳食纤维摄入，有助于控制体重、维持血糖稳定，以及保持肠道的健康。

（四）注意事项与说明

（1）因酶配成溶液后其活力会随时间延长而下降，从而影响酶解效力，所以酶溶液需当天现配。

（2）过滤速度较慢，可采取滴加淀粉酶和将样品称重减少至0.3g的方法来加快过滤过程。

思考题

1. 列举膳食纤维含量高的食物。
2. 简述测定总膳食纤维含量的方法。
3. 简述膳食纤维在日常饮食中的重要性。

参考文献

[1] 赵佳佳. 膳食纤维的应用及检测方法 [J]. 食品安全导刊, 2017 (15): 65.

[2] 鲍丽平. 多糖复合材料的制备及在手性识别和染料吸附中的应用 [D]. 常州: 常州大学, 2017.

[3] 韩磊, 芦荣华. 膳食纤维在食品加工中的应用与研究进展 [J]. 食品安全导刊, 2016 (12): 85.

实验五 双酶法酶解淀粉及莱恩 - 艾农法测定水解产物的 DE 值

理 论 知 识

(一) 背景材料

淀粉是植物中最重要的贮存多糖，是植物营养物质的一种贮存形式，也是植物性食物中重要的营养成分。淀粉中含有直链淀粉和支链淀粉，根据淀粉来源不同，比例也不同，一般直链淀粉含量为 20% ~30%，直链淀粉含量为 70% ~80%。直链淀粉是许多 D - 葡萄糖残基以 α - 1,4 - 糖苷键依次相连而成的葡萄糖多聚物，支链淀粉的主链同样是由 D - 葡萄糖以 α - 1,4 - 糖苷键相连，此外，每隔 20 ~25 个葡萄糖单位还有一个由 11 ~12 个葡萄糖单位以 α - 1,6 - 糖苷键相连的支链。

淀粉很容易发生水解，尤其是糊化后的淀粉，淀粉水解可用酶或酸来催化。在食品工业中，经常利用淀粉的水解性质来生产葡萄糖、麦芽糖、糊精、淀粉糖浆等食品原料，因而常常需要测定淀粉的水解度。采用酶法水解淀粉需要用到 α - 淀粉酶和糖化酶，α - 淀粉酶可以作用于淀粉的 α - 1,4 - 糖苷键，将淀粉水解为糊精和少量麦芽糖；而糖化酶可以从淀粉非还原性末端水解 α - 1,4 - 糖苷键产生葡萄糖，也能缓慢水解 α - 1,6 - 糖苷键，转化为葡萄糖。采用这两种酶可以近乎完全将淀粉水解为葡萄糖。

(二) 实验目的

(1) 掌握用酶法水解淀粉制备水解糖的原理及方法。

(2) 掌握还原糖的化学测定。

(三) 实验原理

1. 糊化原理

将淀粉乳加热，使淀粉颗粒膨胀，由于颗粒的膨胀，晶体结构也随之消失，变成糊状液体，淀粉不再沉淀，这种现象称为糊化。不同淀粉的糊化温度不同，如玉米淀粉开始糊化的温度为 62℃，中点温度为 67℃，终结温度为 72℃。糊化分为预糊化（吸水）、糊化（体积膨胀）。在糊化过程中，要防止淀粉的老化（分子间氢键已断裂的糊化淀粉又重新排列形成新的氢键的过程）。

2. 液化原理

液化是利用液化酶使糊化淀粉水解到一定的糊精和低聚糖程度，黏度大大降低，流动性增加。淀粉的酶解法液化是以耐高温 α - 淀粉酶作为催化剂，该酶作用于淀粉的 α -1,4 - 糖苷键，从内部随机地水解淀粉，从而迅速将淀粉水解为糊精及少量麦芽糖，所以 α - 淀粉酶也称内切淀粉酶。淀粉受到 α - 淀粉酶的作用后，其碘色反应发生以下变化：蓝色→紫色→红色→浅红色→不显色（即显碘原色）。

3. 糖化理论

淀粉的酶解法糖化是以糖化酶为催化剂的，该酶从非还原末端以葡萄糖为单位依次分解淀粉的 α -1,4 - 糖苷键或 α -1,6 - 糖苷键，由于是从链的一端逐渐一个个地切断分解出葡萄糖的，所以糖化酶也被称为外切淀粉酶。

4. DE 值

用 DE 值表示淀粉水解的程度或糖化程度。糖化液中还原性糖以葡萄糖计，占干物质的百分比称为 DE 值。

DE 值计算，如式（1 -15）所示。

$$\text{DE 值} = (\text{干物质含量}/\text{还原糖含量}) \times 100\% \qquad (1-15)$$

还原糖用斐林试剂法等法测定，浓度表示：葡萄糖 g/100mL 糖液；干物质用阿贝折光仪测定，浓度表示：干物质 g/100mL 糖液。

实验内容

（一）实验设备与材料

1. 实验设备

振荡培养器 1 台；1000mL 烧杯 1 个；200mL 烧杯 3 个；500mL 三角瓶 1 个；250mL 三角瓶 3 个；还原糖测定装置 1 套；折光仪（阿贝折光仪或手提折光仪）1 台；密度计（或密度瓶）1 个；电炉 1 台；水浴锅一台；pH 计；pH 试纸；白瓷板；滴定管；移液管；玻璃棒；抽滤瓶；布氏漏斗；抽气泵；快速滤纸；玻璃珠。

2. 化学药品及试剂

淀粉；淀粉酶；糖化酶；碘液；斐林试剂配制和标准葡萄糖溶液（1.0000mol/L）配制的相关药品；活性炭；蒸馏水；磷酸 - 柠檬酸缓冲液（pH 6.0）：称取磷酸氢二钠（$Na_2HPO_4 \cdot 12H_2O$）45.23g，柠檬酸（$C_6H_8O_7 \cdot H_2O$）8.07g，用蒸馏水溶解定容至 1000mL，配好后应以酸度计调整 pH 为 6.0。

（二）实验方法与数据处理

（1）配制还原糖测定的试剂（斐林试剂），并标定空白组。

（2）称取 150g 淀粉，将其放入 1000mL 烧杯中，加水定容至 500mL，调节 pH 6.2，按 20U/g 的用量加入淀粉酶，在电炉上加热至 100℃，酶解 60 ~ 120min，酶解过程中进行间歇性搅拌，不定时取样检测，至碘液无显色反应时结束液化。

（3）液化结束后，将物料冷却至 60℃，补水定容至 500mL，混合均匀，准确量取 200mL，放入一个 500mL 三角瓶内，调节 pH 达 4.6，按 300U/g 的用量加入糖化酶，置于 60℃、200r/min 下，进行振荡糖化 14h。糖化结束后升温至 85℃维持 20min。

（4）用快速滤纸过滤剩余的液化液，测量滤液密度（用密度计测定）、锤度（用折光仪测定）和还原糖浓度（用滴定法测定），计算液化结束时的 DE 值。

（5）糖化结束后，加入 8g/L 的活性炭粉末，在 60℃下振荡脱色 45min，趁热过滤，测量滤液密度（用密度计测定）、锤度（用折光仪测定）和还原糖浓度（用滴定法测定），测定结果记录于表 1－3～表 1－7 中，通过式（1－16）～式（1－19）计算糖化结束时的 DE 值。

表 1－3　标准葡萄糖液滴定记录表

	1	2	3
糖标准溶液体积/mL			
滴定管初读数/mL			
滴定管终读数/mL			
标准液的总体积平均值 V_0/mL			

表 1－4　液化时还原浓度测定记录表

	1	2	3
糖标准溶液体积/mL			
滴定管初读数/mL			
滴定管终读数/mL			
标准液的总体积平均值 V_1/mL			

表 1－5　标准葡萄糖液滴定记录表

	1	2	3
糖标准溶液体积/mL			
滴定管初读数/mL			
滴定管终读数/mL			
标准液的总体积平均值 V_3/mL			

表 1－6　糖化时还原浓度测定记录表

	1	2	3
糖标准溶液体积/mL			
滴定管初读数/mL			
滴定管终读数/mL			
标准液的总体积平均值 V_4/mL			

表 1-7　液化糖化实验数据记录表

	液化	糖化
密度计/（g/cm³）		
折光仪/（g/100g）		
经校正后的锥度		
温度计读数/℃		
稀释倍数		

液化：

$$C_1 = \frac{C_1 \times V_0}{V_1} \times n \tag{1-16}$$

$$\text{DE 值}(\%) = \frac{\text{还原糖质量浓度}(g/L)}{\text{锥度}(g/100g) \times \text{密度}(g/L)} \times 100 \tag{1-17}$$

糖化：

$$C_2 = \frac{C_0 \times V_3}{V_4} \times n \tag{1-18}$$

$$\text{DE 值}(\%) = \frac{\text{还原糖质量浓度}(g/L)}{\text{锥度}(g/100g) \times \text{密度}(g/L)} \times 100 \tag{1-19}$$

（三）结果解读

1. 参考范围

双酶法一般 20～23°Bé（含淀粉 34%～40%）。

2. 检验结果的解释

DE 值：用 DE 值表示淀粉水解的程度或糖化程度。糖化液中还原性糖以葡萄糖计，占干物质的百分比称为 DE 值。

3. 营养建议

淀粉经过口腔、胃和小肠后基本能完全被身体吸收利用，为人体直接提供能量，需适量食用。

（四）注意事项与说明

加中温淀粉酶和耐高温淀粉酶的主要目的，都是为了让液化不完全、残留的少量淀粉继续液化成多糖及单糖，一方面可以提高总糖的量，另一方面也可使后续的过滤过程更加流畅。

思考题

1. 如何提高淀粉糖浆的 DE 值?
2. 为什么要进行样品溶液的预测?
3. 简述淀粉的特性。

参考文献

［1］邵颖，刘洋．食品化学［M］．北京：中国轻工业出版社，2017.

［2］邵秀芝，郑艺梅，黄泽元．食品化学实验［M］．河南：郑州大学出版社，2013.

第二章 脂类的营养评价

CHAPTER 2

实验一　GC 法测定脂肪酸组成

理 论 知 识

（一）背景材料

脂肪酸（Fatty acid），是指一端含有一个羧基的长的脂肪族碳氢链，是有机物，直链饱和脂肪酸的通式是 $C_{(n)}H_{(2n+1)}COOH$，低级的脂肪酸是无色液体，有刺激性气味，高级的脂肪酸是蜡状固体，无明显可嗅到的气味。脂肪酸是许多结构复杂的脂的组成成分，在有充足氧供给的情况下，可氧化分解为 CO_2 和 H_2O，释放大量能量，因此脂肪酸是机体的主要能量来源之一。

脂肪酸是由碳、氢、氧三种元素组成的一类化合物，是中性脂肪、磷脂和糖脂的主要成分。脂肪酸根据碳链长度的不同又可分为短链脂肪酸（Short - chain fatty acids，SCFA），其碳链上的碳原子数小于6，也称作挥发性脂肪酸（Volatile fatty acids，VFA）；中链脂肪酸（Medium - chain fatty acids，MCFA），指碳链上碳原子数为 6 ~ 12 的脂肪酸，主要成分是辛酸（C_8）和癸酸（C_{10}）；长链脂肪酸（Long - chain fatty acids，LCFA），其碳链上碳原子数大于 12。

一般食物所含的脂肪酸大多是长链脂肪酸。脂肪酸根据碳氢链饱和与不饱和的不同可分为三类，即：饱和脂肪酸（Saturated fatty acids，SFA），碳氢上没有不饱和键；单不饱和脂肪酸（Monounsaturated fatty acids，MUFA），其碳氢链有一个不饱和键；多不饱和脂肪（Polyunsaturated fatty acids，PUFA），其碳氢链有两个或两个以上不饱和键。富含单不饱和脂肪酸和多不饱和脂肪酸组成的脂肪在室温下呈液态，大多为植物油，如花生油、玉米油、豆油、坚果油（即阿甘油）、菜籽油等。以饱和脂肪酸为主要组成的脂肪在室温下呈固态，多为动物脂肪，如牛油、羊油、猪油等。但也有例外，如深海鱼油虽然是动物脂肪，但它富含多不饱和脂肪酸，如二十碳五烯酸（EPA）和二十二碳六烯酸（DHA），因此，在室温下呈液态。

（二）实验目的

（1）了解人体中脂肪酸的来源及作用。

（2）理解脂肪酸（TC）的测定原理。

（三）实验原理

水解-提取法：加入内标物的试样经水解、乙醚溶液提取其中的脂肪后，在碱性条件下进行皂化和甲酯化，可生成脂肪酸甲酯，经毛细管柱气相色谱分析，采用内标法定量测定脂肪酸甲酯的含量。依据各种脂肪酸甲酯含量和转换系数计算出总脂肪、饱和脂肪（酸）、单不饱和脂肪（酸）、多不饱和脂肪（酸）含量。

动植物油脂试样不经脂肪提取，加入内标物后可直接进行皂化和脂肪酸甲酯化。酯交换法（适用于游离脂肪酸含量不大于2%的油脂）：将油脂溶解在异辛烷中，加入内标物后，加入氢氧化钾甲醇溶液再通过酯交换甲酯化，待反应完全后，用硫酸氢钠中和剩余氢氧化钾，以避免甲酯皂化。

实验内容

（一）实验设备与材料

1. 实验设备

匀浆机或实验室用组织粉碎机或研磨机；气相色谱仪：具有氢火焰离子检测器（FID）；毛细管色谱柱：聚二氰丙基硅氧烷强极性固定相，柱长100m，内径0.25mm，膜厚0.2μm；恒温水浴：控温范围40~100℃，控温±1℃；分析天平：精确度至0.1mg；旋转蒸发仪。

2. 化学药品及试剂

除非另有说明，本方法所用试剂均为分析纯，水为GB/T 6682—2008《分析实验室用水规格和试验方法》规定的一级水。

盐酸（HCl）；氨水（$NH_3 \cdot H_2O$）；焦性没食子酸（$C_6H_6O_3$）；乙醚（$C_4H_{10}O$）；石油醚：沸程30~60℃；乙醇（C_2H_5OH）（95%）；甲醇（CH_3OH）：色谱纯；氢氧化钠（NaOH）；正庚烷［$CH_3(CH_2)_5CH_3$］：色谱纯；三氟化硼甲醇溶液（质量浓度为15%）；无水硫酸钠（Na_2SO_4）；氯化钠（NaCl）；异辛烷［$(CH_3)_2CHCH_2C(CH_3)_3$］：色谱纯；硫酸氢钠（$NaHSO_4$）；氢氧化钾（KOH）。

（二）实验方法与数据处理

1. 试剂配制

盐酸溶液（8.3mol/L）：量取250mL盐酸，用110mL水稀释，混匀，室温下可放置2个月；乙醚-石油醚混合液（1+1）：取等体积的乙醚和石油醚，混匀备用；氢氧化钠甲醇溶液（2%）：取2g氢氧化钠溶解在100mL甲醇中，混匀；饱和氯化钠溶液：称取360g氯化钠溶解于1.0L水中，搅拌溶解，澄清备用；氢氧化钾甲醇溶液（2mol/L）：将13.1g氢氧化钾溶于100mL无水甲醇中，可轻微加热，加入无水硫酸钠干燥，过滤，即得澄清溶液。

2. 标准品

十一碳酸甘油三酯（$C_{36}H_{68}O_6$，CAS号：13552-80-2）；混合脂肪酸甲酯标准品。单个脂肪酸甲酯标准品：见附录二。标准溶液配制：十一碳酸甘油三酯内标溶液（5.00mg/mL）：准确称取2.5g（精确至0.1mg）十一碳酸甘油三酯至烧杯中，加入甲醇溶解，移入500mL容量瓶后用甲醇定容，在冰箱中冷藏可保存1个月。混合脂肪酸甲酯标准溶液：取出适量脂肪酸甲酯混合标准移至10mL容量瓶中，用正庚烷稀释定容，储存于-10℃以下冰箱，有效期3个月。单个脂肪酸甲酯标准溶液：将单个脂肪酸甲酯分别从安瓿瓶中取出转移到10mL容量瓶中，用正庚烷冲洗安瓿瓶，再用正庚烷定容，分别得到不同脂肪酸甲酯含量的单标溶液，储存于-10℃以下冰箱，标准溶液有效期3个月。

3. 试样的制备

在采样和制备过程中，应避免试样被污染。固体或半固体试样使用组织粉碎机或研磨机粉碎，液体试样用匀浆机打成匀浆置于-18℃以下冷冻保存，分析时将其解冻后使用。

4. 试样的称取

称取均匀试样0.1~10g（精确至0.1mg，含脂肪100~200mg）移入到250mL平底烧瓶中，准确加入2.0mL十一碳酸甘油三酯内标溶液。加入约100mg焦性没食子酸，加入几粒沸石，再加入2mL 95%乙醇和4mL水，混匀。根据试样的类别选取相应的水解方法，乳制品采用碱水解法；乳酪采用酸碱水解法；其余食品采用酸水解法。

5. 试样的水解

酸水解法：食品（除乳制品和乳酪）加入盐酸溶液10mL，混匀。将烧瓶放入70~80℃水浴中水解40min。每隔10min振荡一下烧瓶，使黏附在烧瓶壁上的颗粒物混入溶液中。待水解完成后，取出烧瓶将其冷却至室温。

碱水解法：乳制品（乳粉及液态乳等试样）加入氨水5mL，混匀。将烧瓶放入70~80℃水浴中水解20min。每5min振荡一下烧瓶，使黏附在烧瓶壁上的颗粒物混入溶液中。待水解完成后，取出烧瓶将其冷却至室温。

酸碱水解法：乳酪加入氨水5mL，混匀。将烧瓶放入70~80℃水浴中水解20min。每隔10min振荡一下烧瓶，使黏附在烧瓶壁上的颗粒物混入溶液中。接着加入盐酸10mL，继续水解20min，每10min振荡一下烧瓶，使黏附在烧瓶壁上的颗粒物混入溶液中。待水解完成后，取出烧瓶将其冷却至室温。

6. 脂肪提取

水解后的试样，加入10mL 95%乙醇，混匀。将烧瓶中的水解液转移到分液漏斗中，用50mL乙醚石油醚混合液冲洗烧瓶和塞子，将冲洗液并入分液漏斗中，加盖。振摇5min，静置10min。将醚层提取液收集到250mL烧瓶中。按照以上步骤重复提取水解液3次，最后用乙醚石油醚混合液冲洗分液漏斗，并将冲洗液收集到250mL烧瓶中。旋转蒸发仪将水解液浓缩至干，残留物为脂肪提取物。

7. 脂肪的皂化和脂肪酸的甲酯化

在脂肪提取物中加入2%氢氧化钠甲醇溶液8mL，连接回流冷凝器，在(80±1)℃水浴上回流，直至油滴消失。从回流冷凝器上端加入7mL 15%三氟化硼甲醇溶液，在(80±1)℃水浴中继续回流2min。用少量水冲洗回流冷凝器。停止加热，从水浴上取下烧瓶，迅速冷却至室温。

准确加入10~30mL正庚烷，振摇2min，再加入饱和氯化钠水溶液，静置分层。吸取上层正庚烷提取溶液大约5mL至25mL试管中，加入3~5g无水硫酸钠，振摇1min，静置5min，吸取上层溶液到进样瓶中待测定。

8. 酯交换法

适用于游离脂肪酸含量不大于2%的油脂样品。

9. 试样称取

称取试样 60.0mg 至具塞试管中，精确至 0.1mg，准确加入 2.0mL 内标溶液。

10. 甲酯制备

加入 4mL 异辛烷溶解试样，必要时可以微微加热使试样溶解，之后加入 200μL 氢氧化钾甲醇溶液，盖上玻璃塞猛烈振摇 30s 后静置溶液至澄清。加入约 1g 硫酸氢钠，猛烈振摇，以中和氢氧化钾。待盐沉淀后，将上层溶液移至上机瓶中，待测。

11. 测定

色谱参考条件：取单个脂肪酸甲酯标准溶液和脂肪酸甲酯混合标准溶液分别注入气相色谱仪，对色谱峰进行定性。

（1）毛细管色谱柱　聚二氰丙基硅氧烷强极性固定相，柱长 100m，内径 0.25mm，膜厚 0.2μm。

（2）进样器温度　270℃。

（3）检测器温度　280℃。

（4）程序升温　初始温度 100℃，持续 13min；100～180℃，升温速率 10℃/min，保持 6min；180～200℃，升温速率 1℃/min，保持 20min。

（5）载气　氮气。

（6）分流比　100:1。

（7）进样体积　1.0μL。

（8）检测条件应满足理论塔板数（n）至少 2000/m，分离度（R）至少 1.25。

12. 试样溶液的测定

在上述色谱条件下将脂肪酸标准测定液及试样测定液分别注入气相色谱仪，以色谱峰峰面积定量。

13. 分析结果的表述

（1）试样中单个脂肪酸甲酯含量　试样中单个脂肪酸甲酯含量按式（2-1）计算：

$$X_i = F_i \times (A_i/A_{C11}) \times ((\rho_{C11} \times V_{C11} \times 1.0067)/m) \times 100 \quad (2-1)$$

式中　X_i——试样中脂肪酸甲酯 i 含量，g/100g；

F_i——脂肪酸甲酯的响应因子；

A_i——试样中脂肪酸甲酯的峰面积；

A_{C11}——试样中加入的内标物十一碳酸甲酯的峰面积；

ρ_{C11}——十一碳酸甘油三酯浓度，mg/mL；

V_{C11}——试样中加入十一碳酸甘油三酯体积，mL；

1.0067——十一碳酸甘油三酯转化成十一碳酸甲酯的转换系数；

m——试样的质量，mg；

100——将含量转换为每 100g 试样中含量的系数。

脂肪酸甲酯的响应因子 F_i 按式（2-2）计算：

$$F_i = (\rho_{Si} \times A_{11})/(A_{Si} \times \rho_{11}) \quad (2-2)$$

式中　F_i——脂肪酸甲酯的响应因子；

ρ_{Si}——混合标准溶液中各脂肪酸甲酯的浓度，mg/mL；

A_{11}——十一碳酸甲酯峰面积；

A_{Si}——脂肪酸甲酯的峰面积；

ρ_{11}——混标中十一碳酸甲酯浓度，mg/mL。

（2）试样中饱和脂肪（酸）含量　试样中，饱和脂肪（酸）含量按式（2－3）计算，试样中单饱和脂肪酸含量按式（2－4）计算：

$$X_{\text{Saturated Fat}} = \sum X_{\text{SFAi}} \tag{2-3}$$

$$X_{\text{SFAi}} = X_{\text{FAMEi}} \times F_{\text{FAMEi-FAi}} \tag{2-4}$$

式中　$X_{\text{Saturated Fat}}$——饱和脂肪（酸）含量，g/100g；

X_{SFAi}——单饱和脂肪酸含量，g/100g；

X_{FAMEi}——单饱和脂肪酸甲酯含量，g/100g；

$F_{\text{FAMEi-FAi}}$——脂肪酸甲酯转化成脂肪酸的系数。

脂肪酸甲酯转化为脂肪酸的转化系数 $F_{\text{FAMEi-FAi}}$ 参见附录三。

按照式（2－5）计算脂肪酸甲酯 i 转化成为脂肪酸的系数：

$$F_{\text{FAMEi-FAi}} = M_{\text{FAi}}/M_{\text{FAMEi}} \tag{2-5}$$

式中　$F_{\text{FAMEi-FAi}}$——脂肪酸甲酯转化成脂肪酸的转化系数；

M_{FAi}——脂肪酸的分子质量；

M_{FAMEi}——脂肪酸甲酯的分子质量。

（3）试样中单不饱和脂肪（酸）含量　单不饱和脂肪（酸）含量（XMono－Unsaturated Fat）按式（2－6）计算，每种单不饱和脂肪酸甲酯含量按式（2－7）计算：

$$X_{\text{Mono-Unsaturated Fat}} = \sum X_{\text{MUFAi}} \tag{2-6}$$

$$X_{\text{MUFAi}} = X_{\text{FAMEi}} \times F_{\text{FAMEi-FAi}} \tag{2-7}$$

式中　$X_{\text{Mono-Unsaturated Fat}}$——试样中单不饱和脂肪（酸）含量，g/100g；

X_{MUFAi}——试样中每种单不饱和脂肪酸含量，g/100g；

X_{FAMEi}——每种单不饱和脂肪酸甲酯含量，g/100g；

$F_{\text{FAMEi-FAi}}$——脂肪酸甲酯转化成脂肪酸的系数。

脂肪酸甲酯转化成脂肪酸的系数 $F_{\text{FAMEi-FAi}}$ 参见附录三。

（4）试样中多不饱和脂肪（酸）含量　多不饱和脂肪（酸）含量（$X_{\text{Poly-Unsaturated Fat}}$）按式（2－8）计算，单个多不饱和脂肪酸含量按式（2－9）计算：

$$X_{\text{Poly-Unsaturated Fat}} = \sum X_{\text{PUFAi}} \tag{2-8}$$

$$X_{\text{PUFAi}} = X_{\text{FAMEi}} \times F_{\text{FAMEi-FAi}} \tag{2-9}$$

式中：$X_{\text{Poly-Unsaturated Fat}}$——试样中多不饱和脂肪（酸）含量，g/100g；

X_{PUFAi}——试样中单个多不饱和脂肪酸含量，g/100g；

X_{FAMEi}——单个多不饱和脂肪酸甲酯含量，g/100g；

$F_{\text{FAMEi-FAi}}$——脂肪酸甲酯转化成脂肪酸的系数。

脂肪酸甲酯转化成脂肪酸的系数 $F_{\text{FAMEi-FAi}}$ 参见附录三。

（5）试样中总脂肪含量　按式（2－10）计算：

$$X_{\text{Total Fat}} = \sum X_{\text{i}} \times F_{\text{FAMEi-TGi}} \tag{2-10}$$

式中　$X_{\text{Total Fat}}$——试样中总脂肪含量，g/100g；

X_{i}——试样中单个脂肪酸甲酯含量，g/100g；

$F_{FAMEi-TGi}$——脂肪酸甲酯转化成甘油三酯的系数。

各种脂肪酸甲酯转化成甘油三酯的系数参见附录三。脂肪酸甲酯转化成为脂肪酸甘油三酯的系数按式（2-11）计算：

$$F_{FAMEi-TGi} = [M_{TGi} \times (1/3)]/M_{FAMEi} \quad (2-11)$$

式中　$F_{FAMEi-TGi}$——脂肪酸甲酯转化成为脂肪酸甘油三酯的系数；

M_{TGi}——脂肪酸甘油三酯的分子质量；

M_{FAMEi}——脂肪酸甲酯 i 的分子质量。

结果保留 3 位有效数字。

思考题

1. 简述血液中胆固醇测定方法的原理。
2. 简述血液中胆固醇检测结果的意义。
3. 简述高脂血症患者饮食与用药建议。

参考文献

中华人民共和国卫生部医政司．全国临床检验操作规程［M］．2 版．南京：东南大学出版社，1997.

实验二　GC 法测定胆固醇含量

理 论 知 识

（一）背景材料

胆固醇是一种环戊烷多氢菲的衍生物，广泛存在于动物体内，尤以在脑及神经组织中最为丰富，在肾、脾、皮肤、肝和胆汁中含量也高。其溶解性与脂肪类似，不溶于水，易溶于乙醚、氯仿等溶剂。胆固醇是动物组织细胞不可缺少的重要物质，它不仅参与形成细胞膜，而且是合成胆汁酸、维生素 D 以及类固醇激素的原料。胆固醇经代谢能转化为胆汁酸、类固醇激素、7-脱氢胆固醇，7-脱氢胆固醇经紫外线照射就会转变为维生素 D_3 等。

胆固醇主要来自人体自身的合成，摄取食物中的胆固醇是次要补充，如一个 70kg 体重的成年人，体内大约有胆固醇 140g，每日大约更新 1g，而 4/5 的胆固醇在体内代谢产生，只有 1/5 的胆固醇需通过摄取食物补充，每人每日从食物中摄取胆固醇 200mg，即可满足身体需要，胆固醇的吸收率只有 30%，随着摄取食物胆固醇含量的增加，吸收率会下降。因此，建议每天摄入 50～300mg。

胆固醇在体内有着广泛的生理作用，但当其过量时便会导致高胆固醇血症，对机体产生不利的影响。现代研究已发现，动脉粥样硬化、静脉血栓形成、胆石症与高胆固醇血症有密切的相关性。

（二）实验目的

（1）了解人体中胆固醇的来源及作用。

（2）理解总胆固醇的测定原理。

（三）实验原理

样品经无水乙醇-氢氧化钾溶液皂化，通过石油醚和无水乙醚混合提取，将提取液浓缩至干，再用无水乙醇溶解定容后，采用气相色谱法检测、外标法定量。

实验内容

（一）实验设备与材料

1. 实验设备

气相色谱仪：配有氢火焰离子化检测器（FID）；电子天平：感量为1mg和0.1mg；匀浆机；皂化装置。

2. 化学药品及试剂

甲醇（CH_3OH）：色谱纯；无水乙醇（C_2H_5OH）；石油醚：沸程30～60℃；无水乙醚（$C_4H_{10}O$）；无水硫酸钠（Na_2SO_4）；氢氧化钾（KOH）。

（二）实验方法与数据处理

1. 试样制备

取组织200g进行均质。将试样装入密封的容器里，防止变质和成分变化。试样应在均质化24h内尽快分析。

2. 样品处理

皂化：称取制备后的样品0.25～10g（准确至0.001g，胆固醇含量为0.5～5mg），于250mL圆底烧瓶中，加入30mL无水乙醇，加入10mL 60%氢氧化钾溶液，混匀。将试样在100℃磁力搅拌加热电热套中皂化回流1h，不时振荡以防止试样黏附在瓶壁上，待皂化结束后，用5mL无水乙醇自冷凝管顶端冲洗其内部，取下圆底烧瓶，用流水将其冷却至室温。

提取：定量转移全部皂化液于250mL分液漏斗中，用30mL水分2～3次冲洗圆底烧瓶，将洗液并入分液漏斗中，再用40mL石油醚-无水乙醚混合液（1+1，体积比）分2～3次冲洗圆底烧瓶并将冲洗液并入分液漏斗，振摇2min，将其静置，使其分层。转移水相，合并三次有机相，用每次100mL水洗涤提取液至中性，初次水洗时轻轻旋摇，以防止其乳化，提取液通过约10g无水硫酸钠脱水转移到150mL平底烧瓶中。

浓缩：将上述平底烧瓶中的提取液在真空条件下蒸发至近干，用无水乙醇溶解并定容至5mL，待气相色谱仪测定。

不同试样的前处理需要同时做空白试验。

3. 测定

仪器参考条件：

色谱柱：DB-5弹性石英毛细管柱，柱长30m，内径0.32mm，粒径0.25μm，或同等性能的色谱柱；载气：高纯氮气，纯度≥99.999%；恒流 2.4mL/min；柱温（程序升温）：初始温度为 200℃，保持 1min，以 30℃/min 速率升至 280℃，保持 10min；进样口温度：280℃；检测器温度：290℃；进样量：1μL；进样方式：不分流进样，进样 1min 后开阀；空气流量：350mL/min；氢气流量：30mL/min。

4. 标准曲线的制作

分别取胆固醇标准系列工作液注入气相色谱仪，在上述色谱条件下测定标准溶液的响应值（峰面积：以浓度为横坐标、峰面积为纵坐标，制作标准曲线）。

测定：将试样溶液注入气相色谱仪，测定峰面积，由标准曲线得到试样溶液中胆固醇的浓度。根据保留时间定性，外标法定量。

5. 分析结果的表述

试样中，胆固醇的含量按式（2－12）计算：

$$X = [(\rho \times V)/(m \times 1000)] \times 100 \tag{2-12}$$

式中　X——试样中胆固醇含量，mg/100g；

ρ——试样溶液中胆固醇的浓度，μg/mL；

V——试样溶液最终定容的体积，mL；

m——试样质量，g；

1000、100——换算系数。

计算结果应扣除空白。结果保留 3 位有效数字。

6. 精密度

在重复性条件下获得的两次独立测定结果的绝对差值不得超过算术平均值的 10%。

7. 其他

当称样量为 0.5g，定容体积为 5.0mL，方法的检出限为 0.3mg/100g，定量限为 1.0mg/100g。胆固醇标准溶液的气相色谱图如图 2－1 所示。

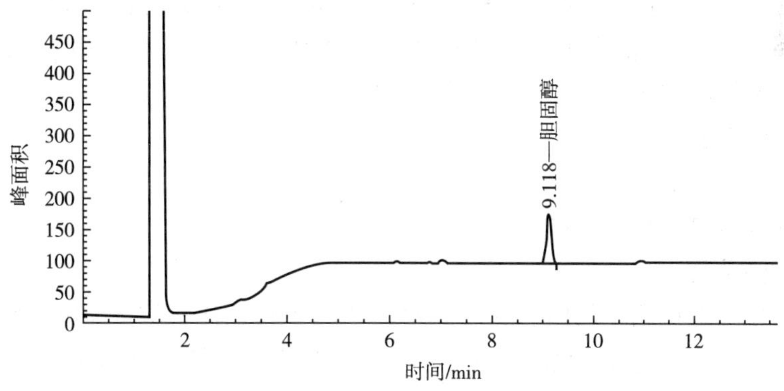

图 2－1　胆固醇标准溶液的气相色谱图

（三）注意事项与说明

（1）组织在均质后应尽快处理。

（2）严格按照操作步骤进行。

思考题

1. 简述组织中胆固醇测定方法的原理。
2. 简述组织中胆固醇检测结果的意义。
3. 简述高胆固醇患者饮食与用药建议。

实验三　TBA 法测定脂类氧化（MDA）水平

理论知识

（一）背景材料

机体通过酶系统与非酶系统产生氧自由基，后者能攻击生物膜中的多不饱和脂肪酸（Polyunsaturated fatty acid，PUFA），引发脂质过氧化反应，并从此形成脂质过氧化物，如醛基（丙二醛 MDA）、酮基、羟基、羰基以及新的氧自由基等。脂质过氧化反应不仅能把活性氧转化成活性化学剂，即非自由基性的脂类分解产物，而且能通过链式或链式支链反应，放大活性氧的作用。因此，初始的一个活性氧能导致很多脂类分解产物的形成，这些分解产物中，一些是无害的，另一些则能引起细胞代谢及功能障碍，甚至死亡。氧自由基不但能通过生物膜中多不饱和脂肪酸（PUFA）的过氧化引起细胞损伤，而且还能通过脂氢过氧化物的分解产物引起细胞损伤。因此，测定 MDA 的含量常常可反映机体内脂质过氧化的程度，间接地反映出细胞损伤的程度。

MDA 的测定常常与 SOD 的测定相互配合，SOD 活力的高低间接反映了机体清除氧自由基的能力，而 MDA 的高低又间接反映了机体细胞受自由基攻击的严重程度，SOD 与 MDA 的结果分析有助于医学、生物学、药理及工农业生产的发展。

（二）实验目的

（1）了解测定 MDA 含量的意义。

（2）理解测定 MDA 含量的方法及操作。

（三）实验原理

过氧化脂质降解产物中的丙二醛（MDA）可与硫代巴比妥酸（TBA）缩合，形成红色产物，在 532nm 处有最大吸收峰。因底物为硫代巴比妥酸（Thibabituric acid，TBA），所以此法称 TBA 法。

实验内容

（一）实验设备与材料

1. 实验设备

紫外 - 可见分光光度计或酶标仪；可调到 95℃左右的恒温水浴箱或沸水锅；离心机；10mL 离心管。

2. 化学药品及试剂

试剂一：液体 10mL×1 瓶，室温保存（天冷时会凝固，每次测试前可 37℃ 加热以加速溶解，直至透明方可应用）。试剂二：液体 6mL×1 瓶，用时每瓶加 170mL 蒸馏水混匀，4℃冷藏（注意不要碰到皮肤上）。试剂三：粉剂×1 支，用时将粉剂加蒸馏水 30mL，加热到 90～100℃充分溶解后用蒸馏水补足至 30mL，再加冰乙酸 30mL，混匀，配好的试剂应避光冷藏；标准品：10nmoL/mL 四乙氧基丙烷 5mL×1 瓶，4℃冷藏。

（二）实验方法与数据处理

按试剂盒检测过程如表 2－1 所示

表 2－1　　试剂盒检测实验表

	空白管	标准管	测定管	对照管
10nmol/mL 标准品/mL		a*		
无水乙醇/mL	a*			
测试样品/mL			a*	a*
试剂一/mL	a*	a*	a*	a*
试剂二/mL	3	3	3	3
试剂三/mL	1	1	1	
50% 冰乙酸/mL			1	

混匀（摇动几下离心管架），将离心管盖上盖，用针在盖上扎一小孔，用旋涡混匀器混匀，放于 95℃水浴中（或用锅开盖煮沸）40min，再取出后用流水冷却，然后 3500～4000r/min，离心 10min，（3000r/min 以下离心时间需延长，目的是使沉淀完全）。取上清液，532nm 处，1cm 光径，蒸馏水调零，测各管吸光值。

（三）结果解读

（1）a*　表示所取的样品量、标准品量、无水乙醇的量、试剂一的量，四者均相等。（a*一般取 0.1～0.2mL）

（2）参考取样量　血清（浆）取 0.1～0.2mL。低密度脂蛋白悬液取 0.1～0.2mL。食油取 0.03mL。肝组织、心肌、肌肉组织、螺旋藻等，取 5% 或 10% 匀浆 0.1～0.2mL 较好。

（3）规范操作方法及简便操作方法中，若发现检测样本吸光值太低，可以将水浴时间 40min 延长至 80min，同一课题中 MDA 的检测都必须延长至 80min，以免造成批间差异。

（4）检验结果的解释　标准管参考吸光值：当标准品取样量为 0.1mL 时，则分光光度计测定标准管吸光值减去空白管的吸光值为 0.065～0.070（酶标仪测定取 200μL 读数时为 0.045 左右）。当标准品取样量为 0.2mL 时，则标准管吸光值减去空白管的吸光值为 0.130～0.140（酶标仪测定取 200μL 读数时为 0.1 左右）。

（四）注意事项与说明

（1）离心管要刷洗干净，尤其测微量样品时更为重要。

（2）配制试剂时要充分混匀。测试过程中第一管吸取的试剂要丢弃，加样品或试剂时要垂直加，不要加在管壁上。在95℃水浴前要充分混匀。

(3) 天冷时试剂一会凝固，一定要进行水浴加热至透明方可应用。

(4) 水浴时间及温度要固定。若没有水浴锅，可用铝锅、铝盒、铝盆等开盖煮沸即可。

(5) 离心沉淀一定要充分，否则影响吸光值，导致结果不稳定。这种情况可增加离心转速（3000r/min 以上）或者延长离心时间，使沉淀完全。

(6) 比色时，注意不要将沉淀倒入比色杯中，最好用移液器将上清吸入比色杯。

(7) 冬天若发现测试溶液呈雾状，可以将其轻轻放入水浴箱中稍稍加温，待溶液溶解呈透明状态时用移液器吸取测试溶液并将其放入比色杯中，若仍然呈雾状，则考虑为高脂血清。

(8) 若为高脂血清或油脂类物质，可加等量的无水乙醇处理后可进行测定，具体操作方法见前。

(9) 若样本量较多，取样量可以加倍，在抽提过程中，蒸馏水、无水乙醇、氯仿均要加倍。若样本为贫血患者的血样，则取样量也要加倍，在抽提过程中，蒸馏水、无水乙醇、氯仿的量不变。

(10) 洗涤红细胞时，离心后的上清要尽量吸取干净，以保证抽提液体积准确。

(11) 95℃水浴时，最好用带盖的离心管，以免反应液蒸发。若没有带盖的离心管可用冰箱保鲜膜将其盖好，用橡皮筋扎好后在保鲜膜上用针刺一小孔即可代替盖子。

思考题

1. 简述 MDA 含量测定方法的原理。
2. 简述 MDA 含量检测结果的意义。
3. 实验中需要注意哪些问题？

实验四 GC 法测定短链脂肪酸含量

理 论 知 识

（一）实验背景

短链脂肪酸（Short - chain fatty acids，SCFA），也称挥发性脂肪酸（Volatile fatty acids，VFA），根据碳链中碳原子的多少，把碳原子数小于 6 的有机脂肪酸称为短链脂肪酸，主要包括乙酸、丙酸、异丁酸、丁酸、异戊酸、戊酸。

短链脂肪酸包括甲酸、乙酸、丙酸、异丁酸、丁酸、异戊酸、戊酸，被大肠迅速吸收后，既可储存能量又可降低渗透压，并且短链脂肪酸对于维持大肠的正常功能和结肠上皮细胞的形态和功能具有重要作用。短链脂肪酸还可促进钠的吸收，丁酸在这方面的作用比乙酸和丙酸更强，并且丁酸可增加乳酸杆菌的产量，从而减少大肠杆菌的数量。

（二）实验目的

（1）了解 GC 法测短链脂肪酸的原理。

（2）掌握 GC 法测定短链脂肪酸的方法。

（三）实验原理

气相色谱法（GC）原理是利用物质的吸附能力、溶解度、亲和力、阴滞作用等物理性质的不同，对混合物中各组分进行分离、分析的方法。它是基于不同物质在相对运动的两相中具有不同的分配系数的原理，当这些物质随流动相移动时，就会在两相中进行反复多次分配，使原来分配系数只有微小差异的各组分得到很好的分离，再依次送入检测器进行测定，从而达到分离、分析各组分的目的。色谱分析法又称色层法或层析法。色谱分离过程中有流动相和固定相两相，根据所用流动相的不同，色谱法可分为气相色谱法和液相色谱法两大类。

实验内容

（一）实验设备与材料

1. 实验设备

气相色谱系统 GC2010；10μL 气相色谱注射针；DB－FFAP 弹性石英毛细管色谱柱（30m×0.25mm，0.25μm），Agilent；XW－80A 微型旋涡混合仪；KQ－250B 型超声波清洗器；TE124S 电子天平；Anke 高速离心机；DHG－9140A 型电热恒温鼓风干燥箱；Frestech －20℃冰箱。

2. 实验材料

乙酸、丙酸、异丁酸、丁酸、异戊酸、戊酸、己酸、异己酸、庚酸和 2－乙基丁酸（内标物质）对照品；乙醚、二氯甲烷和乙酸乙酯等，均为分析纯。

（二）实验方法

1. 气相色谱条件

高效毛细管色谱柱（TG－WAXMS，30m×0.32mm×0.25μm，Thermo）；进样口温度 220℃，检测器温度 230℃，柱温为程序升温方式，初始温度 90℃（0.5min），以 15℃/min 升温至 120℃（1min），再以 5℃/min 升温至 180℃（1min），最后以 20℃/min 升温至 220℃（1min）；分流进样，分流比 10∶1；载气为氮气，纯度≥99.999%；流速 1mL/min；空气流量 350mL/min；尾吹流量 40mL/min；氢气流量 35mL/min；进样量 2μL。

2. 样品的制备

（1）混合对照品溶液配制　精密吸取乙酸、丙酸、丁酸标准品溶液适量加入容量瓶中，50% 甲醇溶液定容至刻度线，配制成各成分浓度均为 50mmol/L 的混合标准品储备液，－20℃存放备用。在临用前稀释至所需浓度。

（2）样品液制备　收集样品，与 0.9% 无菌生理盐水按 1∶5 混匀，离心后弃沉淀，制备肠菌液。离心，过膜，于－80℃冰箱储存，GC 法待测。

3. 结果分析

将样品进样后，出图进行结果分析。与标准液的图和标准曲线进行比对，分析结果。

思考题

1. 简述 GC 法测定短链脂肪酸的原理。
2. 简述测定体内短链脂肪酸的意义。

第三章 蛋白质的营养评价

CHAPTER 3

实验一　考马斯亮蓝法测定蛋白质含量

理 论 知 识

（一）背景材料

用考马斯亮蓝 G－250（Coomassie brilliant blue G－250）测定蛋白质含量的方法属于染料结合法的一种。考马斯亮蓝染料在游离状态下呈棕红色，最大光吸收在488nm；当它与蛋白质结合后变为青色，考马斯亮蓝－蛋白质络合物在595nm波长下有最大光吸收。在一定浓度范围内，其吸光值与蛋白质含量成正比，因此，可用于蛋白质的定量测定。蛋白质与考马斯亮蓝 G－250 结合后可在2min左右的时间内达到平衡；考马斯亮蓝－蛋白质络合物在室温下1h内显色保持稳定。该法是在1976年由 Bradford 建立的，试剂配制简单，操作简便快捷，反应非常灵敏，灵敏度比 Lowry 法高4倍，可测定微克级蛋白质含量，测定蛋白质浓度范围为2.5～1000μg/mL，是一种常用的微量蛋白质快速测定方法。

（二）实验目的

（1）掌握考马斯亮蓝法定量测定蛋白质的原理与方法。

（2）熟练分光光度计的使用和操作方法。

（三）实验原理

蛋白质分子具有—NH_3^+ 基团，当将棕红色的考马斯亮蓝显色剂加入蛋白质标准液或样品中时，考马斯亮蓝染料上的阴离子与蛋白质的—NH_3^+ 结合，使溶液变为蓝色，通过测定吸光值可计算出蛋白质含量。

实 验 内 容

（一）实验设备与材料

1. 实验设备

离心机；紫外－可见分光光度计。

2. 化学药品及试剂

试剂一：考马斯亮蓝贮备液，30mL×1瓶，4℃保存6个月；试剂二：蛋白质标准品0.5mL×1支，4℃保存1个月。考马斯亮蓝显色液的配制：按考马斯亮蓝贮备液∶双蒸水＝

1:4 的比例进行配制（即 5 倍稀释），现用现配。

（二）实验方法与数据处理

1. 实验方法

方法如表 3－1 所示。

表 3－1　考马斯亮蓝法实验表

	空白管	标准管	测定管
双蒸水/mL	0.05		
蛋白质标准品/mL		0.05	
样品/mL			0.05
考马斯亮蓝显色液/mL	3.0	3.0	3.0

混匀，静置 10min，于 595nm 处，1cm 光径，双蒸水调零，测各管 OD 值（空白管与标准管一般测定 1～2 个即可）。

2. 计算公式

计算如式（3－1）所示：

待测样本蛋白质浓度/（g/L）＝［（测定 OD 值－空白 OD 值）/（标准 OD 值－空白 OD 值）］×标准品浓度（g/L）×样本测试前稀释倍数　（3－1）

（三）结果解读

检验结果会受到样品蛋白质浓度的影响。通常情况下，其结果如在参考范围内，认为正常；如在临界区域内，应重新测定再确认；如果明显超出参考范围或确认检测后仍超出参考范围，则认为血清蛋白浓度异常，应立即分析并查找原因。

（四）注意事项与说明

（1）试剂盒在 4℃避光保存。

（2）考马斯亮蓝显色液用多少配多少，现用现配。

（3）测定结束后用无水乙醇清洗比色皿。

思考题

1. 简述考马斯亮蓝法测蛋白质的原理。
2. 测定过程中应该注意哪些问题？

实验二　Lowry 法测定蛋白质含量

理 论 知 识

（一）背景材料

蛋白质是组成人体一切细胞、组织的重要成分。机体所有重要的组成部分都需要有蛋白质的参与。一般说，蛋白质约占人体全部质量的18%，最重要的是，其与生命现象有关。

蛋白质（Protein）是生命的物质基础，是有机大分子，是构成细胞的基本有机物，是生命活动的主要承担者。没有蛋白质就没有生命。氨基酸是蛋白质的基本组成单位。它是与生命及与各种形式的生命活动紧密联系在一起的物质。机体中的每一个细胞和所有重要组成部分都有蛋白质的参与。蛋白质占人体重量的16%～20%，即一个60kg的成年人体内有蛋白质9.6～12kg。人体内蛋白质的种类很多，性质、功能各异，但都是由20多种氨基酸（Amino acid）按不同比例组合而成的，并在体内不断进行代谢与更新。

（二）实验目的

（1）掌握分光光度法。

（2）掌握Lowry法测定蛋白质含量的原理及方法。

（三）实验原理

Lowry法是测定蛋白质最灵敏的方法之一。过去，此法是应用最广泛的一种方法，因其试剂的配制较为困难（现在已可以订购），所以近年来该法逐渐被考马斯亮蓝法取代。此法的显色原理与双缩脲方法相同，只是加入了第二种试剂，即Folin－酚试剂，以增加显色量，从而提高了检测蛋白质的灵敏度。这两种显色反应产生深蓝色的原因是：在碱性条件下，蛋白质中的肽键与铜结合生成了复合物。Folin－酚试剂中的磷钼酸盐－磷钨酸盐被蛋白质中的酪氨酸和苯丙氨酸残基还原，产生了呈现深蓝色（钼蓝和钨蓝的混合物）的物质。在一定浓度下，蓝色深度与蛋白质的量成正比。Lowry法最早由Lowry确定了蛋白质浓度测定的基本步骤。之后，该法在生物化学领域得到了广泛的应用。这个测定法的优点是灵敏度高，比双缩脲法灵敏得多，缺点是费时较长，要精确控制操作时间，标准曲线也不是严格的直线，且专一性较差，干扰物质较多。对双缩脲反应发生干扰的离子，同样容易干扰Lowry反应，而且对后者的影响大。酚类、柠檬酸、硫酸铵、Tris缓冲液、甘氨酸、糖类、甘油等均对反应有干扰作用。浓度较低的尿素（0.5%）、硫酸钠（1%）、硝酸钠（1%）、三氯乙酸（0.5%）、乙醇（5%）、乙醚（5%）、丙酮（0.5%）等溶液对显色无影响，但这些物质浓度高时，必须做校正曲线。含硫酸铵的溶液，只需加浓碳酸钠－氢氧化钠溶液，即可做显色测定。若样品酸度较高，显色后会色浅，应提高碳酸钠－氢氧化钠溶液浓度1～2倍。进行测定时，加Folin－酚试剂时要特别小心，因为该试剂仅在酸性pH条件下稳定，但上述还原反应只在pH 10的情况下发生，故当Folin－酚试剂加到碱性的铜－蛋白质溶液中时，必须立即混匀，以便在磷钼酸－磷钨酸试剂被破坏之前，使还原反应发生。此法也适用于酪氨酸和色氨酸的定量测定。此法可检测的最低蛋白质量达5mg。通常测定范围是20～250mg。

实验内容

（一）实验设备与材料

1. 实验设备

紫外－可见分光光度计；旋涡混合器；秒表；试管。

2. 试剂

（1）试剂甲

① 10g Na_2CO_3、2g NaOH 和 0.25g 酒石酸钾钠（$KNaC_4H_4O_6 \cdot 4H_2O$），溶解于 500mL 蒸馏水中。

② 0.5 克硫酸铜（$CuSO_4 \cdot 5H_2O$）溶解于 100mL 蒸馏水中，每次使用前，将 50 份①与 1 份②混合，即为试剂甲。

（2）试剂乙　在 2L 磨口回流瓶中，加入 100g 钨酸钠（$Na_2WO_4 \cdot 2H_2O$），25g 钼酸钠（$Na_2MoO_4 \cdot 2H_2O$）及 700mL 蒸馏水，再加 50mL 85% 磷酸，100mL 浓盐酸，充分混合后，接上回流管，以小火回流 10h，待回流结束时，加入 150g 硫酸锂（Li_2SO_4）50mL 蒸馏水及数滴液体溴，敞口继续沸腾 15min，以便驱除过量的溴。冷却后溶液呈黄色（如仍呈绿色，须再重复滴加液体溴的步骤），稀释至 1L，过滤，将滤液置于棕色试剂瓶中保存。使用时用标准 NaOH 滴定，酚酞作指示剂，然后进行适当稀释，约加 1 倍水，使最终的酸浓度为 1mol/L 左右。

（3）标准蛋白质溶液　精确称取结晶牛血清白蛋白或 G－球蛋白，溶于蒸馏水中，调整浓度达 250mg/mL 左右。牛血清白蛋白溶于水若混浊，可改用 0.9% NaCl 溶液。

（二）实验方法与数据处理

标准曲线的测定：取 16 支大试管，1 支作空白对照，3 支留作未知样品，将其余试管分成两组，分别加入 0mL、0.1mL、0.2mL、0.4mL、0.6mL、0.8mL、1.0mL 标准蛋白质溶液（浓度为 250mg/mL）。用水补足到 1.0mL，然后每支试管加入 5mL 试剂甲，在旋涡混合器上迅速混合，于室温（20～25℃）下放置 10min。再逐管加入 0.5mL 试剂乙（Folin－酚试剂），同样立即混匀。这一步混合速度要快，否则会使显色程度减弱。然后在室温下放置 30min，以未加蛋白质溶液的第一支试管作为空白对照，于 700nm 处测定各管中溶液的吸光值。以蛋白质的量为横坐标，吸光值为纵坐标，绘制出标准曲线。

注意：因 Lowry 反应的显色随时间不断加深，因此各项操作必须精确控制时间，即第 1 支试管加入 5mL 试剂甲后，开始计时，1min 后，在第 2 支试管中加入 5mL 试剂甲，2min 后，在第 3 支试管中加入试剂甲，以此类推。全部试管加完试剂甲后若已超过 10min，则第 1 支试管可立即加入 0.5mL 试剂乙，1min 后在第 2 支试管中加入 0.5mL 试剂乙，2min 后，在第 3 支试管中加入试剂乙，以此类推。待最后一支试管加完试剂后，再放置 30min，然后开始测定吸光值。每分钟测一个样品。进行多试管操作时，为了防止出错，每位学生都必须在实验记录本上预先画好下面的表格。表 3－2 中是每个试管要加入的量（mL），并按由左至右，由上至下的顺序，逐管加入。最下面两排是测得的吸光值和计算出的每管中蛋白质的量（mg）。

表 3－2　Folin－酚试剂法实验表

管号	1	2	3	4	5	6	7	8	9	10
标准蛋白质/（250mg/mL）	0.0	0.1	0.2	0.4	0.6	0.8	1.0			
未知蛋白质/（约 250mg/mL）								0.2	0.4	0.6
蒸馏水/mL	1.0	0.9	0.8	0.6	0.4	0.2	0	0.8	0.6	0.4

续表

管号	1	2	3	4	5	6	7	8	9	10
试剂甲/mL	5.0									
试剂乙/mL	0.5									
吸光值 A_{700nm}										
每管中蛋白质的量/mg										

样品的测定：取1mL样品溶液（其中含蛋白质20～250mg），按上述方法进行操作，取1L蒸馏水代替样品作为空白对照。通常样品的测定也可与标准曲线的测定放在一起，同时进行。即在标准曲线测定的各试管后面，再增加3个试管，如上表中的8、9、10试管。

根据所测样品的吸光值，在标准曲线上查出相应的蛋白质含量，从而计算出样品溶液的蛋白质浓度。

注意：由于各种蛋白质含有不同量的酪氨酸和苯丙氨酸，显色的深浅往往随不同的蛋白质而变化。因此，本测定法通常只适用于测定蛋白质的相对浓度（相对于标准蛋白质）。

思考题

1. 简述蛋白质测定的意义。
2. 简述蛋白质测定的原理。

实验三　氨基酸分析仪测定氨基酸含量

理 论 知 识

（一）背景材料

氨基酸是生物功能大分子蛋白质的基本组成单位，是人体不可或缺的重要基础物质，其中必需氨基酸必须从食物中直接获得，人体不能合成，可以促进机体正常生长、组织修复、血糖调节，并能提供能量。氨基酸是含有一个或多个碱性氨基和酸性羧基的有机化合物，大多数氨基酸的极性高、挥发点低、无强发色基团，因此对其分离分析比较困难。

目前常用的分析法有比色法、柱前衍生反相高效液相色谱法、氨基酸自动分析仪法。氨基酸自动分析仪法是以阳离子交换树脂为固定相，酸性缓冲液为流动相，在柱后采用茚三酮溶液与氨基酸衍生生成具有可见光吸收的衍生物，从而实现在线检测的，该法具有重现性好、仪器稳定、结果可靠等优点。

（二）实验目的

（1）了解人体中氨基酸的来源和作用。

（2）理解氨基酸分析仪测定氨基酸的原理。

（3）掌握氨基酸分析仪测定氨基酸方法。

（三）实验原理

氨基酸分析仪的基本原理为流动相（缓冲溶液）推动氨基酸混合物流经装有阳离子交换树脂的色谱柱，各氨基酸与树脂中的交换基团进行离子交换，当用不同的 pH 缓冲溶液进行洗脱时因交换能力的不同而将氨基酸混合物分离，分离出的单个氨基酸组分与茚三酮试剂反应，生成紫色化合物或黄色化合物，然后用可见光检测器检测其在 570nm、440nm 的吸光值。这些有色产物对应的吸收强度与洗脱出来的各氨基酸浓度之间的关系符合朗伯 - 比尔定律。据此，可对氨基酸各组分进行定性、定量分析。氨基酸分析仪也可利用阴离子交换分离，后经积分脉冲安培法检测，该检测方法无须将待测氨基酸进行柱前或柱后衍生。

实验内容

（一）实验设备与材料

1. 实验设备

（1）A300 自动氨基酸分析仪；

（2）SI - 234 电子天平；

（3）DHG - 9070 型电热恒温鼓风干燥箱；

（4）DN - 24W 氮气浓缩仪。

2. 化学药品及试剂

盐酸（优级纯）；苯酚（分析纯）；样品稀释液；不同 pH 和离子强度的洗脱缓冲液；茚三酮溶液。

（二）实验方法与数据处理

1. 样品处理

将样品匀浆，准确称取 0.2g 试样置于水解管中。在水解管中加入 15mL 盐酸溶液，继续向水解管中加入 3 ~ 4 滴苯酚。将水解管放入冷冻剂中，冷冻 3 ~ 5min，抽真空，然后充入氮气，重复抽真空、充氮气 3 次后，在充氮气状态封口。将已封口的水解管放置在（110 ± 1）℃的电热鼓风恒温箱中，水解一定时间后，取出冷却至室温。打开水解管，将水解液过滤至 25mL 的容量瓶中，用少量水多次冲洗水解管，将水洗液移入同一 25mL 容量瓶内，用水定容至刻度，摇匀。

准确吸取 0.5mL 滤液移入 10mL 试管内，用浓缩仪在 40 ~ 50℃ 加热环境下减压干燥，干燥后残留物用水溶解，涡旋混匀后，吸取溶液过膜，供仪器测定用。将混合氨基酸标准溶液和样品测定液分别注入氨基酸分析仪中，以外标法通过峰面积计算样品测定液中氨基酸的浓度。

2. 测定条件

磺酸型阳离子树脂色谱柱（4.6mm × 60.0mm），柱温 57.0℃；反应器温度 130℃；泵 A（洗脱溶液）流速为 0.40mL/min，泵 B（茚三酮溶液）流速为 0.35mL/min，进样量为 20μL；检测波长为 570nm 和 440nm。

（三）注意事项与说明

（1）氮气压力　A300 全自动氨基酸分析仪需要的压力为 40kPa，压力不宜过高。

（2）注意检查全自动氨基酸分析仪洗脱液和衍生试剂流路压力是否正常。

思考题

1. 简述氨基酸分析仪测定氨基酸的原理。
2. 简述氨基酸对于人体的作用和功效。

实验四　DNPH 比色法测定蛋白质羰基值含量

理论知识

（一）背景材料

蛋白质不仅是生物体的重要组成成分，而且在生命活动中发挥着重要的功能，在生物体中有催化、调节、转运、储存、运动和支架作用等功能。蛋白质氨基酸侧链的氧化可导致羰基产物的积累。蛋白质的羰基化被广泛地用于评价各种生物有机体的氧化程度，蛋白质羰基含量是蛋白质氧化损伤的敏感指标，2,4-二硝基苯肼（DNPH）比色法是测定蛋白质羰基含量的经典方法。

（二）实验目的

（1）了解人体中蛋白质和作用和重要性。

（2）理解（DNPH）比色法测定蛋白质羰基值含量的原理。

（3）掌握测定蛋白质羰基值含量方法。

（三）实验原理

被氧化后的蛋白质羰基含量增多，羰基可与2,4-二硝基苯肼反应生成2,4-二硝基苯腙，2,4-二硝基苯腙为红棕色的沉淀，将沉淀用盐酸胍溶解后即可在分光光度计上读取370nm下的吸光值，从而测定蛋白质的羰基含量。

实验内容

（一）实验设备与材料

1. 实验设备

（1）紫外-可见分光光度计；

（2）离心机。

2. 化学药品及试剂

HEPES 缓冲液；硫酸链霉素；DNPH；盐酸；三氯乙酸（TCA）；乙醇和乙酸乙酯混合物；苯甲基磺酰氟（PMSF）。

（二）实验方法与数据处理

1. 试样前处理

当测定组织中的蛋白质羰基含量时，需要将蛋白质从组织中提取出来，这时就要排除组织中其他同样含有羰基的生物分子的干扰。因此，在蛋白质抽提的过程当中，要去除这些干扰物质，以下是组织蛋白的抽提方法：①取一定量的组织，在冰的生理盐水中漂洗，以去掉表面的血迹；②加入一定量的冰的 HEPES 缓冲液，做成质量分数为 10% 的匀浆。HEPES 缓冲液 pH 为 7.4；③将匀浆液以 1500 ×g 的转速，离心 15min，取上清液，并将其转入 10mL 的离心管中，加 0.1kg/L 的硫酸链霉素溶液于上清液中，使之终浓度为 0.01kg/L，即硫酸链霉素溶液与上清液的体积比为 1:9。在室温下放置 10min 后，以 11000 ×g 的转速，离心 10min，取上清液。这时，组织匀浆中含有核酸，核酸分子中含有一些碱基，如鸟嘌呤、胞嘧啶、尿嘧啶、胸腺嘧啶中包含碱基，5 - 甲基胞嘧啶中也含有碱基，加入硫酸链霉素的作用就是为了沉淀核酸。

2. 蛋白质样品中的羰基与 DNPH 生成蛋白质腙衍生物

（1）在 100μL 的上清液中加入 400μL 的 10mmol/L DNPH（用 2mol/L，HCl 溶解），并设一组空白对照，即不含 DNPH 的 2mol/L HCl 溶液。如被测样品本来就是蛋白质溶液或实验本身就是将一些蛋白质作为模型蛋白时，可将蛋白质配成 1mg/mL 左右的蛋白质溶液。

（2）将各个反应体系置于黑暗中放置 1h，每隔 10min 涡旋 1 次。

（3）反应完毕后，加入 500μL 0.2kg/L 的三氯乙酸（TCA）溶液来沉淀蛋白质腙衍生物，在 4℃条件下，以 12000 ×g 的转速，离心 15min，弃上清液。

（4）得到的沉淀用 1mL 乙醇和乙酸乙酯混合物（1 + 1，体积比）洗涤 3 次，最后的沉淀用 1.25mL，6mol/L 的盐酸胍溶解（37℃，水浴 15min）。12000 ×g 离心 15min，取上清液。

3. 蛋白质含量的测定

为了定量蛋白质中的羰基含量，要对蛋白质的含量进行测定，方法可选取 Biuret 法、Lowry 法和 Bradford 法等。

4. 蛋白质腙衍生物吸光值的测定

在紫外 - 可见分光光度计 370nm 下测定其吸光值。羰基浓度用摩尔吸光系数 22.0mmol/(L/5cm) 来计算。羰基含量用每毫克蛋白质中含有多少 μmol 的羰基来表示。

（三）注意事项与说明

（1）当蛋白质溶液中加入 DNPH 进行反应时，反应体系需置于黑暗中，这是由于 DNPH 不稳定，见光会分解。

（2）PMSF 不易溶于水，所以常用异丙醇将其溶解，并在 -20℃下保存。

思考题

1. 蛋白质羰基还有什么方法测定？
2. 简述蛋白质的作用。

实验五　茚三酮比色法测定蛋白质水解度

理论知识

（一）背景材料

蛋白质的水解是利用化学方法或酶法对天然蛋白质进行催化水解，水解后的蛋白质的一些功能性质发生了改变，如溶解性、乳化性质、发泡性质等，因此，可广泛地应用于食品工业，但在蛋白质的酶水解过程中蛋白质水解程度的控制是十分重要的参数，因为过度的水解会产生苦味肽，使蛋白质的风味改变，影响水解蛋白在食品中的应用。

水解度是指蛋白质分子中由于生物的或化学的水解而断裂的肽键占蛋白质分子中总肽键的比例。测定蛋白质水解度的方法很多，常用的方法有三氯乙酸沉淀法、三硝基苯磺酸法、茚三酮比色法、甲醛滴定法、pH - stat 法等。甲醛滴定法快速简单，但采用此法测定结果低于氨基酸理论含量；茚三酮比色法由于采用的是单一氨基酸做标准，而不同的氨基酸对茚三酮的呈色度不同，因此采用茚三酮比色法结果也有偏差；三硝基苯磺酸法测定的结果相对较准确，但由于所用的试剂不易获得且分析方法非常繁杂，通常情况下采用此种方法的还不太多；现在有许多研究采用 pH - stat 法，这种方法也有误差，在工业生产中可用于监控水解终点，但在研究中则需要用其他的方法进行校正。本方法采用茚三酮比色法，利用待水解原料的完全水解液作为标准，可消除由于不同氨基酸与茚三酮结合产物的呈色度不同对测定结果造成的误差。

（二）实验目的

（1）了解人体中蛋白质的来源和作用。

（2）理解蛋白质水解度的测定原理。

（3）掌握蛋白质水解度的测定方法。

（三）实验原理

所有氨基酸及具有游离 α - 氨基和 α - 羧基的肽与茚三酮反应都产生蓝紫色物质，只有脯氨酸和羟脯氨酸与茚三酮反应产生（亮）黄色物质。此反应十分灵敏，根据反应所生成的蓝紫色的深浅，用分光光度计在 570nm 波长下进行比色就可测定样品中氨基酸的含量（在一定浓度范围内，显色溶液的吸光值与氨基酸的含量成正比），也可以在分离氨基酸时作为显色剂对氨基酸进行定性或定量分析。

实验内容

（一）实验设备与材料

1. 实验设备

分光光度计。

2. 化学药品及试剂

（1）茚三酮显色液　2g 茚三酮加入 100mL 蒸馏水，溶解，放棕色瓶中保存，应每次使用前配制。

（2）pH 8 缓冲溶液　0.2mol Na_2HPO_4 94.7mL 与 0.2mol NaH_2PO_4 5.3mL 合并，混匀。

（3）蛋白酶。

（二）实验方法与数据处理

1. 完全水解蛋白液的制备

取菜籽蛋白 100mg，放入特制的反应瓶，加入 100mL 6mol 盐酸，拧紧瓶盖，放入 130℃烘箱中水解 24h，冷却，过滤，滤液真空浓缩至 0.5mL 左右，加蒸馏水 90mL，用 1mol NaOH 中和至中性（pH 6），定容至 100mL。

2. 工作曲线的绘制

取完全水解液 0.1~1.0mL 于 25mL 比色管中，蒸馏水稀释至 4.0mL，加 pH 8 缓冲溶液 1.0mL，茚三酮溶液 1.0mL，混匀，沸水浴加热 15min，冷却，蒸馏水稀释至 25mL。570nm 测吸光值（水作参比）。另取 100mg 蛋白质，加水 100mL，振荡均匀后过滤，取相应体积的滤液，按上述方法测吸光值。相同体积样品的吸光值之差与蛋白质质量做工作曲线，取线性部分做标准曲线。

3. 水解液水解度的测定

取水解后灭酶的水解液 1mL，稀释至 100mL，过滤，取滤液 1~4mL（使测定值在工作曲线的线性部分），加水至 4mL，加 pH 8 缓冲溶液 1.0mL，茚三酮溶液 1.0mL，沸水浴加热 15min，冷却，蒸馏水稀释至 25mL，570nm 测吸光值（水作参比）。另取相同浓度未水解蛋白溶液 1~4mL，按上述方法测吸光值，以二者吸光值之差从工作曲线上查蛋白质含量，按式（3-2）计算水解度（DH）：

$$DH(\%) = [A/(1000 \times W)] \times V_1 \times (100/V_2) \times 100 \qquad (3-2)$$

式中 A——查表得蛋白质的质量，mg；

W——称样质量，g；

V_1——水解液的总体积，mL；

V_2——显色时所用稀释液的体积，mL。

思考题

1. 蛋白质水解指什么？
2. 蛋白质水解度的测定还有那些方法？
3. 简述茚三酮比色法测定的原理。

第四章

维生素的营养评价

实验一　维生素 A 含量的测定

理 论 知 识

（一）背景材料

维生素 A 是第一个被发现的，也是一种极其重要、极易缺乏的，为人体维持正常代谢和机能所必需的脂溶性维生素。维生素 A 属于脂溶性维生素，可以不同程度地溶于大部分有机溶剂，但不溶于水。维生素 A 及其衍生物很容易被氧化和异构化，特别是在暴露于光线（尤其是紫外线）、氧气、性质活泼的金属以及高温环境时，可加快这种氧化破坏。β－胡萝卜素是类胡萝卜素中最为突出的一个成分，原因在于它是最早被认识的类胡萝卜素组分；它几乎是人体内含量高的类胡萝卜素组分；它在食物中分布最广、含量最丰富，特别是在蔬菜、水果中最突出，几乎所有的蔬菜、水果，或多或少都有其踪迹；此外，它也是类胡萝卜素组分中维生素 A 原活性最强的。常见的检测维生素 A 的方法主要有比色法、紫外分光光度法、近红外光谱法和高效液相色谱法。

（二）实验目的

（1）了解食品中维生素 A 的来源背景及作用。

（2）了解维生素 A 的测定原理。

（3）掌握食品中维生素 A 的含量测定方法。

（三）实验原理

试样中的维生素 A 经皂化（含淀粉先用淀粉酶酶解）、提取、净化、浓缩后，C_{30}或 PFP 反相液相色谱柱分离，紫外检测器或荧光检测器检测，外标法定量。

实 验 内 容

（一）实验设备与材料

1. 实验设备

（1）分析天平　感量为 0.01mg；

（2）恒温水浴振荡器；

（3）旋转蒸发仪；

(4) 氮吹仪;

(5) 紫外-可见分光光度计;

(6) 分液漏斗萃取净化振荡器;

(7) 高效液相色谱仪 带紫外检测器或二极管阵列检测器或荧光检测器。

2. 化学药品及试剂

(1) 无水乙醇(C_2H_5OH) 经检查不含醛类物质;

(2) 抗坏血酸($C_6H_8O_6$);

(3) 氢氧化钾(KOH);

(4) 乙醚[$(CH_3CH_2)_2O$] 经检查不含过氧化物;

(5) 石油醚($C_5H_{12}O_2$) 沸程为30~60℃;

(6) 无水硫酸钠(Na_2SO_4);

(7) pH 试纸(pH 范围1~14);

(8) 甲醇(CH_3OH) 色谱纯;

(9) 淀粉酶 活力单位≥100U/mg;

(10) 2,6-二叔丁基对甲酚($C_{15}H_{24}O$) 简称 BHT。

(二)实验方法

1. 试剂配制

(1) 氢氧化钾溶液(50g/100g) 称取50g 氢氧化钾,加入50mL 水溶解,冷却后,储存于聚乙烯瓶中。

(2) 石油醚乙醚溶液(1+1) 量取200mL 石油醚,加入200mL 乙醚,混匀。

(3) 有机系过滤头(孔径为0.22μm)。

2. 标准品

(1) 维生素 A 标准品。

(2) 视黄醇(中国科学院,$C_{20}H_{30}O$,CAS 号:68-26-8),纯度≥95%,或经国家认证并授予标准物质证书的标准物质。

(3) 标准溶液配制

①维生素 A 标准储备溶液(0.500mg/mL) 准确称取25.0mg 维生素 A 标准品,用无水乙醇溶解后,转移入50mL 容量瓶中,定容至刻度,维生素 A 含量约为0.500mg/mL。将溶液转移至棕色试剂瓶中,密封后,在20℃下避光保存,有效期1个月。临用前将溶液回温至20℃,并进行浓度校正。

②维生素 A 和维生素 E 混合标准溶液中间液 准确吸取维生素 A 标准储备溶液1.00mL 和维生素 E 标准储备溶液各5.00mL 于同一个50mL 容量瓶中,用甲醇定容至刻度,此溶液中维生素 A 含量为10.0μg/mL,维生素 E 含量为100μg/mL。在20℃下避光保存,有效期半个月。

③维生素 A 和维生素 E 标准系列工作溶液 分别准确吸取维生素 A 和维生素 E 混合标准溶液中间液0.20mL、0.50mL、1.00mL、2.00mL、4.00mL、6.00mL 于10mL 棕色容量瓶中,用甲醇定容至刻度,该标准系列中维生素 A 浓度为0.20μg/mL、0.50μg/mL、1.00μg/mL、2.00μg/mL、4.00μg/mL、6.00μg/mL,维生素 E 浓度为2.00μg/mL、5.00μg/mL、10.0μg/mL、20.0μg/mL、40.0μg/mL、60.0μg/mL。临用前配制。

3. 试样制备

将一定数量的样品按要求经过缩分、粉碎均质后，储存于样品瓶中，避光冷藏，尽快测定。

使用的所有器皿不得含有氧化性物质；分液漏斗活塞玻璃表面不得涂油；处理过程应避免紫外光照，尽可能避光操作；提取过程应在通风柜中操作。

4. 皂化

（1）不含淀粉样品　称取2～5g（精确至0.01g）经均质处理的固体试样或50g（精确至0.01g）液体试样于150mL平底烧瓶中，固体试样需加入约20mL温水，混匀，再加入1.0g抗坏血酸和0.1kHz，混匀，加入30mL无水乙醇，加入10～20mL氢氧化钾溶液，边加边振摇，混匀后于80℃恒温水浴振荡皂化30min，皂化后立即用冷水冷却至室温。

皂化时间一般为30min，如皂化液冷却后，液面有浮油，需要加入适量氢氧化钾溶液，并适当延长皂化时间。

（2）含淀粉样品　称取2～5g（精确至0.01g）经均质处理的固体试样或50g（精确至0.01g）液体样品于150mL平底烧瓶中，固体试样需用约20mL温水混匀，加入0.5～1g淀粉酶，放入60℃水浴避光恒温振荡30min后，取出，向酶解液中加入1.0g抗坏血酸和0.1kHz，混匀，加入30mL无水乙醇，10～20mL氢氧化钾溶液，边加边振摇，混匀后于80℃恒温水浴振荡皂化30min，皂化后立即用冷水冷却至室温。

5. 提取

将皂化液用30mL水转入250mL的分液漏斗中，加入50mL石油醚乙醚混合液，振荡萃取5min，将下层溶液转移至另一个250mL的分液漏斗中，加入50mL的混合醚液再次萃取，合并醚层。

如只测维生素A与α－生育酚，可用石油醚作提取剂。

6. 洗涤

用100mL水洗涤醚层，约需重复3次，直至将醚层洗至中性（可用pH试纸检测下层溶液pH），去除下层水相。

7. 浓缩

将洗涤后的醚层经无水硫酸钠（约3g）滤入250mL旋转蒸发瓶或氮气浓缩管中，用约15mL石油醚冲洗分液漏斗及无水硫酸钠2次，并入蒸发瓶内，并将其接在旋转蒸发仪或气体浓缩仪上，于40℃水浴中减压蒸馏或气流浓缩，待瓶中醚液剩下约2mL时，取下蒸发瓶，立即用氮气吹至近干。用甲醇分次将蒸发瓶中残留物溶解并转移至10mL容量瓶中，定容至刻度。溶液过0.22μm有机系滤膜后供高效液相色谱测定。

8. 色谱参考条件

色谱参考条件如下所述。

（1）色谱柱　C_{30}柱（柱长250mm，内径4.6mm，粒径3μm），或相当者；

（2）柱温　20℃；

（3）流动相　A：水；B：甲醇，洗脱梯度如表4－1所示；

（4）流速　0.8mL/min；

（5）紫外检测波长　维生素A为325nm；维生素E为294nm；

（6）进样量 10μL；

（7）标准色谱图和样品色谱图如图 4－1 所示。

注 1：如难以将柱温控制在（20±2）℃，可改用 PFP 柱分离异构体，流动相为水和甲醇梯度洗脱。

注 2：如样品中只含 α－生育酚，无须分离 β－生育酚和 γ－生育酚，可选用 C_{18} 柱，流动相为甲醇。

注 3：如有荧光检测器，可选用荧光检测器检测，对生育酚的检测有更高的灵敏度和选择性，可按以下检测波长检测：维生素 A 激发波长 328nm，发射波长 440nm；维生素 E 激发波长 294nm，发射波长 328nm。

表 4－1 C_{30} 色谱柱－反相高效液相色谱法洗脱梯度参考条件

时间/min	流动相 A/%	流动相 B/%	时间/min	流动相 A/%	流动相 B/%
0.0	4	96	24.0	0	100
13.0	4	96	24.5	4	96
20.0	0	100	30.0	4	96

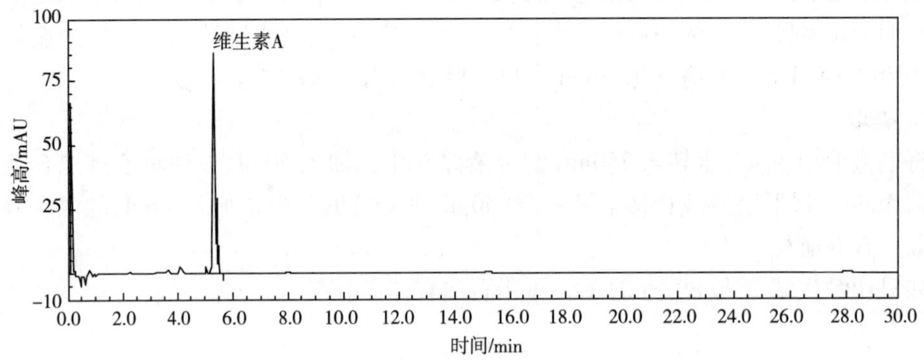

图 4－1 维生素 A 标准溶液 C_{30} 柱反相色谱图（2.5μg/mL）

9. 标准曲线的制作

本法采用外标法定量。将维生素 A 标准系列工作溶液分别注入高效液相色谱仪中，测定相应的峰面积，以峰面积为纵坐标，以标准测定液浓度为横坐标绘制标准曲线，计算直线回归方程。

10. 样品测定

试样液经高效液相色谱仪分析，测得峰面积，采用外标法通过上述标准曲线计算其浓度。在测定过程中，建议每测定 10 个样品用同一份标准溶液或标准物质检查仪器的稳定性。

（三）数据处理

试样中维生素 A 的含量按式（4－1）计算：

$$X = \frac{\rho \times V \times f \times 100}{m} \tag{4-1}$$

式中 X——试样中维生素 A 的含量，μg/100g；

ρ——根据标准曲线计算得到的试样中维生素 A 的质量浓度，μg/mL；

V——定容体积，mL；

f——换算因子（维生素 A：$f=1$）；

100——试样中量以每 100g 计算的换算系数；

m——试样的称样量，g。

计算结果保留 3 位有效数字。

（四）注意事项与说明

（1）在重复性条件下获得的两次独立测定结果的绝对差值不得超过算术平均值的 10%。

（2）当取样量为 5g，定容 10mL 时，维生素 A 的紫外检出限为 10μg/100g，定量限为 30μg/100g；生育酚的紫外检出限为 40μg/100g，定量限为 120μg/100g。

思考题

1. 简述食品中维生素 A 的测定原理。
2. 简述食品中维生素 A 的测定方法。
3. 测定食品中维生素 A 时需要注意什么？

实验二　维生素 D 含量的测定

理 论 知 识

（一）背景材料

维生素 D 是一种脂溶性维生素，最主要的是维生素 D_2 与 D_3。维生素 D 为白色结晶，溶于脂肪，性质较稳定，耐高温，抗氧化，不耐酸碱，脂肪酸败可使其被破坏。动物肝脏、鱼肝油、蛋黄中含量丰富。维生素 D_2 又名麦角钙化醇，主要从植物中合成，酵母、麦角等含量较多。维生素 D_3 又名胆钙化醇，大多数高等动物的表皮和皮肤组织中都含 7－脱氢胆固醇，在阳光或紫外光照射下经光化学反应可转化成维生素 D_3。维生素 D_3 主要存在于海鱼、动物肝脏、蛋黄和瘦肉、脱脂牛乳、鱼肝油、乳酪、坚果和海产品中。两种维生素 D 具有同样的生理作用。人体的维生素 D 主要由人体自身合成和动物性食物中获得。维生素 D 的主要功用是促进小肠黏膜细胞对钙和磷的吸收。维生素 D 还有促进皮肤细胞生长、分化及调节免疫功能作用。一般成年人经常接触日光不致发生缺乏病，婴幼儿、孕妇、乳母及不常到户外活动的老人要增加维生素 D 供给量到每日 10μg（相当于 400IU）。缺乏维生素 D 儿童可患佝偻病，成人患骨质软化症。

（二）实验目的

（1）了解食品中维生素 D 的来源背景及作用。

（2）了解维生素 D 的测定原理。

（3）掌握食品中维生素 D 的含量测定方法。

（三）实验原理

试样中加入维生素 D_2 和维生素 D_3 的同位素内标后，经氢氧化钾乙醇溶液皂化（含淀粉试样先用淀粉酶酶解）、提取、硅胶固相萃取柱净化、浓缩后，反相高效液相色谱 C_{18} 柱分离，串联质谱法检测，内标法定量。

实 验 内 容

（一）实验设备与材料

1. 实验设备

（1）分析天平　感量为 0.1mg；

（2）磁力搅拌器或恒温振荡水浴　带加热和控温功能；

（3）旋转蒸发仪；

（4）氮吹仪；

（5）紫外－可见分光光度计；

（6）萃取净化振荡器；

（7）多功能涡旋振荡器；

（8）高速冷冻离心机　转速≥ 6000r/min；

（9）高效液相色谱－串联质谱仪　带电喷雾离子源。

2. 化学药品及试剂

（1）无水乙醇（C_2H_5OH）　色谱纯且经检验不含醛类物质；

（2）抗坏血酸（$C_6H_8O_6$）；

（3）2,6 二叔丁基对甲酚（$C_{15}H_{24}O$）　简称 BHT；

（4）淀粉酶　活力单位≥100U/mg；

（5）氢氧化钾（KOH）；

（6）乙酸乙酯（$C_4H_8O_2$）　色谱纯；

（7）正己烷（nC_6H_{14}）　色谱纯；

（8）无水硫酸钠（Na_2SO_4）；

（9）pH 试纸（范围 1～14）；

（10）固相萃取柱（硅胶）　6mL、500mg；

（11）甲醇（CH_3OH）　色谱纯；

（12）甲酸（HCOOH）　色谱纯；

（13）甲酸铵（$HCOONH_4$）　色谱纯。

（二）实验方法

1. 试剂配制

（1）氢氧化钾溶液（50g/100g）　50g 氢氧化钾，加入 50mL 水溶解，冷却后储存于聚乙烯瓶中。

（2）乙酸乙酯－正己烷溶液（5＋95）　量取5mL 乙酸乙酯加入到 95mL 正己烷中，混匀。

（3）乙酸乙酯－正己烷溶液（15＋85）　量取15mL 乙酸乙酯加入到 85mL 正己烷

中，混匀。

（4）0.05%甲酸 $-$ 5mmol/L 甲酸铵溶液　称取 0.315g 甲酸铵，加入 0.5mL 甲酸、1000mL 水溶解，超声混匀。

（5）0.05%甲酸 $-$ 5mmol/L 甲酸铵甲醇溶液　称取 0.315g 甲酸铵，加入 0.5mL 甲酸、1000mL 甲醇溶解，超声混匀。

2. 标准品

（1）维生素 D_2 标准品　钙化醇（$C_{28}H_{44}O$，CAS 号：50－14－6），纯度 >98%，或经国家认证并授予标准物质证书的标准物质。

（2）维生素 D_3 标准品　胆钙化醇（$C_{27}H_{44}O$，CAS 号：511－28－4），纯度 >98%，或经国家认证并授予标准物质证书的标准物质。

（3）维生素 D_2-d_3 内标溶液（$C_{28}H_{44}O-d_3$）　100μg/mL。

（4）维生素 D_3-d_3 内标溶液（$C_{27}H_{44}O-d_3$）　100μg/mL。

3. 标准溶液配制

（1）维生素 D_2 标准储备溶液　准确称取维生素 D_2 标准品 10.0mg，用色谱纯无水乙醇溶解并定容至 100mL，使其浓度约为 100μg/mL，转移至棕色试剂瓶中，于－20℃冰箱中密封保存，有效期 3 个月。临用前用紫外分光光度法校正其浓度。

（2）维生素 D_3 标准储备溶液　准确称取维生素 D_3 标准品 10.0mg，用色谱纯无水乙醇溶解并定容至 10mL，使其浓度约为 100μg/mL，转移至 100mL 的棕色试剂瓶中，于－20℃冰箱中密封保存，有效期 3 个月。临用前用紫外分光光度法校正其浓度。

（3）维生素 D_2 标准中间使用液　准确吸取维生素 D_2 标准储备溶液 10.00mL，用流动相稀释并定容至 100mL，浓度约为 10.0μg/mL，有效期 1 个月。准确浓度按校正后的浓度折算。

（4）维生素 D_3 标准中间使用液　准确吸取维生素 D_3 标准储备溶液 10.00mL，用流动相稀释并定容至 100mL 棕色容量瓶中，浓度约为 10.0μg/mL，有效期 1 个月。准确浓度按校正后的浓度折算。

（5）维生素 D_2 和维生素 D_3 混合标准使用液　准确吸取维生素 D_2 和维生素 D_3 标准中间使用液各 10.00mL，用流动相稀释并定容至 100mL，浓度为 1.00μg/mL。有效期 1 个月。

（6）维生素 D_2-d_3 和维生素 D_3-d_3 内标混合溶液　分别量取 100μL 浓度为 100μg/mL 的维生素 D_2-d_3 和维生素 D_3-d_3 标准储备液加入 10mL 容量瓶中，用甲醇定容，配制成 1μg/mL 混合内标。有效期 1 个月。

4. 标准系列溶液配制

分别准确吸取维生素 D_2 和维生素 D_3 混合标准使用液 0.10mL、0.20mL、0.50mL、1.00mL、1.50mL、2.00mL 于 10mL 棕色容量瓶中，各加入维生素 D_2-d_3 和维生素 D_3-d_3 内标混合溶液 1.00mL，用甲醇定容至刻度，混匀。此标准系列工作液浓度分别为 10.0μg/L、20.0μg/L、50.0μg/L、100μg/L、150μg/L、200μg/L。

5. 试样制备

将一定数量的样品按要求经过缩分、粉碎均质后，储存于样品瓶中，处理过程应避免紫外光照，尽可能避光操作，避光冷藏，尽快测定。

皂化：

（1）不含淀粉样品　称取2g（准确至0.01g）经均质处理的试样于50mL具塞离心管中，加入100μL维生素D_2-d_3和维生素D_3-d_3混合内标溶液和0.4g抗坏血酸，加入6mL约40℃温水，涡旋1min，加入12mL乙醇，涡旋30s，再加入6mL氢氧化钾溶液，涡旋30s后放入恒温振荡器中，80℃避光恒温水浴振荡30min（如样品组织较为紧密，可每隔5~10min取出涡旋0.5min），取出放入冷水浴降温。

一般皂化时间为30min，如皂化液冷却后，液面有浮油，需要加入适量氢氧化钾溶液，并适当延长皂化时间。

（2）含淀粉样品　称取2g（准确至0.01g）经均质处理的试样于50mL具塞离心管中，加入100μL维生素D_2-d_3和维生素D_3-d_3混合内标溶液和0.4g淀粉酶，加入10mL约40℃温水，放入恒温振荡器中，60℃避光恒温振荡30min后，取出放入冷水浴降温，向冷却后的酶解液中加入0.4g抗坏血酸、12mL乙醇，涡旋30s，再加入6mL氢氧化钾溶液，涡旋30s后放入恒温振荡器中，皂化30min。

6. 提取

向冷却后的皂化液中加入20mL正己烷，涡旋提取3min，6000r/min条件下离心3min。转移上层清液到50mL离心管，加入25mL水，轻微晃动30次，在6000r/min条件下离心3min，取上层有机相备用。

7. 净化

将硅胶固相萃取柱依次用8mL乙酸乙酯活化，8mL正己烷平衡，取备用液全部过柱，再用6mL乙酸乙酯-正己烷溶液（5+95）淋洗，用6mL乙酸乙酯-正己烷溶液（15+85）洗脱。洗脱液在40℃下氮气吹干，加入1.00mL甲醇，涡旋30s，过0.22μm有机系滤膜供仪器测定。

8. 色谱参考条件

色谱参考条件如下所述。

（1）C_{18}柱（柱长100mm，柱内径2.1mm，填料粒径1.8μm），或相当者；

（2）柱温　40℃；

（3）流动相A：0.05%甲酸-5mmol/L甲酸铵溶液；流动相B：0.05%甲酸-5mmol/L甲酸铵甲醇溶液；流动相洗脱梯度如表4-2所示；

（4）流速　0.4mL/min；

（5）进样量　10μL。

表4-2　流动相洗脱梯度

时间/min	流动相A/%	流动相B/%	流速/（mL/min）
0.0	12	88	0.4
1.0	12	88	0.4
4.0	10	90	0.4
5.0	7	93	0.4
5.1	6	94	0.4
5.8	6	94	0.4
6.0	0	100	0.4

续表

时间/min	流动相 A/%	流动相 B/%	流速/（mL/min）
17.0	0	100	0.4
17.5	12	88	0.4
20.0	12	88	0.4

9. 质谱参考条件

质谱参考条件如下：

（1）电离方式　ESI +；

（2）鞘气温度　375℃；

（3）鞘气流速　12L/min；

（4）喷嘴电压　500V；

（5）雾化器压力　172kPa；

（6）毛细管电压　4500V；

（7）干燥气温度　325℃；

（8）干燥气流速　10L/min；

（9）多反应监测（MRM）模式。

锥孔电压和碰撞能量如表 4 - 3 所示，质谱图如图 4 - 2 所示。

表 4 - 3　　维生素 D_2 和维生素 D_3 质谱参考条件

维生素	保留时间/min	母离子/（*m/z*）	定性子离子/（*m/z*）	碰撞电压/eV	定量子离子/（m/z）	碰撞电压/eV
维生素 D_2	6.04	397	379	5	107	29
			147	25		
维生素 D_2-d_3	6.03	400	382	4	110	22
			271	6		
维生素 D_3	6.33	385	367	7	107	25
			259	8		
维生素 D_3-d_3	6.33	388	370	3	107	19
			259	6		

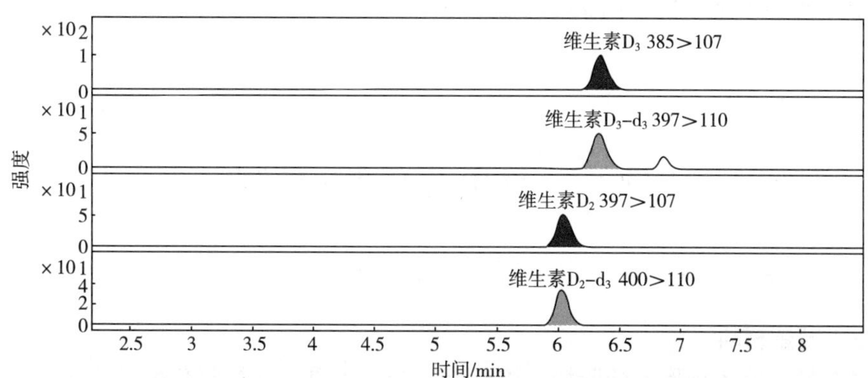

图 4 - 2　维生素 D 和维生素 D_2-D_3 混合标准溶液 100μg/L 的 MRM 质谱色谱

10. 标准曲线的制作

分别将维生素 D_2 和维生素 D_3 标准系列工作液由低浓度到高浓度依次进样，以维生素 D_2、维生素 D_3 与相应同位素内标的峰面积比值为纵坐标，以维生素 D_2、维生素 D_3 标准系列工作液浓度为横坐标分别绘制维生素 D_2、维生素 D_3 标准曲线。

11. 样品测定

将待测样液依次进样，得到待测物与内标物的峰面积比值，根据标准曲线得到测定液中维生素 D_2、维生素 D_3 的浓度。待测样液中的响应值应在标准曲线线性范围内，超过线性范围则应减少取样量重新进行处理后再进样分析。

（三）数据处理

试样中维生素 D_2、维生素 D_3 的含量按式（4－2）计算：

$$X = \frac{\rho \times V \times f \times 100}{m} \qquad (4-2)$$

式中 X——试样中维生素 D_2（或维生素 D_3）的含量，μg/100g；

ρ——根据标准曲线计算得到的试样中维生素 D_2（或维生素 D_3）的质量浓度，μg/mL；

V——定容体积，mL；

f——稀释倍数；

100——试样中量以每 100g 计算的换算系数；

m——试样的称样量，g。

计算结果保留 3 位有效数字。

如试样中同时含有维生素 D_2 和维生素 D_3，维生素 D 的测定结果以维生素 D_2 和维生素 D_3 含量之和计算。

（四）注意事项与说明

（1）在重复性条件下获得的两次独立测定结果的绝对差值不得超过算术平均值的 15%。

（2）当取样量为 2g 时，维生素 D_2 的检出限为 1μg/100g，定量限为 3μg/100g；维生素 D_3 的检出限为 0.2μg/100g；定量限为 0.6μg/100g。

思考题

1. 简述食品中维生素 D 的测定的原理。
2. 简述食品中维生素 D 的测定方法。
3. 测定食品中维生素 D 时需要注意什么？

实验三　维生素 E 含量的测定

理 论 知 识

（一）背景材料

维生素 E 是有 8 种形式的脂溶性维生素，为一种重要的抗氧化剂。维生素 E 包括生育酚和三烯生育酚两类共8种化合物，即α-、β-、γ-、δ-生育酚和α、β、γ、δ-三烯生育酚，α-生育酚是自然界中分布最广泛、含量最丰富、活性最高的维生素E形式。富含维生素E的食物有压榨植物油（具体类型见下）、果蔬、坚果、瘦肉、乳类、蛋类、柑橘皮等。维生素E具有抗氧化的作用，对酸、热都很稳定，对碱不稳定，若在铁盐、铅盐或油脂酸败的条件下，会加速其氧化而被破坏。维生素E缺乏时，人体代谢过程中产生的自由基，不仅可引起生物膜脂质过氧化，破坏细胞膜的结构和功能，形成脂褐素；而且使蛋白质变性，酶和激素失活，免疫力下降，代谢失常，促使机体衰老或发生溶血。维生素E的测定通常使用气相色谱法。

（二）实验目的

（1）了解食品中维生素E的来源背景及作用。

（2）了解维生素E的测定原理。

（3）掌握食品中维生素E的含量测定方法。

（三）实验原理

试样中的维生素E经皂化（含淀粉先用淀粉酶酶解）、提取、净化、浓缩后，C_{30}或PFP反相液相色谱柱分离，紫外检测器或荧光检测器检测，外标法定量。

实验内容

（一）实验设备与材料

1. 实验设备

（1）分析天平　感量为0.01mg；

（2）恒温水浴振荡器；

（3）旋转蒸发仪；

（4）氮吹仪；

（5）紫外-可见分光光度计；

（6）分液漏斗萃取净化振荡器；

（7）高效液相色谱仪　带紫外检测器或二极管阵列检测器或荧光检测器。

2. 化学药品及试剂

（1）无水乙醇（C_2H_5OH）　经检查不含醛类物质；

（2）抗坏血酸（$C_6H_8O_6$）；

（3）氢氧化钾（KOH）；

（4）乙醚［$(CH_3CH_2)_2O$］　经检查不含过氧化物；

（5）石油醚（$C_5H_{12}O_2$）　沸程为30～60℃；

（6）无水硫酸钠（Na_2SO_4）；

（7）pH试纸（pH范围1～14）；

（8）甲醇（CH_3OH）　色谱纯；

（9）淀粉酶　活力单位≥100U/mg；

（10）2,6-二叔丁基对甲酚（$C_{15}H_{24}O$）　简称BHT。

（二）实验方法

1. 试剂配制

（1）氢氧化钾溶液（50g/100g） 称取50g氢氧化钾，加入50mL水溶解，冷却后，储存于聚乙烯瓶中。

（2）石油醚乙醚溶液（1+1） 量取200mL石油醚，加入200mL乙醚，混匀。

（3）有机系过滤头（孔径为0.22μm）。

2. 维生素E标准品

α-生育酚（中国科学院 $C_{29}H_{50}O_2$，CAS号：10191410）：纯度≥95%，或经国家认证并授予标准物质证书的标准物质；

β-生育酚（中国科学院，$C_{28}H_{48}O_2$，CAS号：148038）：纯度≥95%，或经国家认证并授予标准物质证书的标准物质；

γ-生育酚（中国科学院，$C_{28}H_{48}O_2$，CAS号：54284）：纯度≥95%，或经国家认证并授予标准物质证书的标准物质；

δ-生育酚（中国科学院，$C_{27}H_{46}O_2$，CAS号：119131）：纯度≥95%，或经国家认证并授予标准物质证书的标准物质。

3. 标准溶液配制

维生素E标准储备溶液（1.00mg/mL） 分别准确称取α-生育酚、β-生育酚、γ-生育酚和δ-生育酚各50.0mg，用无水乙醇溶解后，转移入50mL容量瓶中，定容至刻度，此溶液浓度约为1.00mg/mL。将溶液转移至棕色试剂瓶中，密封后，在20℃下避光保存，有效期6个月。临用前将溶液回温至20℃，并进行浓度校正。

4. 试样制备

将一定数量的样品按要求经过缩分、粉碎均质后，储存于样品瓶中，避光冷藏，尽快测定。

注意：使用的所有器皿不得含有氧化性物质；分液漏斗活塞玻璃表面不得涂油；处理过程应避免紫外光照，尽可能避光操作；提取过程应在通风柜中操作。

5. 皂化

（1）不含淀粉样品 称取2~5g（精确至0.01g）经均质处理的固体试样或50g（精确至0.01g）液体试样于150mL平底烧瓶中，固体试样需加入约20mL温水，混匀，再加入1.0g抗坏血酸，0.1kHz下混匀，加入30mL无水乙醇，加入10~20mL氢氧化钾溶液，边加边振摇，混匀后于80℃恒温水浴振荡皂化30min，皂化后立即用冷水冷却至室温。

皂化时间一般为30min，如皂化液冷却后，液面有浮油，需要加入适量氢氧化钾溶液，并适当延长皂化时间。

（2）含淀粉样品 称取2~5g（精确至0.01g）经均质处理的固体试样或50g（精确至0.01g）液体样品于150mL平底烧瓶中，固体试样需用约20mL温水混匀，加入0.5~1g淀粉酶，放入60℃水浴避光恒温振荡30min后，取出，向酶解液中加入1.0g抗坏血酸，0.1kHz下混匀，加入30mL无水乙醇，10~20mL氢氧化钾溶液，边加边振摇，混匀后于80℃恒温水浴振荡皂化30min，皂化后立即用冷水冷却至室温。

6. 提取

将皂化液用30mL水转入250mL的分液漏斗中，加入50mL石油醚乙醚混合液，振荡萃取5min，将下层溶液转移至另一个250mL的分液漏斗中，加入50mL的混合醚液再次萃取，合并醚层。

7. 洗涤

用100mL水洗涤醚层，约需重复3次，直至将醚层洗至中性（可用pH试纸检测下层溶液pH），去除下层水相。

8. 浓缩

将洗涤后的醚层经无水硫酸钠（约3g）滤入250mL旋转蒸发瓶或氮气浓缩管中，用约15mL石油醚冲洗分液漏斗及无水硫酸钠2次，并入蒸发瓶内，并将其接在旋转蒸发仪或气体浓缩仪上，于40℃水浴中减压蒸馏或气流浓缩，待瓶中醚液剩下约2mL时，取下蒸发瓶，立即用氮气吹至近干。用甲醇分次将蒸发瓶中残留物溶解并转移至10mL容量瓶中，定容至刻度。溶液过0.22μm有机系滤膜后供高效液相色谱测定。

9. 色谱参考条件

色谱参考条件如下：

（1）色谱柱　C_{30}柱（柱长250mm，内径4.6mm，粒径3μm），或相当者；

（2）柱温　20℃；

（3）流动相　A：水；B：甲醇，洗脱梯度如表4－4所示；

（4）流速　0.8mL/min；

（5）紫外检测波长　维生素A为325nm；维生素E为294nm；

（6）进样量　10μL；

（7）标准色谱图和样品色谱图如图4－3所示。

表4－4　C_{30}色谱柱－反相高效液相色谱法洗脱梯度参考条件

时间/min	波动相A/%	流动相B/%	流速/（mL/min）
0.0	4	96	0.8
13.0	4	96	0.8
20.0	0	100	0.8
24.0	0	100	0.8
24.5	4	96	0.8
30.0	4	96	0.8

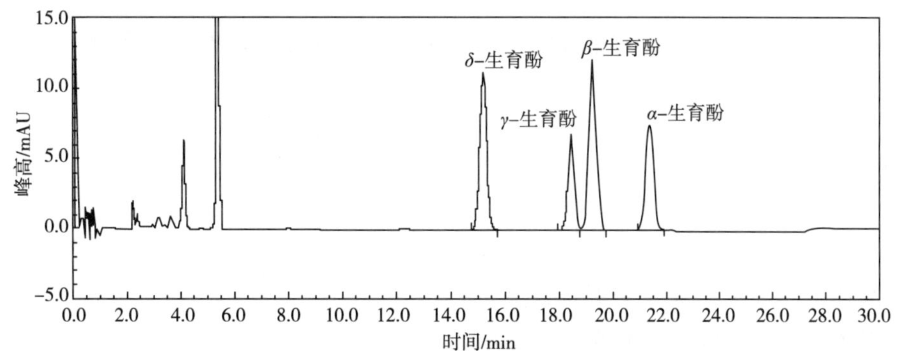

图4－3　维生素E标准溶液C_{30}柱反相色谱图

如难以将柱温控制在（20±2）℃，可改用 PFP 柱分离异构体，流动相为水和甲醇梯度洗脱。如样品中只含 α－生育酚，无须分离 β－生育酚和 γ－生育酚，可选用 C_{18} 柱，流动相为甲醇。如有荧光检测器，可选用荧光检测器检测，对生育酚的检测有更高的灵敏度和选择性，可按以下检测波长检测：维生素 A 激发波长 328nm，发射波长 440nm；维生素 E 激发波长 294nm，发射波长 328nm。

10. 标准曲线的制作

本法采用外标法定量。将维生素 E 标准系列工作溶液分别注入高效液相色谱仪中，测定相应的峰面积，以峰面积为纵坐标，以标准测定液浓度为横坐标绘制标准曲线，计算直线回归方程。

11. 样品测定

试样液经高效液相色谱仪分析，测得峰面积，采用外标法通过上述标准曲线计算其浓度。在测定过程中，建议每测定 10 个样品用同一份标准溶液或标准物质检查仪器的稳定性。

（三）数据处理

试样中维生素 E 的含量按式（4－3）计算：

$$X = \frac{\rho \times V \times f \times 100}{m} \tag{4-3}$$

式中 X——试样中维生素 E 的含量，mg/100g；

ρ——根据标准曲线计算得到的试样中维生素 E 的质量浓度，μg/mL；

V——定容体积，mL；

f——换算因子（维生素 E：f＝0.001）；

100——试样中量以每 100g 计算的换算系数；

m——试样的称样量，g。

计算结果保留 3 位有效数字。

如维生素 E 的测定结果要用 α－生育酚当量（α－TE）表示，可按下式计算：维生素 E（mgα－TE/100g）＝α－生育酚（mg/100g）＋β－生育酚（mg/100g）×0.5＋γ－生育酚（mg/100g）×0.1＋δ－生育酚（mg/100g）×0.01。

（四）注意事项与说明

（1）在重复性条件下获得的两次独立测定结果的绝对差值不得超过算术平均值的 10%。

（2）当取样量为 5g，定容 10mL 时，生育酚的紫外检出限为 40μg/100g，定量限为 120μg/100g。

思考题

1. 简述食品中维生素 E 的测定的原理。
2. 简述食品中维生素 E 的测定方法。
3. 测定食品中维生素 E 时需要注意什么？

实验四　维生素 K 含量的测定

理论知识

（一）背景材料

维生素 K 是一种脂溶性维生素，它具有多种衍生物，自然界中有叶绿醌系维生素 K_1（Phylloquinone）、甲萘醌系维生素 K_2（Menaquinone），另外还有人工合成的维生素 K_3（Menadione）等。维生素 K 对热比较稳定，但遇光和强碱易分解，在空气中可被缓慢氧化。其结构中具有 2－甲基 1,4－萘醌的结构，图 4－4 所示为部分维生素 K 的结构式。

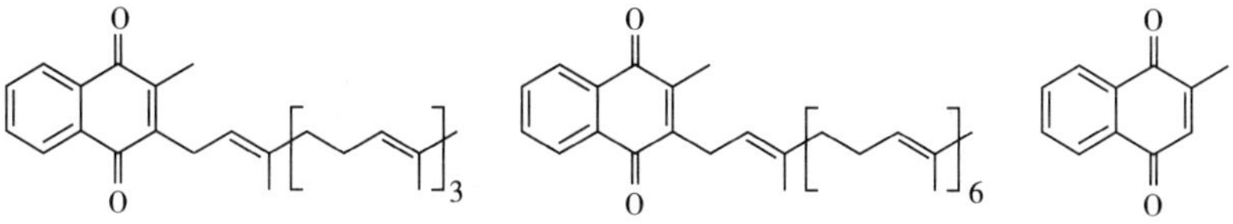

维生素 K_1　维生素 K_2　维生素 K_3

图 4－4　部分维生素 K 结构式

近几十年来，维生素 K 的测定由 20 世纪 30 年代的生物测定法发展到如今，已有 TLC 法、GC 法、分光光度法、荧光法、电化学法、HPLC 法等。其中 HPLC 法具有灵敏度、精密度较高、分离效果好、分析速度快等优点成为分析维生素 K 的主要方法，尤其是维生素 K_1。维生素 K_1 主要存在于天然绿叶蔬菜及动物内脏中，是维生素 K 检测的主要目标物；维生素 K_3 多用于强化食品和饲料，也是产品质量监督中常被检测的物质；维生素 K_2 主要由细菌合成，食物中含量较少。

（二）实验目的

（1）了解食品中维生素 K 的来源背景及作用。

（2）了解维生素 K 的测定原理。

（3）掌握食品中维生素 K 的含量测定方法。

（三）实验原理

蔬菜中的维生素 K_1 经有机溶剂提取后，经失活的磷酸盐处理过的氧化铝色谱柱进行净化，再用液相色谱法将维生素 K_1 分离并进行定性定量测定。本标准适用于各类蔬菜、绿色植物及其干制品中维生素 K_1 的测定。

在氨存在的条件下维生素 K_3 与氰乙酸乙酯形成蓝紫色物质，在 575nm 下的吸光值与维生素 K_3 的浓度成正比，用分光光度计测定有色物质的吸光值，定量分析样品中维生素 K_3 的含量。本方法检出限为 0.05mg，适用于强化食物及饲料中水溶性维生素 K_3 的测定。

实验内容

（一）实验设备与材料

1. 蔬菜中维生素 K_1 的测定方法——HPLC 法

（1）实验设备

①实验室常用设备。

②打碎机。

③202－R 型恒温干燥箱。

④色谱柱：为 0.8cm×30cm 的玻璃柱，底端收缩变细，并装有活塞，活塞上约 1cm 处有一玻璃筛板，筛板孔径为 16～30μm，柱上端膨大为体积约 30mL 的贮液池。使用前需干燥。

⑤旋转蒸发器。

与旋转蒸发器配套的旋转蒸发瓶：具塞，圆底，体积为 150mL。

⑥恒温水浴锅。

⑦高纯氮气。

⑧高速离心机。

与高速离心机配套的小离心管：具塞，体积为 1.5～3.0mL。

⑨紫外－可见分光光度计。

⑩HPLC 高效液相色谱仪，带紫外检测器。

（2）化学药品与试剂　除特殊说明实验用水为蒸馏水，试剂为分析纯，有机溶剂使用前需重新蒸馏。

①无水 Na_2SO_4：使用前需在 150℃的烘箱内烘烤 4～8h 以去除水分。

②0.14mol/LNa_2SO_4溶液：称取 20g 无水硫酸钠，用蒸馏水溶解后定容至 1L。

③丙酮：分析纯。

④石油醚：沸程 30～60℃，分析纯。

⑤0.6mol/L 碘化钾溶液：称取 10g 碘化钾，用蒸馏水溶解定容至 100mL。

⑥5g/L 淀粉液：称取 0.5g 可溶性淀粉，用水溶解定容至 100mL。

⑦乙醚：分析纯，不含过氧化物。

过氧化物的检查方法：用 5mL 乙醚加 1mL 0.6mol/L 碘化钾溶液，振摇 1min，如有过氧化物则放出游离碘，水层呈黄色，或加 4 滴 5g/L 淀粉液，水层呈蓝色。则该乙醚含有过氧化物需处理后使用。

去除过氧化物的方法：重蒸时瓶中加一段纯铁丝，弃去 10% 初馏液和 10% 残留液。

①洗脱液：石油醚＋乙醚（97＋3）。

②甲醇：优级纯。

③正己烷：优级纯。

④磷酸氢二钠：分析纯。

⑤中性氧化铝：100～200 目。

⑥氧化铝的处理。

磷酸盐处理氧化铝：取 250g 中性氧化铝，20g 磷酸氢二钠，1.6L 蒸馏水，放入体积为 2L 的锥形瓶中沸水浴 30min，不时摇动或搅拌。冷却，倒掉上层液体（包括悬浮的细小颗粒），然后用布氏漏斗抽滤。将残留物转至平底玻璃皿中，于 150℃干燥箱中烘烤 3～5h 至 2 次称量相差 3g 以下，烘烤过程中不时搅拌，以避免结块，冷却后放入干燥器中保存。

失活处理氧化铝：使用前，将磷酸盐处理的氧化铝，加入具塞锥形瓶中。每 100g 氧化铝加9.0mL去离子水，盖紧瓶塞，蒸汽浴或80℃干燥箱加热3～5min，剧烈摇动锥形瓶，使氧化铝可以自由流动，无结块。冷却，静置30min，使水分分布均匀。

验证处理过的氧化铝：取标准应用液1.0mL，用氮气吹干，再用石油醚溶解定容至1.0mL。然后按（二）1.（4）步骤操作，将标准溶液加入柱上，按（二）1.（5）步骤进行柱色谱净化，用旋转蒸发瓶收集洗脱流出液、浓缩、经氮气吹干，用正己烷定容至1.0mL，HPLC测定，记录峰面积或峰高（A）。另取标准应用液直接测定，记录峰面积或峰高（A_r）。将A与A_r进行比较，其值在0.97～1.03（A/A_r），则说明柱效较好，氧化铝处理合格。否则需重新进行失活处理。如果再次验证比值仍不能达到0.97，则需重新制备氧化铝。

①维生素K_1标准：Sigma公司，纯度>98%。

②标准贮备液：精确称取50.0mg维生素K_1标准，用正己烷溶解定容至50.0mL，即1.0mg/mL。将贮备液分装成安瓿，冷冻保存。

③标准工作液：取标准贮备液，用正己烷准确稀释50倍，即20.0μg/mL。

④标准工作液的标定：取标准应用液测定紫外吸光值，波长248nm，比色杯厚度1cm，以正己烷为空白，测定3次，取平均值，按式（4－4）计算标准应用液浓度。

$$\rho = \frac{A}{E} \times M_r \times 10^3 \quad (4-4)$$

式中　ρ——维生素K_1标准应用液质量浓度，μg/mL；

A——标准应用液平均紫外吸光值；

E——摩尔吸光系数，20000；

M_r——维生素K_1相对分子质量450.7；

10^3——换算成μg/mL的换算系数。

2. 食物及饲料中水溶性维生素K_3（甲萘醌）的测定方法

（1）实验设备　分光光度计。

（2）化学药品与试剂　本实验所用试剂均为分析级，实验用水为蒸馏水。

① 0.1mol/L碘溶液：称取25g KI溶解于20mL水中，加入9.8g碘，混匀溶解，加水至750mL。储存于棕色瓶中，避光保存24h。

② 0.1mol/L硫代硫酸钠：将水煮沸后冷却。称取25g $Na_2S_2O_3 \cdot 5H_2O$溶解于500mL含0.1g Na_2CO_3的冷却水中，并用冷却的水稀释至1000mL。

③淀粉指示剂：称取2g可溶性淀粉，加于10mL水中，摇匀。然后缓慢加至200mL沸水中，煮2min。

④氨水+异丙醇（1+1）溶液：取异丙醇与等体积的浓氨水混合。

⑤氰乙酸乙酯（30g/L）：取3g氰乙酸乙酯溶解于100mL异丙醇中。

⑥维生素K_3标准溶液（0.1mg/mL）：准确称取50mg维生素K_3标准品，转至500mL棕色容量瓶中，用异丙醇溶解并定容至刻度。

（二）实验方法与数据处理

所有操作均需避光进行。

1. 蔬菜中维生素K_1的测定方法－HPLC法

（1）样品处理

①新鲜蔬菜：拣净去杂物，将可食部分洗净，擦去表面水分，切碎，用打碎机制备

成匀浆。

②干制植物性样品：磨碎，过60目筛。

（2）样品提取

①称取已打成匀浆的新鲜样品2~10g（维生素K_1含量不低于2μg），加到具塞锥形瓶中，再加入5~10倍体积的丙酮，盖上塞子，振摇3~5min，静置1min。

②称取干制植物性样品0.2~4g（维生素K_1含量不低于2μg），加到研钵中，再加入2~4倍于样品量的无水Na_2SO_4研磨均匀后，加入25mL丙酮，研磨3~5min，静置1min。

注意：对于细胞壁比较厚的样品，如藻类食品，可先用石英砂研磨，破坏植物组织细胞。石英砂需进行预处理，将石英砂用20目筛子过筛之后，先用浓盐酸浸泡，然后再用稀氢氧化铵浸泡，最后用蒸馏水洗至中性后在烘箱中烤干。使用时，每10g样品加3~5g石英砂于研钵中研磨。

（3）洗涤　将上步澄清液倒入已装有50~100mL 0.14mol/L Na_2SO_4溶液的分液漏斗中，残渣再用丙酮提取2~3次，每次用量不少于25mL，上清液并入分液漏斗。残渣继续用石油醚洗涤3~4次，每次用量约25mL，至洗涤液呈无色，将洗涤液倒入同一分液漏斗中，振摇1min，静置。弃水相，有机相用蒸馏水洗涤4~5遍，至水相澄清。弃水相，将有机相经无水Na_2SO_4脱水后转至旋转蒸发瓶中，于60℃水浴中减压蒸馏至约2mL时取下，立即用氮气吹干，用石油醚定容至2.0mL，待净化。

（4）装柱　取干燥色谱柱，将验证好的氧化铝浸泡于石油醚中，用湿法填充于色谱柱，使氧化铝自由均匀流下，至柱高为20cm，其上端再加2cm无水Na_2SO_4。打开活塞，调整流速为1滴/s。一根色谱柱只用于一个样品测定。

（5）色谱净化　待石油醚流至柱上端0.5cm时，加V_1（mL）样品提取液，当样品液流至柱平齐时，加2mL石油醚冲洗柱壁，流下。再加10mL石油醚洗脱2次，弃除流出液。然后用30mL洗脱液洗脱，用旋转蒸发瓶收集流出液。流出液于旋转蒸发器浓缩近干，取下用氮气吹干后，用正己烷定容为V_2（mL）。将定容液移入小塑料离心管中，5000r/min离心5min，上清液供HPLC分析。

（6）标准工作曲线的绘制　分别取维生素K_1标准应用液0.5mL、1.0mL、2.0mL、4.0mL、6.0mL、8.0mL、10.0mL，加入分液漏斗中，按1.（2）步骤提取，浓缩定容至2.0mL。取1.0mL标准提取液按1.（4）步骤操作，最后定容至1.0mL，即标准工作曲线中各点维生素K_1含量分别相当于5μg/mL、10μg/mL、20μg/mL、40μg/mL、60μg/mL、80μg/mL、100μg/mL。然后再按1.（7）条件进行HPLC测定，记录峰面积或峰高。以标准含量为横坐标，峰面积或峰高为纵坐标绘制标准工作曲线。

（7）HPLC色谱分析　色谱条件（推荐条件）：

预柱：ultrapackODS，10μm，4.0mm×4.5cm。

分析柱：ultrasphereODS，C18，5μm，4.6mm×250mm。

流动相：甲醇+正己烷（98+2）。混匀，临用前脱气。

进样量：20μL。

流速：1.5mL/min。

紫外检测器：波长248nm。量程0.01~0.05。

HPLC稳定性的测定：取标准应用液连续进行6次HPLC测定，计算峰面积或峰高的平均值、标准差和 RSD%，如果 RSD < 1%，说明仪器稳定性良好。仪器稳定后方可进行样品测定。

（8）样品分析　取样品净化液 20μL，按 1.（6）条件进行定性、定量测定。

①定性：用标准色谱峰的保留时间定性。

②定量：用样品峰面积或峰高在标准工作曲线上查出其相应的维生素 K_1 含量，或用回归方程求出其含量。

（9）计算　如式（4－5）所示。

$$x = \frac{m_1 \times 2 \times V_2 \times 100}{V_1 \times m} \tag{4-5}$$

式中　x——样品中维生素 K_1 的含量，μg/100g；

m_1——由标准工作曲线上查出或回归方程求出的维生素 K_1 含量，μg；

2——样品提取后的定容体积，mL；

V_1——样品净化处理时的取液量，mL；

V_2——样品净化后的定容体积，mL；

m——样品质量，g。

2. 食物及饲料中水溶性维生素 K_3（甲萘醌）的测定方法

（1）提取　准确称取约 15g 已混匀的样品，准确加入 100mL 水，搅拌 10min，保证维生素 K_3 充分溶解与混匀。过滤，如滤液浑浊，则反复过滤至澄清。

（2）氧化　吸取 40mL 滤液至 100mL 容量瓶中，加 1～2 滴淀粉指示剂，用 0.1mol/L 碘溶液滴定，至出现持续的蓝色。向溶液中滴入 1 滴 0.1mol/L $Na_2S_2O_3$ 消除蓝色。用水定容至刻度。

碘溶液的作用是作为氧化剂氧化样品中的还原性物质，多余的碘溶液可使淀粉变成蓝色，$Na_2S_2O_3$ 则是去除多余的氧化剂，消除蓝色，以避免有色物质影响测定。

（3）标准管和样品管的制备　分别取 2 套 20mL 比色管，分别按表 4－5 顺序加入维生素 K_3 标准溶液、样品提取液及试剂，制备标准管和样品管。

表 4－5　标准管和样品管的制备

试剂	标准管					样品管	
	0	1	2	3	4	空白管	测定管
维生素 K_3 标准溶液/mL	0.0	0.5	1.0	1.5	2.0	—	—
样品提取液/mL	—	—	—	—	—	10.0	10.0
异丙醇/mL	3.0	1.5	1.0	0.5	0.0	3.0	2.0
乙基氰乙酸/mL	—	1.0	1.0	1.0	1.0	—	1.0
氨水－异丙醇/mL	1.0	1.0	1.0	1.0	1.0	1.0	1.0

用水定容至 20mL，摇匀，放置 20min。

样品管和标准管中水定容的体积与显色强度、显色的稳定时间密切相关，如果定容体积过少，则色度较弱，且稳定时间短。如按本方法的操作进行，显色反应至少可以稳定 2h。

（4）比色测定　用分光光度计于575nm波长下，以标准0管做空白管，调节仪器零点，测定各管吸光值。

（5）计算　以标准维生素K_3含量作横坐标，吸光值作纵坐标，绘制标准曲线，并计算回归方程。用样品测定管与空白管吸光值的差值在标准曲线上查出样品管的维生素K_3含量，然后计算出样品中维生素K_3的含量，如式（4-6）所示。

$$X = \frac{C_{a-b} \times 25}{m} \times 100 \tag{4-6}$$

式中　X——样品中维生素K_3的含量，mg/100g；

C_{a-b}——样品测定管与空白管吸光值的差值在标准曲线上对应的维生素K_3含量，mg；

m——样品质量，g；

25——样品稀释倍数。

（三）结果解读

（1）允许差及最小检出量　同一实验室同时或连续2次测定结果相对偏差绝对值≤10%，本法最小检出限为0.5mg。

（2）同一实验室平行测定或重复测定结果的相对偏差绝对值<10%。

（四）注意事项与说明

（1）本方法避免使用皂化处理，减少了对维生素K_1的破坏；利用失活的磷酸盐处理过的氧化铝进行色谱分离，通过改变洗脱液的极性可使维生素K_1与杂质分离，有利于高效液相色谱对维生素K_1的定性及定量分析。

（2）维生素K_1具有很强的亲脂性，溶于丙酮、石油醚、正己烷、异辛烷等溶剂中，而不易溶于甲醇、乙醇等溶剂中。当样品中含有较多的水分时，如直接用石油醚或正己烷提取会使样品变黏，因此，样品需先用丙酮提取，或先用无水Na_2SO_4研磨，然后再用丙酮提取，可起到吸收水分的作用，进一步破坏样品的细胞组织，可使提取效果更佳。

（3）以往的报告多选用活性硅胶或中性氧化铝做色谱柱分离维生素K_1，再用极性小的有机溶剂作为洗脱液。实际工作中发现，用硅胶色谱柱，洗脱流速慢，洗脱液用量大，分离时间较长；用未经处理的氧化铝色谱柱分离会出现维生素K_1与干扰物分离不清的现象。当氧化铝用磷酸盐处理后，氧化铝的极性增强，可使吸附较小的维生素K_1易于被洗脱液洗脱出来，而且在处理后的氧化铝中加入少量水分可以提高柱效，减少维生素K_1出现出峰拖尾的现象，缩短保留时间，避免了因使用氧化铝造成的维生素K_1可能出现的分解现象。

（4）如果氧化铝色谱柱柱效良好，首先被石油醚洗脱出来的应是胡萝卜素，且柱上没有胡萝卜素黄色带扩散的现象；叶绿素及其他色素停留在色谱柱的上方没有或仅有少量位移但不影响分离效果。

（5）洗脱液中乙醚含量的多少影响着洗脱液的极性，如果乙醚含量少，可使维生素K_1的保留时间延长，反之，乙醚含量多会使干扰物质被提前洗脱，影响净化效果。所以应严格控制洗脱液中乙醚的比例。

（6）根据标准维生素K_1紫外扫描图谱，可见维生素K_1于240nm、248nm、260nm、269nm波长处有4个特征峰，其中260nm的峰最低。将标准品用HPLC测定，以260nm波长下的峰面积为1，则240nm、248nm和269nm波长下的峰面积分别为1.15、1.23和1.09。

（7）一般反相色谱，多用有极性的甲醇作为流动相。在甲醇中加入适量的非极性有机溶剂（如正己烷、异辛烷等），可以增加维生素 K_1 的溶解能力，有利于缩短保留时间，减少出峰拖尾现象。本方法选择甲醇 + 正己烷（98 + 2）作为流动相，维生素 K_1 的保留时间为（15.6 ± 0.1）min。

（8）本方法最小检测限为 0.5μg/mL，在 1.0 ~ 100.0μg/mL 范围内与峰面积有良好的线性关系。批间测定结果的相对标准偏差在 1.3% ~ 7.1%（n = 6）；回收率为 90.9% ~ 106.3%。不同实验室间测定结果表明此方法精密度、重现性较好，净化效果好，试剂价格适中。

（9）天然食物中不含有维生素 K_3，只有部分强化食物可能用维生素 K_3 作为强化剂。有文献报道人工合成维生素 K_3 可能有一定的毒副作用，尽管目前还没有有力的证据支持这一论点，但是现在市场上应用维生素 K_3 作为强化剂的产品较少见。饲料常用维生素 K_3 作为维生素 K 的来源，所以维生素 K_3 的测定对饲料检测和质量控制更有意义。

思考题

1. 简述食品中维生素 K 的测定的原理。
2. 简述食品中维生素 K 的测定方法。
3. 测定食品中维生素 K 时需要注意什么？

参考文献

杨月欣，王光亚．实用食物营养成分分析手册［M］．2 版．北京：中国轻工业出版社，2007.

CHAPTER 5

第五章 矿物质的营养评价

实验一 EDTA 法测定食品中钙（Ca）的含量

理论知识

（一）背景材料

动物的骨骼、蛤壳、蛋壳都含有碳酸钙，钙（Ca）是生物必需的元素。对人体而言，无论肌肉、神经、体液和骨骼中，都有用 Ca^{2+} 结合的蛋白质。钙是人类骨、齿的主要无机成分，也是神经传递、肌肉收缩、血液凝结、激素释放和乳汁分泌等所必需的元素。钙约占人体质量的 1.4%，参与新陈代谢，每天必须补充钙；钙含量不足或过剩都会影响人体的生长发育。

钙是人体中含量最多的无机盐组成元素，健康成人体内钙总量为 1～1.3g，占体重的 1.5%～2.0%。其中 99% 的钙以骨盐形式存在于骨骼和牙齿中，其余分布在软组织中，细胞外液中的钙仅占总钙量的 0.1%。骨是钙沉积的主要部位，所以有“钙库”之称。骨钙主要以非晶体的磷酸氢钙和晶体的羟磷灰石两种形式存在，其组成和物化性状随人体生理或病理情况而不断变动。新生骨中磷酸氢钙比陈旧骨多，骨骼成熟过程中逐渐转变成羟磷灰石。骨骼通过不断的成骨和溶骨作用使骨钙与血钙保持动态平衡。

正常情况下，血液中的钙几乎全部存在于血浆中，在各种钙调节激素的作用下血钙相对恒定，为 2.25～2.75mmol/L，儿童稍高，常处于上限。钙在血浆和细胞外液中的存在方式有以下几种。①蛋白结合钙：约占血钙总量的 40%；②可扩散结合钙：与有机酸结合的钙，如柠檬酸钙、乳酸钙、磷酸钙等，它们可通过生物膜而扩散，约占 13%；③血清游离钙：即离子钙（Ca^{2+}），与上述两种钙不断交换并处于动态平衡之中，其含量与血 pH 有关。pH 下降，离子钙含量增大；pH 增高，离子钙含量降低。在正常生理 pH 范围内，离子钙约占 47%。在 3 种血钙中，只有离子钙起直接的生理作用，激素也是针对离子钙进行调控并受离子钙水平的反馈调节的。

细胞内离子钙浓度远低于细胞外离子钙浓度，细胞外离子钙是细胞内离子钙的储存库。钙在细胞内以储存钙、结合钙、游离钙三种形式存在，约 80% 的钙储存在细胞器（如线粒体、肌浆网、内质网等）内，不同细胞器内的钙并不相互自由扩散，10%～20% 的钙分布在胞质中，与可溶性蛋白质及膜表面结合，而游离钙仅占 0.1%。日常生活中，如果钙摄入不足，人体就会出现生理性钙透支，造成血钙水平的下降。当血钙水平下降到一定阈值时，就会促使甲状旁腺分泌甲状旁腺素。甲状旁腺素具有破骨作用，即将骨骼中的钙反抽调出来，借以维持血钙水平。在缺钙初期，缺钙程度比较轻的时候，只发生可逆性生理功能异常，如心脏出现室性早搏、情绪不稳定、睡眠质量下降等反应。若出现持续的低血钙，特别是中年以上的人群，人体长期处于负钙平衡状态下，会导致甲状旁腺分泌亢进，骨骼中的骨钙会持续大量释出，从而导致骨质疏松和骨质增生。另一方面，在甲状旁腺持续升高的情况下，由于甲状旁腺素具有促使细胞膜上钙通道开启的作用，以及阻抑钙泵的作用，可使钙泵功能减弱，造成细胞内钙含量的升高。持续的细胞内高钙，可激发细胞无节制地亢进，使细胞能量耗竭。与此同时，代谢废物又得不到及时消除，便会形成自身伤害，使细胞趋向反常的钙化衰亡。缺钙可导致骨质疏松、骨质增生、儿童佝偻病、手足搐搦症以及高血压、肾结石、结肠癌、老年痴呆等疾病。

（二）实验目的

（1）了解人体中钙的来源及作用。

（2）理解食品中总钙的测定原理。

（3）掌握测定食品中总钙浓度的方法。

（三）实验原理

在适当的 pH 范围内，钙与 EDTA（乙二胺四乙酸二钠）形成金属络合物。以 EDTA 滴定，在达到当量点时，溶液呈现游离指示剂的颜色。根据 EDTA 用量，计算钙的含量。

实验内容

（一）实验设备与材料

1. 实验设备

（1）分析天平　感量为 1mg 和 0.1mg；

（2）可调式电热炉；

（3）可调式电热板；

（4）马弗炉。

2. 化学药品及试剂

氢氧化钾（KOH）；硫化钠（Na_2S）；柠檬酸钠；乙二胺四乙酸二钠；盐酸（HCl）：优级纯；钙红指示剂；硝酸（HNO_3）：优级纯；高氯酸：优级纯。

（二）实验方法与数据处理

1. 试剂的配制

（1）氢氧化钾溶液（1.25mol/L）　称取70.13g 氢氧化钾，用水稀释至 1000mL。

（2）柠檬酸钠溶液（0.05mol/L）　称取14.7g 柠檬酸钠，用水稀释至 1000mL，混匀。

（3）EDTA 溶液　称取 4.5g EDTA，用水稀释至 1000mL，混匀，储存于聚乙烯瓶中 4℃保存。使用时稀释 10 倍即可。

（4）钙红指示剂　称取 0.1g 钙红指示剂，用水稀释至 100mL，混匀。

（5）盐酸溶液（1+1）　量取500mL 盐酸，与 500mL 水混合均匀。

（6）钙标准储备液（100mg/L）　准确称取0.2496g（精确至 0.0001g）碳酸钙，加盐酸溶液（1+1）溶解，移入 1000mL 容量瓶中，加水定容至刻度，混匀。

2. 试剂的消解

准确称取固体试样0.5～5g（精确至0.001g）或准确移取液体试样0.500～10.0mL于坩埚中，小火加热，炭化至无烟。转移至马弗炉中，于550℃灰化3～4h。冷却，取出。对于灰化不彻底的试样，加数滴硝酸，小火加热，小心蒸干，再转入550℃马弗炉中，继续灰化1～2h。至试样呈白灰状，冷却，取出，用适量硝酸溶液（1+1）溶解转移至刻度管中，用水定容至25mL。根据实际测定需要稀释，并在稀释液中加入一定体积的镧溶液，使其在最终稀释液中的浓度为1g/L。混匀备用，此为试样待测液。同时做试剂空白试验。

3. 滴定度（T）的测定

吸取0.500mL钙标准储备液（100.0mg/L）于试管中，加1滴硫化钠溶液（10g/L）和0.1mL柠檬酸钠溶液（0.05mol/L），加1.5mL氢氧化钾溶液（1.25mol/L），加3滴钙红指示剂，立即以稀释10倍的EDTA溶液滴定，至指示剂由紫红色变蓝色为止，记录所消耗的稀释10倍的EDTA溶液的体积。根据滴定结果计算出每毫升稀释10倍的EDTA溶液相当于钙的毫克数，即滴定度（T）。

4. 试样及空白滴定

分别吸取0.100～1.00mL（根据钙的含量而定）试样消化液及空白液于试管中，加1滴硫化钠溶液（10g/L）和0.1mL柠檬酸钠溶液（0.05mol/L），加1.5mL氢氧化钾溶液（1.25mol/L），加3滴钙红指示剂，立即以稀释10倍的EDTA溶液滴定，至指示剂由紫红色变蓝色为止，记录所消耗的稀释10倍的EDTA溶液的体积。

5. 结果的计算

计算公式如式（5－1）所示。

$$X = \frac{T \times (V_1 - V_0) \times V_2 \times 1000}{m \times V_3} \tag{5-1}$$

式中 X——试样中钙的含量，mg/kg或mg/L；

T——EDTA滴定度，mg/mL；

V_1——滴定试样溶液时所消耗的稀释10倍的EDTA溶液的体积，mL；

V_0——滴定空白溶液时所消耗的稀释10倍的EDTA溶液的体积，mL；

V_2——试样消化液的定容体积，mL；

1000——换算系数；

m——试样质量或移取体积，g或mL；

V_3——滴定用试样待测液的体积，mL。

（三）注意事项与说明

（1）在重复性条件下获得的两次独立测定结果的绝对差值不得超过算术平均值的10%。

（2）计算结果保留3位有效数字。

思考题

1. 简述食品中钙测定方法的原理。
2. 简述食品中钙检测结果的意义。

参考文献

苏丹丹．食品中钙的测定方法研究进展［J］．山西师范大学学报（自然科学版），2015，29（S1）：32－34.

实验二　钼酸铵法测定食品中磷（P）的含量

理论知识

（一）背景材料

磷，原子数为15，是周期表中第三周期、ⅤA族，P区元素，通常以磷酸盐的形式存在。磷分为白磷、红磷和黑磷三种同素异形体。

白磷又称黄磷，是分子晶体，通常为白色或黄色的蜡质固体，几乎不溶于水，但易溶于二硫化碳溶剂中。白磷的活性非常高，一般保存在水里，人一旦吸入0.1g的白磷就会中毒死亡，硫酸铜是误服白磷的内服解毒剂。白磷可将铜从铜盐中取代出来，并生成磷化铜。在隔绝空气的条件下，将白磷加热至250℃或者置于阳光下，白磷就会转变成红磷。在缺氧且环境潮湿的条件下，白磷氧化很慢，并伴随有自燃现象和恶臭的味道，俗称“鬼火”。白磷可以溶于热的浓碱溶液中，生成磷化氢和次磷酸二氢盐。

红磷是无毒的红棕色粉末，不溶于水，加热到400℃以上会有着火现象。在高压下，白磷可以转化成黑磷，它具有层状网络结构，可导电，在三种磷的同素异形体中是最稳定的。

磷的用途广泛，可用于制造磷肥，有助于农作物的生长；磷可用来制作火柴、制造杀虫剂、牙膏、洗涤剂以及焰火材料、烟幕弹等。磷作为对人体健康影响较大的元素，是人体所必不可少的。

（二）实验目的

（1）了解玉米浆中磷的来源及作用。

（2）理解玉米浆中磷的测定原理。

（3）掌握玉米浆中磷的测定方法。

（三）实验原理

试样经消解，磷可在酸性条件下与钼酸铵结合生成磷钼酸铵，此化合物被对苯二酚、亚硫酸钠或氯化亚锡、硫酸还原成蓝色化合物钼蓝。钼蓝在660nm处的吸光值与磷的浓度成正比。用分光光度计测定试样溶液的吸光值，与标准系列比较定量。

实验内容

（一）实验设备与材料

1. 实验设备

容量瓶；带盖坩埚；烧杯；洗瓶；移液管；马弗炉；电热板；722分光光度计；分

析天平。

2. 化学药品及试剂

磷酸二氢钾；钼酸铵；浓硫酸；对苯二酚；亚硫酸钠；硝酸镁；浓盐酸。以上均为分析纯，实验所用水为蒸馏水。

（二）实验方法与数据处理

1. 液态试样的固化

在分析天平上准确称取1.8g左右的液态样品置于坩埚中，放置于电热板上慢慢蒸发至无烟产生。因玉米浆中富含淀粉，所以，在受热情况下呈黏稠状且易溅出，故操作过程中浊度不宜太高。

2. 干样的硝化处理

在固化好的样品中加入1mL硝酸镁溶液，在电热板上加热几分钟后，小心滴加盐酸数滴。当样品近干后，再滴加盐酸数滴。重复操作2~3次后，在电热板上彻底干燥样品至无烟产生。

3. 样品的灰化

将硝化后的试样置于室温下的马弗炉内，慢慢升温至600℃后，灼烧6h直至灰分变成灰白色。

4. 样品液的处理

待灰化后的样品冷却后，加入5mL（1:4）的盐酸，使所有灰分转入100mL烧杯中，再加入5mL浓盐酸，在电热板上慢慢蒸发至干后，加入2mL浓盐酸湿润残渣，加入5mL蒸馏水，在电热板上加热几分钟后，转入1000mL容量瓶中，迅速冷却用水定容，混匀后过滤，取澄清滤液1mL用水定容至100mL容量瓶中。

5. 钼蓝比色法测定

移取5mL上述样品液于10mL容量瓶中，加入1mL钼酸铵溶液，摇匀静置几秒钟后，加入1mL对苯二酚，摇匀，加1mL亚硫酸钠溶液（均用1mL移液管移取）用水稀释定容，盖好摇匀，室温下放置40min后，用722分光光度计在650nm波长处测定其吸光值。

6. 结果的计算

（1）磷标准溶液的测定与工作曲线图的绘制　取100mL的容量瓶，加入10mL 1:3的硝酸溶液和10mL三合一混合液，加入10mL标准溶液，然后立即加入40mL的二合一混合液，以70℃的去离子水稀释至刻度摇匀，在722分光光度计上630nm波长以试剂空白对照测定其吸光值，同上依次测出0.5mL、1mL、2mL、3mL、4mL的标准溶液的吸光值。

（2）样品测试与浓度计算

①样品测试：取100mL的容量瓶，加入10mL 1:3的硝酸溶液和10mL混合液三合一，然后加入消化好的样品，用70℃的去离子水吹洗杯壁，立即加入40mL的混合液二合一，再用70℃的去离子水定容，用722分光光度计于630nm波长处，以样品空白做对照，测定其吸光值。

②计算：将样品溶液吸光值代入工作曲线方程，计算得到磷铜样品中磷的含量。

$$X = \frac{(m_1 - m_0) \times V_1}{m \times V_2} \times \frac{100}{1000} \tag{5-2}$$

式中　X——试样中磷含量，mg/100g 或 mg/100mL；

m_1——测定用试样溶液中磷的质量，μg；

m_0——测定用空白溶液中磷的质量，μg；

V_1——试样消化液定容体积，mL；

m——试样称样量或移取体积，g 或 mL；

V_2——测定用试样消化液的体积；

100——换算系数；

1000——换算系数。

（三）结果解读

（1）该钼磷酸盐络合物在 650nm 波长处有特征吸收，钼蓝比色法的工作曲线表如表 5－1 所示。

表 5－1　　钼蓝比色法的工作曲线表

磷溶液浓度/（μg/mL）	5	10	15	20	25	30
吸光值	0.1	0.3	0.35	0.4	0.55	0.6

（2）以 12.5μg/mL 标准磷溶液为例　在显色时间低于 4min 时，溶液的吸光值逐渐上升；显色 40min 以后，其吸光值稳定不变；显色 90min 后，溶液吸光值呈明显下降趋势。故该显色反应需在溶液放置 40min 后测定其吸光值。

（3）样品中总磷含量 $p = \frac{w_p}{w_{液}}$，工业用玉米浆含磷量一般都在 10000～15000pM 范围内。

（四）注意事项与说明

（1）实验所采用的方法的显色反应受酸度影响较大，一般控制在 0.6～1mol/L 范围内，如酸度大于 1mol/L 时，显色反应逐渐变弱，甚至不显色。

（2）在重复性条件下获得的两次独立测定结果的绝对差值不得超过算术平均值的 5%。

思考题

1. 简述玉米浆中磷含量测定方法的原理。
2. 简述玉米浆中磷检测结果的意义。

参考文献

马文，赵亮，谢复新，等．钼蓝法测定玉米浆中磷含量［J］．安徽大学学报，1996，20（1）：3.

实验三　火焰原子吸收光谱法测定食品中钠（Na）的含量

理论知识

（一）背景材料

钠是人体中一种重要无机元素，一般情况下，成人体内钠含量为3200（女）~4170（男）mmol，约占体重的0.15%。钠是细胞外液中带正电的主要离子，参与水的代谢，可保证体内水的平衡，可调节体内水分与渗透压；维持体内酸和碱的平衡；是胰液、胆汁、汗和泪水的组成成分；钠与ATP的生产利用、肌肉运动、心血管功能、能量代谢都有关系，参与糖代谢、氧的利用；维持血压正常；增强神经肌肉兴奋性。

人体钠的主要来源为食物。钠的成人适宜摄入量（AI）为2200mg/d。所有从食物进入人体的钠容易被肠道吸收，然后由血液带到肾脏，钠在肾内一部分被滤出并回到血液，以维持身体所需的钠含量水平。多余的钠（一般占进食钠量的90%~95%）大部分在肾上腺皮质激素的控制下，以氯化钠和磷酸盐的形式从肾脏排出，尿中钠的含量可反映出饮食中钠的摄入量。饮食中大部分的钠是以氯化钠形式存在的，是食盐的主要成分。

除了食盐中含有钠外，钠还以不同量存在于几乎所有的食物中。现按含钠量顺序将一般食物分档如下：①丰富来源。咸肉、黄油、酸黄瓜、熏火腿、午餐肉、薯片、香肠、虾、苏打饼干、酱油、番茄酱和麦片粥等。②良好来源。面包、干酪、浓缩汤料、方便食品、花生酱、酸泡菜、色拉调料和海产品等。③一般来源。牛肉、甜食、糖果、蛋、羔羊肉、乳、猪肉、禽类、嗜盐蔬菜、某些鱼和酸乳酪等。④微量来源。猪油、豆类、多数新鲜水果与蔬菜、大豆粉、糖、植物油和小麦粉等。

人体内钠在一般情况下不易缺乏，但在某些情况下，如禁食、少食，或在高温、重体力劳动、过量出汗、反复呕吐、腹泻使钠过量排出时，或使用利尿剂时均可引起钠缺乏。钠缺乏的早期身体症状不明显，会出现倦怠、淡漠、无神、甚至起立时昏倒。失钠达0.5g/kg体重以上时，会出现恶心、呕吐、血压下降、痛性肌痉挛，尿中无氯化物检出。

正常情况下，钠摄入过多并不会在身体内蓄积，但某些特殊情况下，如误将食盐当食糖加入婴儿乳粉中进行喂养，会引起婴儿中毒甚至死亡。急性钠中毒，可出现水肿、血压上升、血浆胆固醇升高、脂肪清除率降低、胃黏膜上皮细胞受损等。

（二）实验目的

（1）了解人体中钠的来源及作用。

（2）理解食品中钠的含量测定原理。

（3）掌握食品中钠的含量测定及营养评价方法。

（三）实验原理

试样经消解处理后，注入原子吸收光谱仪中，火焰原子化后钠吸收589.0nm共振线，在一定浓度范围内，其吸收值与钠含量成正比，与标准系列比较定量。

评价食物营养价值有很多种方法，较常采用的是营养质量指数法（Index of nutritional quality，INQ）。INQ法是国际上在膳食评价时评价食物中的各种营养素对人体需要的满足程度的判定方法。该方法的判定结果可以反映当某种食物满足人体热量需求时，该种食物所含的其他营养素是否也能够满足人体需求。

实验内容

（一）实验设备与材料

1. 实验设备

（1）原子吸收光谱仪（配有火焰原子化器及钾、钠空心阴极灯）；

（2）分析天平　感量为0.1mg和1.0mg；

（3）分析用钢瓶乙炔气和空气压缩机；

（4）样品粉碎设备　匀浆机、高速粉碎机；

（5）马弗炉；

（6）可调式控温电热板；

（7）可调式控温电热炉；

（8）微波消解仪（配有聚四氟乙烯消解内罐）；

（9）恒温干燥箱；

（10）压力消解罐（配有聚四氟乙烯消解内罐）。

2. 化学药品及试剂

（1）试剂　硝酸（HNO_3）；高氯酸（$HClO_4$）；氯化铯（CsCl）。

（2）试剂配制

①混合酸［高氯酸+硝酸（1+9）］：取100mL高氯酸，缓慢加入900mL硝酸中，混匀。

②硝酸溶液（1+99）：取10mL硝酸，缓慢加入990mL水中，混匀。

③氯化铯溶液（50g/L）：将5.0g氯化铯溶于水，用水稀释至100mL。

（3）标准品　氯化钠标准品（NaCl），纯度大于99.99%。

（4）标准溶液配制

①钠标准储备液（1000mg/L）：将氯化钠于烘箱中110～120℃干燥2h。精确称取2.5421g氯化钠，溶于水中，并移入1000mL容量瓶中，稀释至刻度，混匀，储存于聚乙烯瓶内，4℃保存，或使用经国家认证并授予标准物质证书的标准溶液。

②钠标准工作液（100mg/L）：准确吸取10.0mL钠标准储备溶液于100mL容量瓶中，用水稀释至刻度，储存于聚乙烯瓶中，4℃保存。

③钠标准系列工作液：准确吸取0mL、0.5mL、1.0mL、2.0mL、3.0mL、4.0mL钠标准工作液于100mL容量瓶中，加氯化铯溶液4mL，用水定容至刻度，混匀。此标准系列工作液中钠质量浓度分别为0mg/L、0.50mg/L、1.00mg/L、2.00mg/L、3.00mg/L、4.00mg/L，也可依据实际样品溶液中钠浓度，适当调整标准溶液浓度范围。

（二）实验方法与数据处理

1. 试样制备

（1）固态样品

①干样：豆类、谷物、菌类、茶叶、干制水果、焙烤食品等低含水量样品，取可食部分，必要时经高速粉碎机粉碎均匀；对于固体乳制品、蛋白粉、面粉等呈均匀状的粉

状样品，摇匀。

②鲜样：蔬菜、水果、水产品等高含水量样品必要时洗净，晾干，取可食部分匀浆均匀；对于肉类、蛋类等样品取可食部分匀浆均匀。

③速冻及罐头食品：经解冻的速冻食品及罐头样品，取可食部分匀浆均匀。

（2）液态样品　软饮料、调味品等样品摇匀。

（3）半固态样品　搅拌均匀。

2. 试样消解

（1）微波消解法　称取0.2～0.5g（精确至0.001g）试样于微波消解内罐中，含乙醇或二氧化碳的样品先在电热板上低温加热除去乙醇或二氧化碳，加入5～10mL硝酸，加盖放置1h或过夜，旋紧外罐，置于微波消解仪中进行消解，消解条件如表5－2所示。冷却后取出内罐，置于可调式控温电热炉上，于120～140℃赶酸至近干，用水定容至25mL或50mL，混匀备用。同时做空白试验。

表5－2　微波消解和压力罐消解参考条件

消解方式	步骤	控制温度/℃	升温时间/min	恒温时间/min
微波消解	1	140	10	5
	2	170	5	10
	3	190	5	20
压力罐消解	1	80	—	120
	2	120	—	120
	3	160	—	240

（2）压力罐消解法　称取0.3～1g（精确至0.001g）试样于聚四氟乙烯压力消解内罐中，含乙醇或二氧化碳的样品先在电热板上低温加热除去乙醇或二氧化碳，加入5mL硝酸，加盖放置1h或过夜，旋紧外罐，置于恒温干燥箱中进行消解，消解条件如表5－2所示。冷却后取出内罐，置于可调式控温电热板上，于120～140℃赶酸至近干，用水定容至25mL或50mL，混匀备用。同时做空白试验。

（3）湿式消解法　称取0.5～5g（精确至0.001g）试样于玻璃或聚四氟乙烯消解器皿中，含乙醇或二氧化碳的样品先在电热板上低温加热除去乙醇或二氧化碳，加入10mL混合酸，加盖放置1h或过夜，置于可调式控温电热板或电热炉上消解，若变棕黑色，冷却后再加混合酸，直至冒白烟，消化液呈无色透明或略带黄色即可，将其冷却，用水定容至25mL或50mL，混匀备用。同时做空白试验。

（4）干式消解法　称取0.5～5g（精确至0.001g）试样于坩埚中，在电炉上微火炭化至无烟，置于525±25℃马弗炉中灰化5～8h，冷却。若灰化不彻底有黑色炭粒，则冷却后滴加少许硝酸将其湿润，在电热板上干燥后，移入马弗炉中继续灰化使其成白色灰烬，冷却至室温取出，用硝酸溶液溶解，并用水定容至25mL或50mL，混匀备用。同时做空白试验。

3. 仪器参考条件

优化仪器至最佳状态，仪器的主要条件如表5－3所示。

表 5-3　　钠火焰原子吸收光谱仪操作参考条件

元素	波长/nm	狭缝/nm	灯电流/mA	燃气流量/（L/min）	测定方式
Na	589.0	0.5	8	1.1	吸收

4. 标准曲线的制作

将钠的标准系列工作液注入原子吸收光谱仪中，测定吸光值，以标准工作液的浓度为横坐标，吸光值为纵坐标，绘制标准曲线。

5. 试样溶液的测定

根据试样溶液中被测元素的含量，需要时将试样溶液用水稀释至适当浓度，并在空白溶液和试样最终测定液中加入一定量的氯化铯溶液，使氯化铯浓度达到 0.2%。在测定标准曲线工作液相同的实验条件下，将空白溶液和测定液注入原子吸收光谱仪中，测定钠的吸光值，根据标准曲线得到待测液中钠的浓度。

6. 结果的计算

试样中钠含量按式（5-3）计算：

$$X = \frac{(\rho - \rho_0) \times V \times 100 \times f}{m \times 1000} \tag{5-3}$$

式中　X——试样中被测元素含量，mg/100g 或 mg/100mL；

ρ——测定液中元素的质量浓度，mg/L；

ρ_0——测定空白试液中元素的质量浓度，mg/L；

f——样液稀释倍数；

100、1000——换算系数；

m——试样的质量或体积，g 或 mL。

计算结果保留 3 位有效数字。

7. 营养评价

INQ 的计算按式（5-4）计算：

$$\text{INQ} = \frac{\text{一定食物中某营养素含量 / 该营养素推荐摄入量}}{\text{一定食物中提供的能量 / 能量推荐摄入量}} \tag{5-4}$$

（三）结果解读

1. 以 INQ 法进行营养评价

评价时，INQ<1，说明该类营养素含量低于推荐供给量，长期食用，可能引发这一类营养素摄入不足的危害；INQ>1，表明该营养素含量高于或等于推荐供给量，并且说明其营养质量好；INQ>2，表明某种食物可作为该类营养素的良好来源。此外，本次计算过程中钠及能量的每日参考摄入量参考 2018 中国食物成分表标准版《中国居民膳食营养素参考摄入量》中 18~50 周岁的推荐值（表 5-4）。

表 5-4　　钠与能量参考摄入量

营养素	参考摄入量
钠	1500mg/d
能量	9853kJ/d

2. 营养建议

为避免人体内钠缺乏，可采用以下方法。

（1）平时烧菜的时候可以稍微多放一点盐，食盐中的钠离子是人体钠元素的重要来源，所以饮食中不可以不放盐。

（2）可以多食用一些紫菜和海带，紫菜和海带生长在海里，其中的钠元素含量也很丰富，而且其中还含有很多的其他元素，既能补充身体还能有效地补充钠元素。

（3）可以平时喝些淡盐水。

日常钠摄入量过多者，需对钠摄入量进行限制，钠限制的方法如下：

日常饮食中，食盐是钠的主要来源，一般人适当限制食盐用量就能显著地降低钠的总摄入量。但是对于需要严格限钠的患者来说，还需要关注食物中的含钠量，回避那些含钠高的食物。如果以每百克为单位计算，食物的含钠量在几毫克（如各色水果、杏仁）到几千毫克（咸鸭蛋）不等。

限制食物中的钠一般应选择每百克钠含量在100mg以内的品种，如牛肉、猪瘦肉、鸡肉、大白菜、菜花、莴笋、冬瓜、丝瓜、西红柿、荸荠、各种水果等，少吃或不吃那些每百克含钠超过200mg的食物，如牛肉干、苏打饼干、话梅、油饼、豆腐、蘑菇、紫菜、芝麻酱、川冬菜、雪菜、虾米，卤制、腌制的食品。

思考题

1. 简述食品中钠含量的检测原理及方法。
2. 简述INQ食品营养评价方法。
3. 简述钠缺乏症患者饮食与用药建议。

参考文献

［1］邓宏玉，刘芳芳，张秦蕾，等. 5种禽肉中矿物质含量测定及营养评价［J］. 食品研究与开发，2017，38（6）：21-24，103.

［2］梁水连，吕岱竹，周若浩，等. 香蕉中5种矿物质元素含量测定及营养评价［J］. 食品科学，2019，40（24）：241-245.

实验四　2,3-二氨基萘（DAN）法测定食品中硒（Se）的含量

理论知识

（一）背景材料

硒是一种多功能的生命营养素，常用于肿瘤癌症、克山病、大骨节病、心血管病、糖尿病、肝病、前列腺病、心脏病、癌症等40多种疾病的治疗，广泛应用于手术、放

疗、化疗等。

正常来说，每人每日的总需要量，中国成年人每日食物外补硒 25μg 以上有保健作用；缺硒的成年人每日除通过食物补硒外应另补硒 50μg 或 75μg 以上。由于中国 72% 的土壤中缺硒，在天然食品中，作为主要粮食作物的小麦、大米、玉米等谷类作物硒含量均低于 40μg/kg，中国人日常的硒摄入量低于世界卫生组织推荐的 50μg 的最低摄入量，日硒摄入量只有 30～45μg，也低于日本、加拿大、美国等国家。而富硒大米、富硒玉米粉、动物内脏、鱼类、海鲜、蘑菇、鸡蛋、大蒜、银杏等食物中含硒元素都比较高，缺硒的人群可以适当增加这些食物的摄入量。

缺硒是发生克山病的重要原因，缺硒也被认为是发生大骨节病的重要原因。大骨节病是一种地方性、多发性、变形性骨关节病。它主要发生于青少年，严重地影响骨发育和日常劳动生活能力。过量的硒可引起中毒。临床表现为头发变干变脆、易脱落，指甲变脆、有白斑及纵纹、易脱落，皮肤损伤及神经系统异常，严重者会导致死亡。

（二）实验目的

（1）了解人体中硒的来源及作用。

（2）理解食品中总硒的测定原理。

（3）掌握食品中总硒浓度的方法。

（三）实验原理

将试样用混合酸消化，使硒化合物转化为无机硒 Se^{4+}，在酸性条件下 Se^{4+} 与 2,3－二氨基萘（2,3－Diaminonaphthalene，DAN）反应生成 4,5－苯并苤硒脑（4,5－Benzo piaselenol），然后用环己烷萃取后进行上机测定。4,5－苯并苤硒脑在波长为 376nm 的激发光作用下，可发射波长为 520nm 的荧光，测定其荧光强度，与标准系列比较定量。

实验内容

（一）实验设备与材料

1. 实验设备

（1）荧光分光光度计；

（2）分析天平　感量 1mg；

（3）粉碎机；

（4）电热板；

（5）水浴锅。

2. 化学药品及试剂

盐酸（HCl）：优级纯；环己烷：色谱纯；2,3－二氨基萘；乙二胺四乙酸二钠；盐酸羟胺；甲酚红；氨水：优级纯。

（二）实验方法与数据处理

1. 试剂的配制

（1）盐酸溶液（1%）　量取5mL 盐酸，用水稀释至 500mL，混匀。

（2）DAN 试剂（1g/L）　此试剂在暗室内配制。称取 DAN 0.2g 于带盖锥形瓶中，加入盐酸溶液（1%）200mL，振摇 15min 使其全部溶解。加入约 40mL 环己烷，继续振荡 5min。将此液倒入塞有玻璃棉（或脱脂棉）的分液漏斗中，待分层后滤去环己烷层，收集DAN溶液层，反复用环己烷纯化直至环己烷中荧光降至最低时为止（纯化5~6次）。将纯化后的DAN溶液储存于棕色瓶中，加入约1cm厚的环己烷覆盖表层，于0~5℃保存。

（3）硝酸高氯酸混合酸（9+1） 将900mL硝酸与100mL高氯酸混匀。

（4）盐酸溶液（6mol/L） 量取50mL盐酸，缓慢加入40mL水中，冷却后用水定容至100mL，混匀。

（5）氨水溶液（1+1） 将5mL水与5mL氨水混匀。

（6）EDTA混合液

①EDTA溶液（0.2mol/L）：称取EDTA-2Na 37g，加水并加热至完全溶解，冷却后用水稀释至500mL。

②盐酸羟胺溶液（100g/L）：称取10g盐酸羟胺溶于水中，稀释至100mL，混匀。

③甲酚红指示剂（0.2g/L）：称取甲酚红50mg溶于少量水中，加氨水溶液（1+1）1滴，待完全溶解后加水稀释至250mL，混匀。

④取EDTA溶液（0.2mol/L）及盐酸羟胺溶液（100g/L）各50mL，加甲酚红指示剂（0.2g/L）5mL，用水稀释至1L，混匀。

（7）盐酸溶液（1+9） 量取100mL盐酸，缓慢加入到900mL水中，混匀。

（8）硒标准溶液 1000mg/L 硒标准中间液（100mg/L）：准确吸取1.00mL硒标准溶液（1000mg/L）于10mL容量瓶中，加盐酸溶液（1%）定容至刻度，混匀。

（9）硒标准使用液（50.0ug/L） 准确吸取硒标准中间液（100mg/L）0.50mL，用盐酸溶液（1%）定容至1000mL，混匀。

（10）硒标准系列溶液 准确吸取硒标准使用液（50.0μg/L）0mL、0.20mL、1.00mL、2.00mL和4.00mL，相当于含有硒的质量为0μg、0.0100μg、0.0500μg、0.100μg及0.200μg，加盐酸溶液（1+9）至5mL后，加入20mL EDTA混合液，用氨水溶液（1+1）及盐酸溶液（1+9）调至淡红橙色（pH 1.5~2.0）。以下步骤在暗室操作：加DAN试剂（1g/L）3mL，混匀后，置沸水浴中加热5min，取出冷却后，加环己烷3mL，振摇4min，将全部溶液移入分液漏斗中，待分层后弃去水层，小心将环己烷层由分液漏斗上口倾入带盖试管中，勿使环己烷中混入水滴。环己烷中反应产物为4,5-苯并苤硒脑，待测。

2. 测定

（1）标准曲线的制作 将硒标准系列溶液按质量由低到高的顺序分别上机测定4,5-苯并苤硒脑的荧光强度。以质量为横坐标，荧光强度为纵坐标，制作标准曲线。

（2）试样溶液的测定 将消化后的试样溶液以及空白溶液加盐酸溶液（1+9）至5mL后，加入20mL EDTA混合液，用氨水溶液（1+1）及盐酸溶液（1+9）调至淡红橙色（pH 1.5~2.0）。以下步骤在暗室操作：加DAN试剂（1g/L）3mL，混匀后，置沸水浴中加热5min。取出冷却后加环己烷3mL，振摇4min。将全部溶液移入分液漏斗，待分层后弃去水层，小心将环己烷层由分液漏斗上口倾入带盖试管中，勿使环己烷中混入水滴，待测。

3. 结果的计算

计算公式如式（5-5）所示：

$$X = \frac{m_1}{F_1 - F_0} \times \frac{F_2 - F_0}{m} \tag{5-5}$$

式中 X——试样中硒含量，mg/kg 或 mg/L；

m_1——试样管中硒的质量，μg；

F_1——标准管荧光读数；

F_0——空白管荧光读数；

F_2——试样管荧光读数；

m——试样称样量或移取体积，g 或 mL。

当硒含量≥1.00mg/kg（或 mg/L）时，计算结果保留 3 位有效数字；当硒含量 < 1.00mg/kg（或 mg/L）时，计算结果保留 2 位有效数字。

（三）注意事项与说明

DAN 有一定毒性，使用本试剂的人员应注意防护。

思考题

1. 简述食品中硒测定方法的原理。
2. 简述食品中硒检测结果的意义。

参考文献

张剑．食品中硒的功效与安全性分析［J］．食品安全导刊，2018（22）：56－57.

实验五　二硫腙比色法测定口服乳剂中锌（Zn）的含量

理 论 知 识

（一）背景材料

锌（Zn）是人体必不可少的一种微量元素，参与细胞的分裂和分化，是酶的组成成分，具有重要的生理功能。适量的锌有利于促进人体的生长发育。锌还与人体免疫系统密切相关，当机体受到感染时，体内的锌会重新调度，提高机体的免疫力。锌现在已经用来辅助治疗各种皮肤病、神经及精神系统疾病。锌对维持人体健康有重要作用。

锌是一种人体必需的微量元素，人体内不能合成，需要从外界摄取来满足机体的需要。锌是酶的组成成分，有利于维持正常的生命活动。锌与核酸和蛋白质合成有关，锌的缺乏可以影响细胞的生长、分裂和分化，与机体的生长发育密切相关。锌还与机体免疫的功能有关。适量的锌能维持人体健康，相反，锌的缺乏和过量可以引发相关疾病。人体缺乏锌会有多个系统出现综合反应。锌缺乏首先会引起生长发育迟缓，严重者会导致侏儒症。再者，缺锌会对皮肤造成损害，引起各种皮肤病变。体内锌含量不足会诱发神经系统出现疾病，导致机体免疫力降低，引起各种与免疫相关的疾病。而人体摄入锌过量会导致肌体锌中毒，引起恶心、呕吐及腹泻等症状。

（二）实验目的

（1）了解口服乳剂中锌的来源及作用。

（2）理解口服乳剂中锌的测定原理。

（3）掌握锌的测定方法。

（三）实验原理

样品经消化后，在 pH 4.0 ~ 4.5 时，锌离子与二硫腙生成紫红色配合物，溶于四氯化碳，在 530nm 处有最大吸收，与标准系列相比较进行定量。体系中加入硫代硫酸钠，可防止铜、汞、铅、银和镉等离子干扰。

实验内容

（一）实验设备与材料

1. 实验设备

（1）分光光度计；

（2）分液漏斗。

2. 化学药品及试剂

乙酸钠；乙酸；氨水；盐酸；酚红指示剂；0.1% 乙醇溶液；20% 盐酸羟胺溶液；25% 硫代硫酸钠溶液；0.01% 二硫腙 - 四氯化碳溶液。

（二）实验方法与数据处理

1. 样品的消化

硝酸 - 高氯酸 - 硫酸法或硝酸 - 硫酸法。

2. 标准曲线的绘制

吸取 0.0mL、1.0mL、2.0mL、3.0mL、4.0mL、5.0mL 锌标准使用液，分别置于 125mL 分液漏斗中，各加入 $c_{(HCl)}$ = 0.02mol/L 盐酸至 20mL。漏斗中，备加 $c_{(HCl)}$ = 0.02 盐酸至 20mL。然后分别加入 10mL 乙酸 - 乙酸盐缓冲液、1mL 25% 硫代硫酸钠溶液，摇匀，再各加入 10.0mL 二硫腙使用液，剧烈振摇 2min。静置分层后，四氯化碳层经脱脂棉滤入 1cm 比色杯中，以零管调节零点，于波长 530nm 处测定吸光值、绘制标准曲线或求出回归方程。

3. 样品溶液和试剂空白液滴定

吸取 5.0 ~ 10.0mL 消化后定容的样品溶液和相同量的试剂空白液，分别置于 125mL 分液漏斗中，加 5mL 水、0.5mL 20% 盐酸羟胺溶液，摇匀，再加 2 滴酚红指示剂，用 1:1 氨水调至红色，再多加 2 滴。再加 5mL 0.01% 二硫腙 - 四氯化碳溶液，剧烈振摇 2min，静置分层。将四氯化碳层移入另一分液漏斗中，水层用少量二硫腙 - 四氯化碳溶液振摇提取，每次 2 ~ 3mL，直至二硫腙 - 四氯化碳溶液绿色不变为止。合并提取液，用 5mL 水洗涤，四氯化碳层用 $c_{(HCl)}$ = 0.02mol/L 盐酸提取 2 次，每次 10mL，提取时剧烈振摇 2min，合并 $c_{(HCl)}$ = 0.02mol/L 盐酸提取液，并用少量四氯化碳洗去残留的二硫腙。以下步骤从加入 10mL 乙酸 - 乙酸盐缓冲溶液起，按标准曲线绘制操作方法进行操作。根据测得的吸光值从标准曲线上查得相当于锌的含量，或将吸光值代入回归方程求得锌的含量。

4. 结果的计算

计算公式如式（5-6）所示：

$$X = \frac{(a_1 - a_0) \times V_2}{m \times V_1} \tag{5-6}$$

式中 X——试样中锌的含量，μg/g 或 μg/mL；

a_1——测定用样品消化液中锌的含量，μg；

a_0——试剂空白液中锌的含量，μg；

m——样品质量或体积，g 或 mL；

V_1——样品消化液总体积，mL；

V_2——测定用样品消化液的体积，mL。

（三）结果解读

1. 试样炭化，观察现象

试样炭化现象结果如表 5-5 所示。

表 5-5　试样炭化现象结果

编号	炭化现象
1	液滴飞溅，无法继续
2~4	有大量细密气泡，体积膨胀，产生大量烟
5~6	有大量气泡
7~9	有少许大气泡

由表 5-5 可知，7~9 号样品炭化完全，效果较好。因此，炭化时用的混合酸及体积比为硝酸:硫酸（1:1、2:1、3:1）、总用量为 0.10mL。

2. 灰化正交试验，观察现象

试样灰化正交试验结果如表 5-6 所示。

由表 5-6 可知，试验 8、试验 9 灰化效果好，其中试验 9 灰化结束后得到白色疏松物，效果比试验 8 更好。因此，灰化最佳条件为：600℃（8h），硝酸:硫酸体积比为 3:1。

表 5-6　试样灰化正交试验结果

编号	灰化温度	硝酸:硫酸	现象与结果
1	500	1:1	灰化结束后样品完全被灰化
2	500	2:1	灰化结束后样品完全被灰化
3	500	3:1	灰化结束后样品完全被灰化
4	550	1:1	灰化结束得到灰黑色固体，灰色物质疏松占多数，样品部分灰化
5	550	1:2	灰化结束得到灰黑色固体，灰色物质疏松占多数，样品部分灰化
6	550	1:3	灰化结束得到灰黑色固体，灰色物质疏松占多数，样品部分灰化
7	600	1:1	灰化结束得到灰黑色固体，灰色物质疏松占多数，样品部分灰化
8	600	2:1	灰化结束得到灰白色疏松固体，完全被灰化
9	600	3:1	灰化结束得到灰白色疏松固体，完全被灰化

（四）注意事项与说明

（1）测定时加入硫代硫酸钠、盐酸羟胺和在控制 pH 的条件下，可防止铜、汞、铅、铋、银和镉等离子的干扰，并能防止二硫腙被氧化。

（2）所用玻璃仪器用 10% ~20% 硝酸浸泡 24h 以上，然后用不含锌的蒸馏水将其冲洗洁净。

（3）硫代硫酸钠是较强的配合剂，它不仅能配合干扰金属，同时也可与锌配合。所以只有使锌从配合物中释放出来，才能被二硫腙提取，而锌的释放又比较缓慢，因此必须剧烈振动 2min。

思考题

1. 简述口服乳剂中 Zn 含量测定方法的原理。
2. 简述口服乳剂中 Zn 检测结果的意义。

参考文献

吴悠，周涵黎，梅霜，等. 二硫腙比色法测定核桃多肽口服乳剂中锌含量［J］. 食品研究与开发，2017，38（7）：126－129.

实验六　火焰原子吸收光谱法测定食品中铁（Fe）的含量

理 论 知 识

（一）背景材料

铁是人体的必需微量元素，成人体内铁的总量为 4 ~5g，其中 72% 以血红蛋白、3% 以肌红蛋白、0. 2% 以其他化合物形式存在；其余则为储备铁，以铁蛋白的形式储存于肝脏、脾脏和骨髓的网状内皮系统中，约占总铁量的 25% 。铁在体内代谢过程中可反复被身体利用。一般情况下，除肠道分泌和皮肤、消化道及尿道上皮脱落会损失一定数量的铁外，几乎不存在其他途径损失。膳食中存在的磷酸盐、碳酸盐、植酸、草酸、鞣酸等可与非血红素铁形成不溶性的铁盐而阻止铁的吸收。胃酸分泌减少也影响铁的吸收。

铁是血红蛋白的重要部分，而血红蛋白的功能是向细胞内输送氧气，并将二氧化碳带出细胞。铁元素可以催化促进 β－胡萝卜素转化为维生素 A、促使嘌呤与胶原的合成，抗体的产生，脂类从血液中转运以及药物在肝脏的解毒等。铁与免疫的关系也比较密切，有研究表明，铁可以提高机体的免疫力，增加中性白细胞和吞噬细胞的吞噬功能，同时也可使机体的抗感染能力增强。

我国规定的每日铁的膳食参考摄入量为：成年男子 15mg，成年女子 20mg。铁缺乏症状主要包括：缺铁性贫血、心理活动和智力发育的损害及行为改变、皮肤苍白，舌部发痛，疲劳或无力，食欲不振以及恶心、抵抗病原微生物入侵能力的减弱；通过各种途径进入体内的铁量的增加，可使铁在人体内储存过多，因而可引致铁在体内潜在的有害作用，体内铁的储存过多与多种疾病如心脏和肝脏疾病、糖尿病、某些肿瘤有关。

铁的主要食物来源包括以下几方面：①丰富来源。动物血、肝脏、鸡胗、牛肾、大豆、黑木耳、芝麻酱、牛肉、羊肉、蛤蜊和牡蛎；②良好来源。瘦肉、红糖、蛋黄、猪肾、羊肾、干果（杏干、葡萄干），啤酒酵母菌、海草、赤糖糊及燕麦；③一般来源。鱼、谷物、菠菜、扁豆、豌豆、芥菜叶、蚕豆、瓜子（南瓜、西葫芦等种子）；④微量来源。乳制品、蔬菜和水果。

（二）实验目的

（1）了解人体中铁的来源及作用。

（2）理解食品中铁的含量测定原理。

（3）掌握食品中铁的含量测定及营养评价方法。

（三）实验原理

试样消解后，经原子吸收火焰原子化，在248.3nm处测定吸光值。在一定浓度范围内铁的吸光值与铁含量成正比，与标准系列比较定量。

评价食物营养价值有很多种方法，此处采用营养质量指数法（Index of nutritional quality，INQ）。

实验内容

（一）实验设备与材料

1. 实验设备

（1）原子吸收光谱仪　配火焰原子化器、铁空心阴极灯；

（2）分析天平　感量0.1mg和1mg；

（3）微波消解仪　配聚四氟乙烯消解内罐；

（4）可调式电热炉；

（5）可调式电热板；

（6）压力消解罐　配聚四氟乙烯消解内罐；

（7）恒温干燥箱；

（8）马弗炉。

所有玻璃器皿及聚四氟乙烯消解内罐均需硝酸溶液（1+5）浸泡过夜，然后用自来水反复冲洗，最后用水冲洗干净。

2. 化学药品及试剂

（1）试剂　硝酸（HNO_3），高氯酸（$HClO_4$），硫酸（H_2SO_4）。

（2）试剂配制

①硝酸溶液（5+95）：量取50mL硝酸，倒入950mL水中，混匀。

②硝酸溶液（1+1）：量取250mL硝酸，倒入250mL水中，混匀。

③硫酸溶液（1+3）：量取50mL硫酸，缓慢倒入150mL水中，混匀。

（3）标准品　硫酸铁铵［$NH_4Fe(SO_4)_2 \cdot 12H_2O$，CAS号7783-83-7］：纯度>99.99%，或一定浓度经国家认证并授予标准物质证书的铁标准溶液。

（4）标准溶液配制

①铁标准储备液（1000mg/L）：准确称取0.8631g（精确至0.0001g）硫酸铁铵，加水溶解，加1.00mL硫酸溶液（1+3），并将其移入100mL容量瓶中，加水定容至刻度。混匀。此铁溶液质量浓度为1000mg/L。

②铁标准中间液（100mg/L）：准确吸取铁标准储备液（1000mg/L）10mL于100mL容量瓶中加硝酸溶液（5+95）定容至刻度，混匀。此铁溶液质量浓度为100mg/L。

③铁标准系列溶液：分别准确吸取铁标准中间液（100mg/L）0mL、0.500mL、1.00mL、2.00mL、4.00mL、6.00mL于100mL容量瓶中，加硝酸溶液（5+95）定容至刻度，混匀。此铁标准系列溶液中铁的质量浓度分别为0mg/L、0.500mg/L、1.00mg/L、2.00mg/L、4.00mg/L、6.00mg/L。

可根据仪器的灵敏度及样品中铁的实际含量确定标准溶液系列中铁的具体浓度。

（二）实验方法与数据处理

1. 试样制备

在采样和制备过程中，应避免试样污染。

（1）粮食、豆类样品　样品去除杂物后，粉碎，储存于塑料瓶中。

（2）蔬菜、水果、鱼类、肉类等样品　样品用水洗净，晾干，取可食部分，制成匀浆，储存于塑料瓶中。

（3）饮料、酒、醋、酱油、食用植物油、液态乳等液体样品　将样品摇匀。

2. 试样消解

（1）湿法消解　准确称取固体试样0.5~3g（精确至0.001g）或准确移取液体试样1.00~5.00mL于带刻度消化管中，加入10mL硝酸和0.5mL高氯酸，在可调式电热炉上消解（参考条件：120℃/0.5~1h、升至180℃/2~4h、升至200~220℃）。若消化液呈棕褐色，再加硝酸，消解至冒白烟，消化液呈无色透明或略带黄色时，取出消化管，冷却后将消化液转移至25mL容量瓶中，用少量水洗涤2~3次，合并洗涤液于容量瓶中并用水定容至刻度，混匀备用。同时做试样空白试验。也可采用锥形瓶于可调式电热板上，按上述操作方法进行湿法消解。

（2）微波消解　准确称取固体试样0.2~0.8g（精确至0.001g）或准确移取液体试样1.00~3.00mL于微波消解罐中，加入5mL硝酸，按照微波消解的操作步骤消解试样，消解条件如表5-7所示。冷却后取出消解罐，在电热板上于140~160℃赶酸至1.0mL左右。冷却后将消化液转移至25mL容量瓶中，用少量水洗涤内罐和内盖2~3次，合并洗涤液于容量瓶中并用水定容至刻度，混匀备用。同时做试样空白试验。

（3）压力罐消解　准确称取固体试样0.3~2g（精确至0.001g）或准确移取液体试样2.00~5.00mL于消解内罐中，加入5mL硝酸。盖好内盖，旋紧不锈钢外套，放入恒温干燥箱，于140~160℃下保持4~5h。冷却后缓慢旋开外盖，取出消解内罐，放在可调式电热板上于140~160℃赶酸至1.0mL左右。冷却后将消化液转移至25mL容量瓶中，用少量水洗涤内罐和内盖2~3次，合并洗涤液于容量瓶中并用水定容至刻度，混匀备用。同时做试样空白试验。

（4）干法消解　准确称取固体试样0.5~3g（精确至0.001g）或准确移取液体试样2.00~5.00mL于坩埚中，小火加热，炭化至无烟，转移至马弗炉中，于550℃灰化3~

4h。冷却，取出，对于灰化不彻底的试样，加数滴硝酸，小火加热，小心蒸干，再转入550℃马弗炉中，继续灰化1～2h，至试样呈白灰状，冷却，取出，用适量硝酸溶液（1+1）溶解，转移至25mL容量瓶中，用少量水洗涤内罐和内盖2～3次，合并洗涤液于容量瓶中并用水定容至刻度。同时做试样空白试验。

表5-7　微波消解升温程序

步骤	设定温度/℃	升温时间/min	恒温时间/min
1	120	5	5
2	160	5	10
3	180	5	10

3. 测定

（1）仪器测试条件　参考条件如表5-8所示。

表5-8　火焰原子吸收光谱法参考条件

元素	波长/nm	狭缝/nm	灯电流/mA	燃烧头高度/mm	空气流量/(L/min)	乙炔流量/(L/min)
铁	248.3	0.2	5～15	3	9	2

（2）标准曲线的制作　将标准系列工作液按质量浓度由低到高的顺序分别导入火焰原子化器，测定其吸光值。以铁标准系列溶液中铁的质量浓度为横坐标，以相应的吸光值为纵坐标，制作标准曲线。

（3）试样测定　在与测定标准溶液相同的实验条件下，将空白溶液和样品溶液分别导入原子化器，测定吸光值，与标准系列比较定量。

4. 结果的计算

试样中铁含量按式（5-7）计算：

$$X = \frac{(\rho - \rho_0) \times V}{100 \times m} \tag{5-7}$$

式中　X——试样中铁的含量，mg/kg或mg/L；

ρ——测定样液中铁的质量浓度，mg/L；

ρ_0——空白液中铁的质量浓度，mg/L；

V——试样消化液的定容体积，mL；

m——试样称样量或移取体积，g或mL。

5. 当铁含量≥10.0mg/kg或10.0mg/L时，计算结果保留3位有效数字；当铁含量<10.0mg/kg或10.0mg/L时，计算结果保留2位有效数字。

6. 营养评价

INQ按式（5-8）计算：

$$\text{INQ} = \frac{\text{一定食物中某营养素含量 / 该营养素推荐摄入量}}{\text{一定食物中提供的能量 / 能量推荐摄入量}} \tag{5-8}$$

（三）结果解读

1. 以INQ法进行营养评价

评价时，INQ <1，说明该类营养素含量低于推荐供给量，长期食用，可能引发这一类营养素摄入不足的危害；INQ >1，表明该营养素含量高于或等于推荐供给量，并且说明其营养质量好；INQ >2，表明某种食物可作为该类营养素的良好来源。此外，本次计算过程中铁及能量的每日参考摄入量参考 2018 中国食物成分表标准版《中国居民膳食营养素参考摄入量》中 18 ~50 周岁的推荐值（表 5 -9）。

表 5 -9 铁与能量参考摄入量

营养素	参考摄入量
铁	16mg/d
能量	9853kJ/d

2. 营养建议

缺铁患者日常补铁方法：

（1）婴幼儿要及时添加辅食　4 ~5 个月添加蛋黄、鱼泥、禽血等；7 个月起添加肝泥、肉末、血类、红枣泥等食物；另外，早产儿从 2 个月起、足月儿从 4 个月起可在医生指导下补充铁剂，以加强预防。

（2）日常生活避免铁流失　忌过量饮茶及咖啡，因为茶叶中的鞣酸和咖啡中的多酚类物质可以与铁形成难以溶解的盐类，抑制铁质吸收。因此，女性饮用咖啡和茶应该适可而止，一天 1 ~2 杯足矣。

（3）用铁锅炒菜易于铁的吸收　少用铝锅，因为铝能阻止铁的吸收。

（4）及时服用补铁制剂，秉着安全高效的原则　市场上常见的口服补铁制剂多为富马酸亚铁、硫酸亚铁、乳酸亚铁等。而前两者对肠胃的刺激要远远大于乳酸亚铁。有肠胃疾病的患者不建议服用富马酸亚铁和硫酸亚铁。选择好了补铁制剂，在服用过程中还需要注意以下问题：要饭后服用补铁制剂；忌牛乳与铁剂同时服用。

（5）多吃蔬菜和水果　蔬菜水果中富含维生素 C、柠檬酸及苹果酸，这类有机酸可与铁形成络合物，从而增加铁在肠道内的溶解度，有利于铁的吸收。

（6）多食用含铁丰富的食物　如：蛋黄、海带、紫菜、木耳、猪肝、桂圆、猪血等。

思考题

1. 简述食品中 Fe 含量的检测原理及方法。
2. 简述 INQ 食品营养评价方法。
3. 简述铁缺乏症患者饮食与用药建议。

参考文献

［1］邓宏玉，刘芳芳，张秦蕾，等.5 种禽肉中矿物质含量测定及营养评价［J］. 食品研究与开发，2017，38（6）：21 -24，103.

［2］梁水连，吕岱竹，周若浩，等. 香蕉中 5 种矿物质元素含量测定及营养评价

[J]. 食品科学，2019，40（24）：241－245.

实验七　石墨炉原子吸收光谱法测定食品中铬（Cr）的含量

理论知识

（一）背景材料

铬在人体中的分布非常广泛，但含量甚微，在肌体的糖代谢和脂代谢过程中发挥特殊作用。三价铬［Cr（Ⅲ）］是一种人体必需的微量元素，而六价铬［Cr（Ⅵ）］的化合物才是公认的致癌物。人体对无机铬的吸收利用率极低，不到1%；人体对有机铬的利用率可达10%～25%。成人体内含铬约6mg，随年龄的增长有下降趋势。人体的各组织器官和体液中都含有铬，而肝脏、肾脏、心脏、脾、肺和大脑（尤其是脑的尾核）中的含量是比较丰富的，它对调节这些组织器官功能的发挥具有重要作用。铬主要随尿液排出体外，健康成人每天可排泄尿铬约11.3μg，铬与人体健康有着非常密切的关系。

铬的元素符号是Cr，原子数是24，位于元素周期表中第3周期内，第ⅥB族。相对原子质量51.996，密度7.20，熔点（1857±20）℃，沸点2672℃。铬为银白色金属，铬在地壳中属于分布较广的元素之一，铬具有很高的耐腐蚀性，在空气中，即便是在赤热的状态下，氧化也很慢，不溶于水。铬被用于制作不锈钢、汽车零件、工具、磁带和录像带等。铬镀在金属上可以防锈。1797年法国化学家沃克兰（L. N. Vauquelin）在西伯利亚红铅矿（铬铅矿）中发现一种新元素，次年用碳还原得到金属铬。因为铬能够生成美丽多色的化合物，所以根据希腊文chroma（颜色）命名为chromium。铬是人体必需的微量元素。

铬是维持人体糖和脂肪代谢的重要因素。因为三价铬通过形成“葡萄糖耐量因子”或其他有机铬化合物，同胰岛素发挥作用，并体现其生理功能。铬与机体血中焦磷酸盐、核蛋白、甲硫氨酸、丝氨酸等结合，对蛋白质代谢起到重要作用。动物实验证明，缺铬的动物除糖耐量异常外，甘氨酸、丝氨酸、甲硫氨酸等进入心肌的速度及数量均减少，生长发育迟缓，死亡率增高。国外对营养不良的婴儿给予补铬的试验治疗，发现患儿生长发育加速，体重增加，体质改善。铬对血红蛋白的合成及造血过程的改善具有良好的促进作用。有学者报道铬与寿命有关，与老年性疾病有密切关系。

（二）实验目的

（1）了解人体中铬的来源及作用。

（2）理解食品中铬的测定原理。

（3）掌握食品中铬浓度的方法。

（三）实验原理

试样经消解处理后，采用石墨炉原子吸收光谱法，在357.9nm处测定吸光值，在一定浓度范围内其吸光值与标准系列溶液比较定量。

实验内容

（一）实验设备与材料

1. 实验设备

原子吸收光谱仪（配石墨炉原子化器，附铬空心阴极灯）；微波消解系统（配消解内罐）；可调式电热炉；可调式电热板；压力消解器（配消解内罐）；马弗炉；恒温干燥箱；电子天平。

2. 化学药品及试剂

硝酸；高氯酸；磷酸二氢铵。

所用酸均为优级纯，铬粉为光谱纯，实验用水为亚沸蒸馏水。

（二）实验方法与数据处理

1. 试剂配制

（1）硝酸溶液（5+95） 量取50mL硝酸慢慢倒入950mL水中，混匀。

（2）硝酸溶液（1+1） 量取250mL硝酸慢慢倒入250mL水中，混匀。

（3）磷酸二氢铵溶液（20g/L） 称取2.0g磷酸二氢铵，溶于水中，并定容至100mL，混匀。

2. 标准溶液的配制及标准曲线的制作

（1）铬标准储备液 准确称取基准物质重铬酸钾（110℃，烘2h）1.4315g（精确至0.0001g），溶于水中，移入500mL容量瓶中，用硝酸溶液（5+95）稀释至刻度，混匀。此溶液每毫升含1.000mg铬。或购置经国家认证并授予标准物质证书的铬标准储备液。

（2）铬标准使用液 将铬标准储备液用硝酸溶液（5+95）逐级稀释至每毫升含100ng铬。

（3）标准系列溶液的配制 分别吸取铬标准使用液（100ng/mL）0mL、0.500mL、1.00mL、2.00mL、3.00mL、4.00mL于25mL容量瓶中，用硝酸溶液（5+95）稀释至刻度，混匀。各容量瓶中每毫升分别含铬0ng、2.00ng、4.00ng、8.00ng、12.0ng、16.0ng。或采用石墨炉自动进样器自动配制。

（4）标准曲线的制作 将标准系列溶液工作液按浓度由低到高的顺序分别取10μL（可根据使用仪器选择最佳进样量），注入石墨管，原子化后测其吸光值，以浓度为横坐标，吸光值为纵坐标，绘制标准曲线。

3. 试样的预处理

（1）粮食、豆类等去除杂物后，粉碎，装入洁净的容器内，作为试样。密封，并标明标记，试样应于室温下保存。

（2）蔬菜、水果、鱼类、肉类及蛋类等水分含量高的鲜样，直接打成匀浆，装入洁净的容器内，作为试样。密封，并标明标记。试样应于冰箱冷藏室保存。

4. 样品消解

（1）微波消解 准确称取试样0.2~0.6g（精确至0.001g）于微波消解罐中，加入5mL硝酸，按照微波消解的操作步骤消解试样。冷却后取出消解罐，在电热板上于140~160℃赶酸至0.5~1.0mL。消解罐放冷后，将消化液转移至10mL容量瓶中，用少量水洗涤消解罐 2 ~ 3 次，合并洗涤液，用水定容至刻度。同时做试剂空白试验。

（2）湿法消解　准确称取试样 0.5 ~ 3g（精确至 0.001g）于消化管中，加入 10mL 硝酸、0.5mL 高氯酸，在可调式电热炉上消解（参考条件：120℃保持 0.5 ~ 1h、升温至 180℃ 2 ~ 4h、升温至 200 ~ 220℃）。若消化液呈棕褐色，再加硝酸，消解至冒白烟，消化液呈无色透明或略带黄色，取出消化管，冷却后用水定容至 10mL。同时做试剂空白试验。

（3）高压消解　准确称取试样 0.3 ~ 1g（精确至 0.001g）于消解内罐中，加入 5mL 硝酸。盖好内盖，旋紧不锈钢外套，放入恒温干燥箱，于 140 ~ 160℃下保持 4 ~ 5h。在箱内自然冷却至室温，缓慢旋松外罐，取出消解内罐，放在可调式电热板上于 140 ~ 160℃赶酸至 0.5 ~ 1.0mL。冷却后将消化液转移至 10mL 容量瓶中，用少量水洗涤内罐和内盖 2 ~ 3 次，合并洗涤液于容量瓶中并用水定容至刻度。同时做试剂空白试验。

（4）干法灰化　准确称取试样 0.5 ~ 3g（精确至 0.001g）于坩埚中，小火加热，炭化至无烟，转移至马弗炉中，于 550℃恒温 3 ~ 4h。取出冷却，对于灰化不彻底的试样，加数滴硝酸，小火加热，小心蒸干，再转入 550℃高温炉中，继续灰化 1 ~ 2h，至试样呈白灰状，从高温炉取出冷却，用硝酸溶液（1 + 1）溶解并用水定容至 10mL。同时做试剂空白试验。

5. 试样测定

在与测定标准溶液相同的实验条件下，将空白溶液和样品溶液分别取 10μL（可根据使用仪器选择最佳进样量），注入石墨管，原子化后测其吸光值，与标准系列溶液比较定量。

试样中铬含量的计算如式（5 - 9）所示。

$$X = \frac{c - c_0 \times V}{m \times 1000} \tag{5-9}$$

式中　X——试样中铬的含量，mg/kg；
　　c——测定样液中铬的含量，ng/mL；
　　c_0——空白液中铬的含量，ng/mL；
　　V——样品消化液的定容总体积，mL；
　　m——样品称样量，g；
　　1000——换算系数。

当分析结果≥1mg/kg 时，保留 3 位有效数字；当分析结果 < 1mg/kg 时，保留 2 位有效数字。石墨炉原子吸收法和微波消解法参考条件如表 5 - 10 和表 5 - 11 所示。

表 5 - 10　石墨炉原子吸收法参考条件

元素	波长/nm	狭缝/nm	灯电流/mA	干燥/（℃/s）	灰化/（℃/s）	原子化/（℃/s）
铬	357.9	0.5	5 ~ 7	（85 ~ 120）/（40 ~ 50）	900/（20 ~ 30）	2700/（4 ~ 5）

表 5-11 微波消解法参考条件

步骤	功率（1200W）变化/%	设定温度/℃	升温时间/min	恒温时间/min
1	0~80	120	5	5
2	0~80	160	5	10
3	0~80	180	5	10

（三）结果解读

1. 波长的选择

使用氘灯背景校正扣除背景，选用357.9nm作为铬的分析线，其灵敏度、精密度和线性范围可以满足铬的测定。

2. 石墨管的选择

使用普通和热解型石墨管进行铬空白和管寿命的实验。

3. 石墨炉加热程序的选择

选择加热程序是克服基体干扰影响的一种途径。实验表明，为了防止暴沸现象，加热起始温度不得超过150℃。根据灰化曲线，最高灰化温度为900℃，并采用阶梯升温方式。

4. 容器的选择

在一定酸度和加热条件下，聚乙烯塑料管对铬的测定无影响，因此可选用4.5mL的聚乙烯塑料管。

5. 营养建议

（1）长期食用精糖和其他的精制食品，可促进体内铬的排泄，易导致铬的缺乏。减肥者、钙含量过高的人及有糖尿病和心脏病等疾病的患者可根据医嘱适当地服用含铬剂，以达到减肥和治病目的。

（2）缺铬人群经常食用一些动物的肝脏、牛肉、胡椒、小麦、红糖等，能即时补充身体对铬的需求。

思考题

1. 简述食品中微量元素Cr的测定方法的原理。
2. 简述食品中微量元素Cr的检测意义。
3. 简述缺铬患者饮食与用药建议。

参考文献

[1] 吴茂江. 铬与人体健康［J］. 微量元素与健康研究，2014，31（4）：72-73.

[2] 丁文军，柴之芳. 石墨炉原子吸收光谱法测定糖尿病人和健康人血清和尿中微量铬［J］. 广东微量元素科学，1997，4（11）：44-46.

实验八　石墨炉原子吸收光谱法测定食品中铅（Pb）的含量

理 论 知 识

（一）背景材料

铅为化学元素，其化学符号是 Pb，原子序数为 82，是原子质量最大的非放射性元素。

铅是柔软和延展性强的弱金属，有毒，也是重金属。铅原本的颜色为青白色，在空气中，铅表面很快会被一层暗灰色的氧化物覆盖。铅可用于建筑、铅酸蓄电池、弹头、炮弹、焊接物料、钓鱼用具、渔业用具、防辐射物料、奖杯和部分合金，例如电子焊接用的铅锡合金。铅是一种金属元素，可用作耐硫酸腐蚀、防电离辐射、蓄电池等的材料。其合金可用于铅字、轴承、电缆包皮等，还可做体育运动器材铅球。

（二）实验目的

（1）了解食品中铅的来源及作用。

（2）理解食品中铅的测定原理。

（三）实验原理

试样经微波消解后，经石墨炉原子化，在 283. 3nm 处测定吸光值，在一定浓度范围内，其吸光值与重金属含量成正比，采用标准曲线法定量。

实 验 内 容

（一）实验设备与材料

1. 实验设备

原子吸收光谱仪；分析天平；可调式电热炉；可调式电热板；微波消解系统；恒温干燥箱；压力消解罐。

2. 化学药品及试剂

（1）硝酸（HNO_3）；

（2）高氯酸（$HClO_4$）；

（3）磷酸氢二铵（$H_4H_2PO_4$）；

（4）硝酸钯［Pd（NO_3）$_2$］；

（5）试验用水均为一级纯水。

（二）实验方法与数据处理

1. 标准溶液配制

铅标准储备液（1000mg/L）：准确称取 1. 5985g（精确至 0. 0001g）硝酸铅，用少量硝酸溶液（1 +9）溶解，移入 1000mL 容量瓶，加水至刻度，混匀。

铅标准中间液（1. 00mg/L）：准确吸取铅标准储备液（1000mg/L）1. 00mL 于 1000mL 容量瓶中，加硝酸溶液（5 +95）至刻度，混匀。

铅标准系列溶液：分别吸取铅标准中间液（1. 00mg/L）0mL、0. 500mL、1. 00mL、2. 00mL、3. 00mL 和 4. 00mL 于 100mL 容量瓶中，加硝酸溶液（5 +95）至刻度，混匀。此铅标准系列溶液的质量浓度分别为 0μg/L、5. 00μg/L、10. 0μg/L、20. 0μg/L、30. 0μg/L 和 40. 0μg/L。

2. 试样制备

湿法消解：称取固体试样 0.2～3g（精确至 0.001g）或准确移取液体试样 0.500～5.00mL 于带刻度消化管中，加入 10mL 硝酸和 0.5mL 高氯酸，在可调式电热炉上消解（参考条件：120℃/0.5～1h；升至 180℃/2～4h、升至 200～220℃）。若消化液呈棕褐色，再加少量硝酸，消解至冒白烟，消化液呈无色透明或略带黄色，取出消化管，冷却后用水定容至 10mL，混匀备用。同时做试剂空白试验。也可采用锥形瓶，于可调式电热板上，按上述操作方法进行湿法消解。

微波消解：称取固体试样 0.2～0.8g（精确至 0.001g）或准确移取液体试样 0.500～3.00mL 于微波消解罐中，加入 5mL 硝酸，按照微波消解的操作步骤消解试样，消解条件参考表 5－12。冷却后取出消解罐，在电热板上于 140～160℃ 赶酸至 1mL 左右。消解罐放冷后，将消化液转移至 10mL 容量瓶中，用少量水洗涤消解罐 2～3 次，合并洗涤液于容量瓶中并用水定容至刻度，混匀备用。同时做试剂空白试验。

表 5－12　微波消解参数

步骤	设定温度/℃	升温时间/min	恒温时间/min
1	120	5	5
2	160	5	10
3	180	5	10

3. 标准曲线的制作

按质量浓度由低到高的顺序分别将 10μL 铅标准系列溶液和 5μL 磷酸二氢铵－硝酸钯溶液（可根据所使用的仪器确定最佳进样量）同时注入石墨炉，原子化后测其吸光值，以质量浓度为横坐标，吸光值为纵坐标，制作标准曲线。

4. 试样溶液的测定

在与测定标准溶液相同的实验条件下，将 10μL 空白溶液或试样溶液与 5μL 磷酸二氢铵－硝酸钯溶液（可根据所使用的仪器确定最佳进样量）同时注入石墨炉，原子化后测其吸光值，与标准系列比较定量。仪器参考条件如表 5－13 所示。

表 5－13　原子吸收光谱法仪器参考条件

元素	波长/nm	狭缝/nm	灯电流/mA	干燥/（℃/s）	灰化/（℃/s）	原子化/（℃/s）
铅	283.3	0.5	8～12	（85～120）/（40～50）	750/（20～50）	2300/（4～5）

5. 结果的计算

计算公式：

$$X = \frac{(\rho - \rho_0) \times V}{m \times 1000} \tag{5-10}$$

式中 X——试样中铅的含量，mg/kg 或 mg/L；

ρ——试样溶液中铅的质量浓度，μg/L；

ρ_0——空白溶液中铅的质量浓度，μg/L；

V——试样消化液的定容体积，mL；

m——试样称样量或移取体积，g 或 mL；

1000——换算系数。

当铅含量≥1.00mg/kg（或 mg/L）时，计算结果保留 3 位有效数字；当铅含量 < 1.00mg/kg（或 mg/L）时，计算结果保留 2 位有效数字。

（三）结果解读

（1）我国对食品中铅的残留量有严格的规定。蔬菜、水果不超过 0.1mg/kg，蛋及蛋制品不超过 0.2mg/kg，谷物及其制品不超过 0.2mg/kg，肉类、鱼虾类不超过 0.5mg/kg，豆类及其制品不超过 0.2mg/kg，薯类及其制品不超过 0.2mg/kg。

（2）骨骼是铅毒性的主要靶器官系统，铅中毒对骨骼可导致许多有危害的影响，最直接的便是危害身高、体重及胸围的成长，其次铅中毒还会对神经系统进行破坏，对智力的危害是不可逆的。缺铅动物的血液学指标、皮肤、毛发、铁代谢发生异常。但在现实生活中，人类所面临的主要是铅污染和铅中毒危险。人体不断从被污染的食物或饮料中摄取微量的铅，这样少量的铅，在人体正常的新陈代谢过程中能顺利排出，一般不致引起积累性中毒。若铅的摄取量过多，可导致人体中毒，因此，目前铅中毒仍然是最重要的危害之一。

思考题

1. 简述食品中铅测定方法的原理。
2. 简述食品中铅检测结果的意义。

参考文献

吴金涛．石墨炉原子吸收光谱法测定食品中铅、镉和铬的方法确认［J］．山西农经，2020（11）：155－156.

实验九　电感耦合等离子体质谱仪法测定食品中总砷（As）的含量

理 论 知 识

（一）背景材料

砷是一种非金属元素，在自然界中主要以三价和五价的有机或无机化合物形式存在。自然界中常见的三价砷有三氧化二砷（砒霜）、亚砷酸钠和三氯化砷；五价砷有五氧化二砷、砷酸及其盐类。无机砷在环境中或生物体内可以形成甲基砷化物。它在酸性环境中经金属催化可释放新生态氧，并生成砷化氢，具有强毒性。海水中的砷主要以偶砷基甘氨酸三甲丙盐和偶砷基胆碱及偶砷基糖的形式存在。

几乎所有的生物体内均含有砷。自然环境中的动植物通过食物链或以直接吸收的方式从环境中摄取砷。正常情况下，动植物食品中砷含量较低。陆地动植物中的砷主要以无机砷为主，且含量都比较低，如蔬菜和豆类中砷含量一般都小于0.1mg/kg，只在特殊地域中的动植物砷含量比较高。海洋生物中砷含量高于陆地生物。据报道，海洋生物体内砷含量比相应陆地动物高10倍，如海鱼的砷含量可达到5mg/kg，贝类可达到10mg/kg。

在我国，有机砷农药的使用并没有受到严格限制，仍在使用中的有机砷农药有甲基砷酸钙、二砷甲酸、甲基砷酸钠、甲基砷酸二钠、甲基硫酸和砷酸铅等。生产和使用含砷农药可以通过污染环境来污染食品，也可以通过施药对作物造成直接污染。在食品生产加工过程中，食用色素、葡萄糖及无机酸等化合物如果质地不纯，也可能含有较高量的砷而污染食品。

砷对于人体的肠胃道、肝、肾、心血管系统、神经系统、呼吸系统、皮肤、生殖系统均具有毒性，同时具有致畸性、致癌性和致突变性。单质砷无毒性，砷化合物均有毒性。三价砷毒性约为五价砷的60倍，且无机砷的毒性强于有机砷。世界卫生组织指出，每升低于10μg的砷含量对人体是安全的。人口服三氧化二砷中毒剂量为5~50mg，致死量为70~180mg（体重70kg的人，为0.76~1.95mg/kg）。人吸入三氧化二砷的致死浓度为0.16mg/m^3（吸入4h），长期少量吸入或口服可引发慢性中毒。

（二）实验目的

（1）了解人体中砷的来源及影响。

（2）理解食品中总砷的含量测定原理。

（3）掌握食品中砷的含量测定及营养评价方法。

（三）实验原理

样品经酸消解处理为样品溶液，样品溶液经雾化由载气送入ICP炬管中，经过蒸发、解离、原子化和离子化等过程，转化为带电荷的离子，经离子采集系统进入质谱仪，质谱仪根据质荷比进行分离。对于一定的质荷比，质谱的信号强度与进入质谱仪的离子数成正比，即样品浓度与质谱信号强度成正比。通过测量质谱的信号强度对试样溶液中的砷元素进行测定。

评价食物营养价值有很多种方法，此处采用营养质量指数法（Index of nutritional quality，INQ）。

实验内容

（一）实验设备与材料

1. 实验设备

玻璃器皿及聚四氟乙烯消解内罐均需以硝酸溶液（1+4）浸泡24h，用水反复冲洗，最后用去离子水冲洗干净。

（1）电感耦合等离子体质谱仪（ICP-MS）；

（2）微波消解系统；

（3）压力消解器；

（4）恒温干燥箱（50～300℃）；

（5）控温电热板（50～200℃）；

（6）超声水浴箱；

（7）分析天平　感量为0.1mg和1mg。

2. 化学药品及试剂

（1）试剂

①硝酸（HNO_3）：MOS级（电子工业专用高纯化学品）、BV（M）级。

②过氧化氢（H_2O_2）。

③质谱调谐液：Li、Y、Ce、Ti、Co，推荐使用质量浓度为10ng/mL。

④内标储备液：Ge，质量浓度为100μg/mL。

⑤氢氧化钠（NaOH）。

（2）试剂配制

①硝酸溶液（2+98）：量取20mL硝酸，缓缓倒入980mL水中，混匀。

②内标溶液Ge或Y（1.0μg/mL）：取1.0mL内标溶液，用硝酸溶液（2+98）稀释并定容至100mL。

③氢氧化钠溶液（100g/L）：称取10.0g氢氧化钠，用水溶解和定容至100mL。

（3）标准品　三氧化二砷（AS_2O_3）标准品，纯度≥99.5%。

（4）标准溶液配制

①砷标准储备液（100mg/L，按As计）：准确称取于100℃干燥2h的三氧化二砷0.0132g，加1mL氢氧化钠溶液（100g/L）和少量水溶解，转入100mL容量瓶中，加入适量盐酸调整其酸度近中性，用水稀释至刻度。4℃避光保存，保存期为一年。或购买经国家认证并授予标准物质证书的标准溶液物质。

②砷标准使用液（1.00mg/L，按As计）：准确吸取1.00mL砷标准储备液（100mg/L）于100mL容量瓶中，用硝酸溶液（2+98）稀释定容至刻度。现用现配。

（二）实验方法与数据处理

1. 试样预处理

（1）在采样和制备过程中，应注意不使试样污染。

（2）粮食、豆类等样品　去杂物后粉碎均匀，装入洁净聚乙烯瓶中，密封保存备用。

（3）蔬菜、水果、鱼类、肉类及蛋类等新鲜样品　洗净晾干，取可食部分匀浆，装入洁净聚乙烯瓶中，密封，置于4℃冰箱内冷藏备用。

2. 试样消解

（1）微波消解法　蔬菜、水果等含水分高的样品，称取2.0～4.0g（精确至0.001g）样品于消解罐中，加入5mL硝酸，放置30min；粮食、肉类、鱼类等样品，称取0.2～0.5g（精确至0.001g）样品于消解罐中，加入5mL硝酸，放置30min，盖好安全阀，将消解罐放入微波消解系统中，根据不同类型的样品，设置适宜的微波消解程序，如表5－14～表5－16所示，按相关步骤进行消解，消解完全后赶酸，将消化液转移至25mL容量瓶或比色管中，用少量水洗涤内罐3次，合并洗涤液并定容至刻度，混匀。同时做空白试验。

表 5-14　　粮食、蔬菜类试样微波消解参考条件

步骤	功率		升温时间/min	控制温度/℃	保持时间/min
1	1200W	100%	5	120	6
2	1200W	100%	5	160	6
3	1200W	100%	5	190	20

表 5-15　　乳制品、肉类、鱼肉类试样微波消解参考条件

步骤	功率		升温时间/min	控制温度/℃	保持时间/min
1	1200W	100%	5	120	6
2	1200W	100%	5	180	10
3	1200W	100%	5	190	15

表 5-16　　油脂、糖类试样微波消解参考条件

步骤	功率/%	温度/℃	升温时间/min	保温时间/min
1	50	50	30	5
2	70	75	30	5
3	80	100	30	5
4	100	140	30	7
5	100	180	30	5

（2）高压密闭消解法　称取固体试样 0.20～1.0g（精确至 0.001g），湿样 1.0～5.0g（精确至 0.001g）或取液体试样 2.00～5.00mL 于消解内罐中，加入 5mL 硝酸浸泡过夜。盖好内盖，旋紧不锈钢外套，将其放入恒温干燥箱中，在 140～160℃条件下保持 3～4h，自然冷却至室温，然后缓慢旋松不锈钢外套，将消解内罐取出，用少量水冲洗内盖，放在控温电热板上于 120℃条件下赶去棕色气体。取出消解内罐，将消化液转移至 25mL 容量瓶或比色管中，用少量水洗涤内罐 3 次，合并洗涤液并定容至刻度，混匀。同时做空白试验。

3. 仪器参考条件

RF 功率 1550W；载气流速 1.14L/min；采样深度 7mm；雾化室温度 2℃；N 采样锥，N 截取锥。质谱干扰主要来源于同量异位素、多原子、双电荷离子等，可采用最优化仪器条件、干扰校正方程校正或采用碰撞池、动态反应池技术方法消除干扰。砷的干扰校正方程为：$^{75}As = {}^{75}As - {}^{77}M\ (3.127) + {}^{82}M\ (2.733) - {}^{83}M\ (2.757)$；采用内标校正、稀释样品等方法校正非质谱干扰。砷的 m/z 为 75，选 ^{72}Ge 为内标元素。

推荐使用碰撞/反应池技术，在没有碰撞/反应池技术的情况下使用干扰方程消除干扰的影响。

4. 标准曲线的制作

吸取适量砷标准使用液（1.00mg/L），用硝酸溶液（2+98）配制砷浓度分别为 0.00ng/mL、1.0ng/mL、5.0ng/mL、10ng/mL、50ng/mL 和 100ng/mL 的标准系列溶液。

当仪器真空度达到要求时，用调谐液调整仪器灵敏度、氧化物、双电荷、分辨率等各项指标，当仪器各项指标达到测定要求时，编辑测定方法、选择相关消除干扰方法，引入内标，观测内标灵敏度、脉冲与模拟模式的线性拟合。符合要求后，将标准系列引入仪器。进行相关数据处理，绘制标准曲线、计算回归方程。

5. 试样溶液的测定

相同条件下，将空白溶液、样品溶液分别引入仪器进行测定。根据回归方程计算出样品砷元素的浓度。

6. 结果的计算

试样中砷含量按式（5－11）计算：

$$X = \frac{(c - c_0) \times V \times 1000}{m \times 1000 \times 1000} \tag{5-11}$$

式中　X——试样中砷的含量，mg/kg 或 mg/L；

c——试样消化液中砷的测定浓度，ng/mL；

c_0——试样空白消化液中砷的测定浓度，ng/mL；

V——试样消化液总体积，mL；

m——试样质量，g 或 mL；

1000——换算系数。

计算结果保留 2 位有效数字。

7. 营养评价

INQ 按式（5－12）计算：

$$\text{INQ} = \frac{\text{一定食物中某营养素含量／该营养素推荐摄入量}}{\text{一定食物中提供的能量／能量推荐摄入量}} \tag{5-12}$$

（三）结果解读

1. 以 INQ 法进行营养评价

评价时，INQ<1，说明该类营养素含量低于推荐供给量，长期食用，可能引发这一类营养素摄入不足的危害；INQ>1，表明该营养素含量高于或等于推荐供给量，并且说明其营养质量好；INQ>2，表明某种食物可作为该类营养素的良好来源。此外，本次计算过程中铁及能量的每日参考摄入量应参考 2018 中国食物成分表标准版《中国居民膳食营养素参考摄入量》中 18～50 周岁的推荐值（表 5－17）。

表 5－17　砷与能量参考摄入量

营养素	参考摄入量
砷	30μg/d
能量	9853kJ/d

2. 营养建议

虾等软壳类食物中含有大量浓度较高的五价砷化合物。这种物质被人食入体内，本身对人体并无毒害作用。但是服用维生素 C 同时又吃虾，会使原来无毒的五价砷（即砷酸酐，也称五氧化砷，其化学式为 As_2O_5）转变为有毒的三价砷（即亚砷酸酐，也称为三氧化二砷，其化学式为 As_2O_3），这种食物搭配可能会导致砷中毒。研究发现，虾的头部是重金属富集的主要部位，因此，要回避砷摄入，可以少吃虾头，但不可走向极端，砷也是人体必需的微量元素，若极度缺乏将会使人的健康状况恶化。

思考题

1. 简述食品中砷含量的检测原理及方法。
2. 简述砷中毒的危害及症状。
3. 简述如何防治砷中毒。

参考文献

[1] 邓宏玉，刘芳芳，张秦蕾，等.5 种禽肉中矿物质含量测定及营养评价 [J].食品研究与开发，2017，38 (6)：21 -24，103.

[2] 梁水连，吕岱竹，周若浩，等. 香蕉中 5 种矿物质元素含量测定及营养评价 [J]. 食品科学，2019，40 (24)：241 -245.

实验十　原子荧光光谱法测定食品中汞（Hg）的含量

理 论 知 识

（一）背景材料

微量的汞在人体内不致引起危害，可经尿、粪和汗液等途径排出体外，如数量过多，即可损害人体健康。汞对人体的危害主要损伤中枢神经系统、消化系统及肾脏，此外对呼吸系统、皮肤、血液及眼睛也有一定影响。

汞毒可分为金属汞、无机汞和有机汞 3 种。金属汞和无机汞可损伤肝脏和肾脏，但一般不会在身体内长时间停留而形成积累性中毒。有机汞如 $Hg(CH_3)_2$ 等不仅毒性高，能伤害大脑，而且比较稳定，在人体内停留的半寿命可长达 70d，所以即使剂量很少也可累计致毒。大多数汞化合物在污泥中微生物的作用下就可转化成 $Hg(CH_3)_2$。

汞中毒的机理目前尚未完全清楚，目前已知道的是，Hg - S 反应是汞产生毒性的基础。金属汞进入人体后，很快会被氧化成汞离子，汞离子可与体内酶或蛋白质中许多带负电的基团如巯基等结合，使细胞内许多代谢途径，如能量的生成、蛋白质和核酸的合成受到抑制。

此外，汞能与细胞膜上的巯基结合，可引起细胞膜通透性的改变，导致细胞膜功能的严重障碍。位于细胞膜上的腺苷环化酶 Mg、Ca - ATP 酶及 Na、K - ATP 酶的活性都会受到强烈抑制，进而影响一系列生物化学反应和细胞的功能，甚至导致细胞坏死。

因种类的不同，汞及汞化物进入人体后，会蓄积在不同部位，从而造成这些部位的损伤。如金属汞主要蓄积在肾和脑；无机汞主要蓄积在肾脏，而有机汞主要蓄积在血液及中枢神经系统。汞也可通过胎盘屏障进入胎儿体内，使胎儿的神经元从中心脑部到外周皮层部分的移动受到抑制，导致大脑麻痹。

（二）实验目的

（1）了解汞进入人体的途径及危害。

（2）理解食品中汞的测定原理。

（3）掌握食品中汞测定方法。

（三）实验原理

试样经酸加热消解后，在酸性介质中，试样中汞可被硼氢化钾或硼氢化钠还原成原子态汞，由载气（氩气）带入原子化器中，在汞空心阴极灯照射下，基态汞原子被激发至高能态，在由高能态回到基态时，发射出特征波长的荧光，其荧光强度与汞含量成正比，与标准系列溶液比较定量。

实验内容

（一）实验设备与材料

1. 实验设备

（1）原子荧光光谱仪；

（2）分析天平　感量为0.1mg和1mg；

（3）微波消解系统；

（4）压力消解器；

（5）恒温干燥箱（50～300℃）；

（6）控温电热板（50～200℃）；

（7）超声水浴箱。

2. 化学药品及试剂

（1）硝酸溶液（1+9）　量取50mL硝酸，缓缓加入450mL水中。

（2）硝酸溶液（5+95）　量取5mL硝酸，缓缓加入95mL水中。

（3）氢氧化钾溶液（5g/L）　称取5.0g氢氧化钾，纯水溶解并定容至1000mL，混匀。

（4）硼氢化钾溶液（5g/L）　称取5.0g硼氢化钾，用5g/L的氢氧化钾溶液溶解并定容至1000mL，混匀。现用现配。

（5）重铬酸钾的硝酸溶液（0.5g/L）　称取0.05g重铬酸钾溶于100mL。硝酸溶液（5+95）中。

（6）硝酸－高氯酸混合溶液（5+1）　量取500mL硝酸，100mL高氯酸，混匀。

3. 标准品

氯化汞（$HgCl_2$）：纯度≥99%。

标准溶液配制：

（1）汞标准储备液（1.00mg/mL）　准确称取0.1354g经干燥过的氯化汞，用重铬酸钾的硝酸溶液（0.5g/L）溶解并转移至100mL容量瓶中，稀释至刻度，混匀。此溶液浓度为1.00mg/mL。于4℃冰箱中避光保存，可保存2年。或购买经国家认证并授予标准物质证书的标准溶液物质。

（2）汞标准中间液（10μg/mL） 吸取1.00mL 汞标准储备液（1.00mg/mL）于100mL 容量瓶中，用重铬酸钾的硝酸溶液（0.5g/L）稀释至刻度，混匀，此溶液浓度为10μg/mL。于4℃冰箱中避光保存，可保存2年。

（3）汞标准使用液（50ng/mL） 吸取0.50mL 汞标准中间液（10μg/mL）于100mL 容量瓶中，用0.5g/L 重铬酸钾的硝酸溶液稀释至刻度，混匀，此溶液浓度为50ng/mL，现用现配。

（二）实验方法与数据处理

1. 试样预处理

（1）在采样和制备过程中，应注意不使试样污染。

（2）粮食、豆类等样品去杂物后粉碎均匀，装入洁净聚乙烯瓶中，密封保存备用。

（3）蔬菜、水果、鱼类、肉类及蛋类等新鲜样品，洗净晾干，取可食部分匀浆，装入洁净聚乙烯瓶中，密封，于4℃冰箱冷藏备用。

2. 试样消解

称取固体试样0.2～0.5g（精确到0.001g）、新鲜样品0.2～0.8g或液体试样1～3mL于消解罐中，加入5～8mL 硝酸，加盖放置过夜，旋紧罐盖，按照微波消解仪的标准操作步骤进行消解。冷却后取出，缓慢打开罐盖排气，用少量水冲洗内盖，将消解罐放在控温电热板上或超声水浴箱中，于80℃条件下加热或超声脱气2～5min，赶去棕色气体，取出消解内罐，将消化液转移至25mL 塑料容量瓶中，用少量水分3次洗涤内罐，并将洗涤液收集合并于容量瓶中并定容至刻度，混匀备用；同时做空白试验。

3. 测定

（1）标准曲线制作 分别吸取50ng/mL 汞标准使用液0.00mL、0.20mL、0.50mL、1.00mL、1.50mL、2.00mL、2.50mL 于50mL 容量瓶中，用硝酸溶液（1+9）稀释至刻度，混匀。各自相当于汞浓度为0.00ng/mL、0.20ng/mL、0.50ng/mL、1.00ng/mL、1.50ng/mL、2.00ng/mL、2.50ng/mL。

（2）试样溶液的测定 设定好仪器最佳条件，连续用硝酸溶液（1+9）进样，待读数稳定之后，转入标准系列测量，绘制标准曲线。转入试样测量，先用硝酸溶液（1+9）进样，使读数基本回零，再分别测定空白试样和消化液试样，每测不同的试样前都应清洗进样器。试样测定结果按式（5-13）计算。

（3）仪器参考条件 光电倍增管负高压：240V；汞空心阴极灯电流：30mA；原子化器温度：300℃；载气流速：500mL/min；屏蔽气流速：1000mL/min。

试样中汞含量按式（5-13）计算：

$$X = \frac{(C - C_0) \times V \times 1000}{m \times 1000 \times 1000} \qquad (5-13)$$

式中 X——试样中汞的含量，mg/kg 或 mg/L；

C——测定样液中汞含量，ng/mL；

C_0——空白液中汞含量，ng/mL；

V——试样消化液定容总体积，mL；

1000——换算系数；

m——试样质量，g 或 mL。

计算结果保留 2 位有效数字。

（三）结果解读

在重复性条件下获得的 2 次独立测定结果的绝对差值不得超过算术平均值的 20%。当样品称样量为 0.5g，定容体积为 25mL 时，方法检出限 0.003mg/kg，方法定量限 0.010mg/kg。

营养建议：

（1）改善劳动条件，以低毒或无毒代替有毒　如在制毡工业中使用非汞化合物，用电子温度计、双金属温度计代替水银温度计等。降低空气中汞蒸气的含量，在生产中尽量采用机械化、自动化。产生汞蒸气的场所应密闭，并安装排风装置，无法密闭的场所应实行全面通风。生产车间的地面、墙壁、天花板宜采用光滑材料防止汞的吸收。工人操作台应光滑，并有一定倾斜度，以便于清扫和冲洗，低处设有贮水的汞收集槽。对于已被汞污染的车间，可用 $1g/m^3$ 碘加酒精熏蒸，使其生成不易挥发的碘化汞。工人的劳动环境应定期检测，并使空气中汞蒸气的浓度低于最高容许浓度。

（2）加强个人防护及卫生监督　新工人就业前应进行体检，凡患有湿疹、口腔炎及肾或神经功能障碍者，不得从事汞作业。汞作业工人上班时应穿工作服，下班后应淋浴并将工作服锁在指定的通风橱内。不准在车间内进食和吸烟。在汞浓度超标环境中作业时，应正确佩戴个人防护用品。

汞作业职工必须定期体检，体检时，对神经和肾脏受损的早期症状要特别关注，发现汞中毒应及时治疗。

女职工不得从事汞作业，妊娠期、哺乳期的女工应调离汞作业岗位。企业在组织生产时必须保证使最少的职工接触汞。防止意外食入过量的汞化合物，避免食用被汞污染的食品。服用含汞药物应严格控制剂量。体温计破碎后，泼洒出来的金属汞应及时妥善处理。加强宣传教育并普及卫生知识，预防生活性汞中毒。

思考题

1. 简述食品中汞的测定方法的原理。
2. 简述食品中汞检测结果的意义。
3. 简述汞中毒患者饮食与用药建议。

参考文献

万双秀，王俊东．汞对人体神经的毒性及其危害［J］．微量元素与健康研究，2005，22（2）：67－69.

第六章

其他指标的测评

实验一　氧弹量热法测定食物的总能量（燃烧热）

理论知识

（一）背景材料

食物中的能量就是指食物中含有的热量，日常生活中的饮食可以为机体提供热量，而提供热量的食物主要包括糖类（碳水化合物）、脂肪、蛋白质、有机酸等。燃烧热是指物质与氧气进行完全燃烧反应时放出的热量，指1mol纯物质完全燃烧，生成稳定的氧化物时的反应热。它一般用单位物质的量、单位质量或单位体积的燃料燃烧时放出的能量计量。燃烧反应通常是烃类在氧气中燃烧生成二氧化碳、水并放热的反应。

（二）实验目的

（1）学习和掌握燃烧热测定方法。

（2）通过实验求出食物的总能量（TE）。

（3）与通过查询食物成分表计算得到的生理有效能量值（或称净能量系数）进行比较。

（三）实验原理

物质的燃烧热是指1mol物质在氧气中完全燃烧时释放出的热量。若燃烧在恒容下进行称恒容燃烧热（Q_v），在恒压下进行称恒压燃烧热（Q_p）。

用氧弹式量热计测得的燃烧热是恒容燃烧热。密闭的氧弹置于内筒水浴中，内筒通过外筒与环境隔离。氧弹内，一定量的被测物质借助氧弹内金属丝通电点火，在高压氧气中完全燃烧。如取氧弹与水浴为系统，整个过程即在恒容与绝热的条件下进行。由于绝热，系统温度由T_1升高至T_2，若已知系统的热容C（可用已知燃烧热的标准物标定），根据热力学第一定律，即可求得被测物质的恒容燃烧热。

本实验采用数显式氧弹量热计测量燃烧热。其控制程序为：通过控制双向可控制自动点火和熄火；通过测量控制接口对燃烧初期、主期、末期（其含义见数据处理部分）的温度、温差进行采集、记录。

实 验 内 容

（一）实验设备与材料

1. 实验设备

（1）氧弹式量热计；

（2）氧气钢瓶（附氧气表）及支架1套；

（3）电子天平；

（4）压片机；

（5）点火丝若干；

（6）坩埚、坩埚架；

（7）量筒。

2. 化学药品及试剂

（1）苯甲酸；

（2）萘；

（3）镍铬丝；

（4）去离子水；

（5）氧气；

（6）0.1mol/L 氢氧化钠溶液；

（7）酚酞指示剂。

（二）实验方法与数据处理

1. 标定热容 C

（1）用台秤或百分之一电子天平称取约0.65g苯甲酸，在压片机上压片成型，将片状样品在万分之一电子天平上准确称量，并记录其质量 m。

（2）将氧弹盖置于弹头架上。用直尺量取约12cm点火丝，将其卡于氧弹盖两电极的线槽内并以线卡卡住，要求两电极间点火丝长度不短于8cm，并且呈U形。

（3）将装有苯甲酸的小坩埚置于坩埚架上，U形点火丝的下端接触样品凹面（点火丝切勿接触坩埚）。

（4）旋紧氧弹盖，持稳氧弹，对准充氧装置的充氧口，下压其手柄至压力表指示为1.5～2.0MPa，待压力不再上升，即可松开手柄，充氧完成。

（5）将3000mL去离子水装入量热计的内桶中。将已充氧的氧弹置于内桶的氧弹座上，如有气泡逸出，表明氧弹漏气，需检查氧弹。

（6）按下燃烧热控制器的“电源”键，将一根电极旋在氧弹电极上，另一根电极插入电极孔，此时点火指示灯亮。盖上量热计盖，将测温探头插入内桶。手动稍加搅拌量热计外筒的水。

（7）开启燃烧热控制器的“搅拌”开关，待水温基本稳定后，记录温度读数（即反应温度 T）。按下温差“采零”键，数据显示0.000，即刻按下“锁定”键。按“▲”键设置时间间隔为30s，即每30s记录一个温差数据，记录10～20个数据（此为测量前期）；按下“点火”键，继续读数，直至两次读数差值小于0.005℃（此为测量主期）；再继续记录10～20个数据（此为测量后期）。

(8) 关闭“搅拌”和“电源”开关。将测温探头插入外筒，取出氧弹，用泄压阀顶住氧弹充气孔，泄压后旋下氧弹盖，测量并记录燃烧后剩余点火丝长度。倒掉内桶的水，将内桶、氧弹、坩埚擦拭干净。

2. 测定萘的等容摩尔燃烧热

用电子天平称取约0.45g萘，按上述步骤重复实验。

（三）结果解读

(1) 在表6－1中记录温差数据与时间。

表6－1　　实验数据记录表

前期温度（每30s读数）	燃烧期温度（每30s读数）	后期温度（每30s读数）
1		
2		
3		
…		

(2) 采用雷诺图法校正温度数据

绘制温度－时间图，得温度变化曲线 *abcd*（图6－1）。T_1为点火时的温度（*b* 点），T_2为样品燃烧完毕时的温度（*c* 点）。在曲线 *bc* 上取点 *O*，使其对应的温度 $T = (T_1 + T_2)/2$。过 *O* 点作纵坐标的平行线 *AB*，延长 *ab* 和 *dc* 与 *AB* 分别交于点 *E* 和 *F*。*E* 和 *F* 两点对应的温度之差即为校正后的 ΔT。

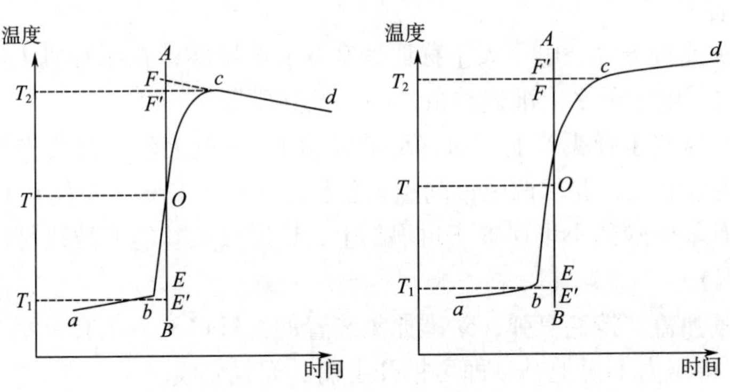

图6－1　雷诺校正图

(3) 计算介质的热容 *C*，萘的 Q_v 和 Q_p。

苯甲酸和萘的燃烧反应方程式如下：

$$C_7H_6O_2(s) + 15/2O_2(g) = 7CO_2(g) + 3H_2O(l) \quad (6-1)$$

$$C_{10}H_8(s) + 12O_2(g) = 10CO_2(g) + 4H_2O(l) \quad (6-2)$$

（四）注意事项与说明

(1) 注意压片的紧实程度，太紧不易燃烧，太松容易破碎。

(2) 点火丝应接触样品，氧弹的两个电极不可短路。

(3) 燃烧热控制器“采零”后必须“锁定”。

（4）当9.5℃＜水温＜10.5℃时，应手握测温探头，待温度高于10.5℃后，才能按“采零”键并“锁定”。

（5）点火后，若温度不变或变化微小，表明样品没有点燃，应停机检查，重新实验。

思考题

1. 简述燃烧热的概念。
2. 简述测定食品燃烧热的原理。
3. 简述测定燃烧热时的注意事项。

参考文献

洪建和，王君霞．物理化学实验［M］．北京：中国地质大学出版社，2016.

实验二　$Al(NO_3)_3$比色法测定食物中总黄酮含量

理论知识

（一）背景材料

黄酮类化合物指具有色酮环与苯环为基本结构的一类化合物的总称，可以分类为黄酮类、黄酮醇类、异黄酮类、黄烷酮类等。广义的范围还包括查耳酮、嗅酮、异黄烷酮及茶多酚。黄酮类化合物广泛存在于植物中，是一类生物活性很强的化合物，它的功效是多方面的，是一种很强的抗氧剂，可有效清除体内的氧自由基，如花青素可以抑制油脂性过氧化物的全阶段溢出，这种抗氧化作用可以阻止细胞的退化、衰老，也可阻止癌症的发生。黄酮可以改善血液的循环，也可以降低胆固醇，向天果中的黄酮还含有一种PAF抗凝因子，可以大大降低心脑血管疾病的发病率，也可改善心脑血管疾病的症状。黄酮可以抑制炎性生物酶的渗出，增进伤口愈合和止痛，栎素由于具有强抗组织胺性，可以用于各类过敏症。所以，黄酮类化合物在医药、食品等领域具有广阔的应用前景。

（二）实验目的

（1）了解食物中黄酮类化合物的组分及作用。

（2）理解食物中总黄酮含量的测定原理。

（3）掌握食物中总黄酮含量的测定方法。

（三）实验原理

利用黄酮类化合物中的3－羟基、4－羟基、5－羟基、4－羰基或邻二位酚羟基，可与Al^{3+}在碱性溶液中生成黄色络合物，在420nm下测定吸光值，在一定浓度范围内，其浓度与吸光值符合朗伯－比尔定律，可进行比色定量。

实验内容

（一）实验设备与材料

1. 实验设备

（1）紫外－可见分光光度计　配1cm比色皿；

（2）分析天平　感量0.01g和0.0001g；

（3）组织捣碎机；

（4）超声清洗仪；

（5）离心机。

2. 化学药品及试剂

（1）硝酸铝；

（2）硝酸铝溶液（100g/L）　称取硝酸铝17.6g，加水溶解，定容于100mL容量瓶中；

（3）乙酸钾；

（4）乙酸钾溶液（98g/L）　称取乙酸钾9.814g，加水溶解，定容于100mL容量瓶中；

（5）芦丁标准品（CAS号：153－18－4）；

（6）芦丁标准溶液　精密称取经干燥（120℃减压干燥）至恒重的芦丁标准品50mg，使用无水乙醇溶解并定容于50mL容量瓶；

（7）无水乙醇；

（8）30%乙醇（无水乙醇与蒸馏水按3:7比例配制）。

除另有规定外，所有试剂均为分析纯。

（二）实验方法与数据处理

1. 试样制备

将含糖量较高的固体样品置于冷冻状态进行冷冻，成块后放入高速组织捣碎机中进行粉碎，粉碎后样品过40目筛，混合均匀。混合均质好的样品存放于－20℃避光保存。对于含糖量较低不易结块的样品，直接使用高速组织捣碎机进行粉碎，过40目筛，混匀后存放于－20℃避光保存。制样操作过程应防止样品受到污染。

2. 提取

含糖量较高的固体样品，精密称取样品1g（精确到1mg）置于100mL烘干恒重三角瓶中。含糖量较高的液体样品等吸取5～10mL样品置于100mL烘干恒重三角瓶中，称重（精确到1mg）供后续测定使用。

加入约30mL无水乙醇充分摇匀样品，将摇匀样品置于超声清洗器中超声浸提1h，其间每20min摇匀溶液一次。对于脂肪、色素等杂质较多的样品可加入适量石油醚提取，移除石油醚。提取液过滤至50mL容量瓶中，使用无水乙醇冲洗滤纸、三角瓶，合并溶液，待溶液冷却至室温，用无水乙醇定容至50mL待测。

3. 标准曲线的绘制

乙醇至总体积为15mL，依次加入硝酸铝溶液1mL，乙酸钾溶液1mL，摇匀，加水至刻度，摇匀。静置1h，用1cm比色皿于420nm处，以30%乙醇溶液为空白，测定吸光值。以50mL中芦丁质量（mg）为横坐标，吸光值为纵坐标，绘制标准曲线或按直线回归方程计算。

4. 空白试验

除不加试样外，均按上述测定步骤进行。

5. 测定

精密吸取待测样品溶液 1.0mL，置于 50mL 容量瓶中，按 3. 的步骤进行操作。

以 30% 乙醇溶液作为空白对照，用 1cm 比色杯，在波长 420nm 处测定 30% 乙醇溶液的吸光值。

查标准曲线或通过回归方程计算，求出试料溶液中的黄酮类化合物含量（mg）。在标准曲线上求得样液中的浓度，其吸光值应在标准曲线的线性范围内。

6. 结果计算

食品中黄酮类化合物的总含量测定为：

$$X = \frac{m}{W \times d \times 1000} \tag{6-3}$$

式中　X——样品中黄酮化合物的总含量，mg/g；

m——由标准曲线上查出或由直线回归方程求出的样品比色液中芦丁质量，mg；

W——样品质量，g；

d——稀释比例。

（三）结果解读

不同食物总黄酮含量不同，需要根据食物的种类来判定总黄酮含量是否在规定范围内。

（四）注意事项与说明

黄酮类化合物包括水溶性黄酮（如黄酮苷）和脂溶性黄酮（如黄酮生物碱）两大类。黄酮类化合物的提取法有水提取法和乙醇提取法两种。乙醇可以溶解各种黄酮。因此，总黄酮的分析测定宜用乙醇提取法。同时，在分析测定提取过程中应注意提取温度，一般应保持在 70℃。温度过高会使黄酮类物质氧化，温度过低则浸提不彻底。

思考题

1. 简述黄酮类化合物的组分及作用。
2. 简述食物中总黄酮含量的测定原理。
3. 简述食物中总黄酮含量检测结果的意义。

实验三　分光光度法测定植物提取物及其制品中总多酚含量

理 论 知 识

（一）背景材料

多酚是在植物性食物中发现的、具有潜在促进健康作用的化合物植物多酚是一种多羟基酚类化合物的总称，广泛分布于豆类、谷物、蔬菜、水果等植物中根据酚类物质的结构不同，一般可将其分为两类：缩合单宁和水解单宁，它们均以苯酚为基本骨架，苯环上存在大量的羟基，可以与自由基和多种衍生物发生化学反应。植物多酚作为天然抗氧化剂具有很强的抑菌、抑制肿瘤细胞增殖和抗氧化等活性，适量的摄入植物多酚可以预防疾病的发生。

（二）实验目的

（1）了解食物中多酚的组分及作用。

（2）理解食物中总多酚含量的测定原理。

（3）掌握食物中总多酚含量的测定方法。

（三）实验原理

采用福林酚分光光度法测定植物提取物及其制品中的总多酚含量。酚类化合物在碱性条件下将磷钨钼酸还原，生成蓝色的化合物，在一定浓度范围内，吸光值与酚类化合物的含量成正比，符合朗伯－比尔定律。

实 验 内 容

（一）实验设备与材料

1. 实验设备

紫外－可见分光光度计：配 1cm 比色皿；分析天平：感量 0.1mg；电热恒温水浴锅：0～100℃。

2. 实验材料

无水乙醇：分析纯；福林酚试剂：分析纯；碳酸钠：分析纯；水为符合 GB/T 6682—2008《分析实验室用水规格和试验方法》规定的一级水；没食子酸（$C_7H_6O_5$，CAS 号：149－91－7）：纯度≥99.0%。

（二）实验方法与数据处理

1. 试剂配制

碳酸钠溶液（15%）：精确称取 15g 无水碳酸钠，用水溶解定容至 100mL。

乙醇溶液（60%）：量取 600mL 无水乙醇，用水溶解定容至 1000mL。

2. 没食子酸标准储备液配制

准确称取 20mg（精确至 0.1mg）没食子酸标准品，用蒸馏水溶解定容至 100mL，此溶液中没食子酸含量为 200mg/L。于 4℃冰箱中避光保存。

3. 试样制备

植物提取物试样：吸取 5mL 提取液于 100mL 烧杯中，加入 30mL 60% 乙醇溶液，超声 10min，以 60% 乙醇溶液定容至 50mL 容量瓶，摇匀，过滤，待测。

植物提取物制品试样：准确量取 40mL 液体于 50mL 具塞离心管中，离心，取上清液备用。当上清液基质较复杂时，需过滤至澄清液备用。

4. 标准曲线的制作

准确吸取没食子酸标准储备液 0.0mL、0.2mL、0.4mL、0.6mL、1.0mL、1.5mL 分别置于 10mL 容量瓶中，用 60% 乙醇溶液定容，得到没食子酸工作液。然后分别移取没食子酸工作液 1.0mL 于 10mL 比色管中，加入 2.5mL 福林酚试剂，摇匀，加入 2.5mL

15% Na_2CO_3溶液，加水定容至刻度，摇匀。在40℃水浴60min，静置冷却20min。配制成质量浓度为0mg/L、4mg/L、8mg/L、12mg/L、20mg/L、30mg/L的标准系列，测定其吸光值。以浓度为横坐标，吸光值为纵坐标，绘制标准曲线。

5. 试样溶液的测定

吸取1.0mL滤液于10mL比色管中，加入2.5mL福林酚试剂，摇匀，加入2.5mL 15% Na_2CO_3溶液，加水定容至刻度，摇匀。在40℃水浴60min，静置冷却20min，测定其吸光值。根据标准曲线计算待测液中总多酚的浓度。

6. 计算

总多酚的含量计算如式（6-4）所示：

$$X = c \times 10 \times n \tag{6-4}$$

式中 X——样品中总多酚的含量，mg/L；

c——由标准曲线计算得出的待测液中总多酚的含量，mg/L；

10——滤液稀释倍数；

n——样品稀释倍数。

所得结果应保留至小数点后1位。

（三）结果解读

该实验适用于植物提取物及其制品中总多酚含量的测定。

（四）注意事项与说明

没食子酸标准储备液要现用现配。紫外-可见分光光度计提前打开自动校正。

思考题

1. 简述多酚的组分及作用。
2. 简述食物中总多酚含量的测定原理。
3. 简述食物中总多酚含量检测结果的意义。

实验四 分光光度法测定植物油中多酚含量

理 论 知 识

（一）背景材料

多酚是在植物性食物中发现的、具有潜在促进健康作用的化合物植物多酚是一种多羟基酚类化合物的总称，广泛分布于豆类、谷物、蔬菜、水果等植物中。根据酚类物质的结构不同，一般可将其分为两类：缩合单宁和水解单宁，它们均以苯酚为基本骨架，苯环上存在大量的羟基，可以与自由基和多种衍生物发生化学反应等。植物多酚作为天然抗氧化剂具有很强的抑菌、抑制肿瘤细胞增殖和抗氧化等活性，适量的摄入植物多酚可以预防疾病的发生。

（二）实验目的

（1）了解植物油中多酚的组分及作用。

（2）理解植物油中总多酚含量的测定原理。

（3）掌握植物油中总多酚含量的测定方法。

（三）实验原理

植物油中多酚经二醇基小柱净化后，福林酚试剂氧化多酚中—OH 基团并显蓝色，在最大吸收波长 750nm 处测定溶液的吸光值，以没食子酸作校正标准定量测定植物油中多酚含量。

实 验 内 容

（一）实验设备与材料

1. 实验设备

（1）电热干燥箱　可调节温度；

（2）热过滤漏斗；

（3）分析天平　感量 1mg；

（4）水浴锅　(70 ± 1)℃；

（5）旋转蒸发仪　带控温装置；

（6）紫外 - 可见分光光度计　波长 750nm；

（7）石英比色皿，10mm；

（8）二醇基（Diol）固相萃取柱　规格为 500mg，3mL；

（9）冷冻离心机　可控温，转速 10000r/min；

（10）涡旋振荡仪；

（11）氮吹仪。

2. 化学药品及试剂

（1）甲醇　色谱纯；

（2）碳酸钠；

（3）正己烷　色谱纯；

（4）福林酚（Folin - Ciocalteu）试剂；

（5）没食子酸标准品　纯度≥ 98%，相对分子质量 170. 12。

（二）实验方法与数据处理

1. 试剂配制

7. 5% 碳酸钠（Na_2CO_3）溶液（质量浓度）称取（7. 5 ±0. 01）g 碳酸钠（Na_2CO_3），加适量水溶解，转移至 100mL 容量瓶中，用水定容至刻度，摇匀甲醇 - 水溶液，准确移取 50mL 甲醇至 100mL 容量瓶，用水定容至刻度。

2. 没食子酸标准储备液配制

（1）没食子酸标准储备液（1mg/mL）称取（0. 100 ±0. 001）g 没食子酸标准品，加入少量甲醇溶解后，转移至 100mL 容量瓶中，用水定容至刻度，摇匀。

（2）没食子酸工作液 用移液管分别移取 1. 0mL、2. 0mL、3. 0mL、4. 0mL、5. 0mL 没食子酸标准储备液于 100mL 容量瓶中，分别用水定容至刻度，摇匀，质量浓度分别为 10μg/mL、20μg/mL、30μg/mL、40μg/mL、50μg/mL。

3. 试样制备

(1) 澄清、无沉淀物的液态样品 振摇装有实验室样品的密闭容器，使样品尽可能均匀。

(2) 混浊或有沉淀物的液态样品 将装有实验样品的容器置于50℃的干燥箱内，当样品温度达到50℃后振摇均匀。如果加热混合后试样没有完全澄清，可在50℃恒温干燥箱内将油脂过滤或用热过滤漏斗过滤。为避免脂肪物质因氧化或聚合而出现变化，样品在干燥箱内放置的时间不宜太长。过滤后的样品应完全澄清。

(3) 固态样品 将干燥箱温度调节到高于油脂熔点10℃以上，在干燥箱中熔化实验样品。如果加热后样品完全澄清，则振摇均匀。如果样品混浊或有沉积物，须在相同温度的干燥箱内进行过滤或用热过滤漏斗过滤。过滤后的样品应完全澄清。

4. 柱活化

二醇基固相萃取柱依次用10mL甲醇和10mL正己烷活化，流速为2.0mL/min。

5. 净化

准确称取2g（精确至0.001g）试样溶于6mL正己烷中，将该溶液以1.0mL/min流速过二醇基固相萃取柱，然后再用10mL正己烷淋洗萃取柱，弃去全部的流出液，最后用10mL甲醇洗脱，收集全部的洗脱液，于45℃水浴中弱氮气吹干，残渣溶于2mL甲醇-水溶液中，涡旋振荡1min，-18℃冷冻16h，4℃下10000r/min离心5min，取上清液，待测。

6. 测定

用移液管分别移取没食子酸工作液、水（空白）及样品待测液各1mL于刻度试管中，加入0.5mL福林酚试剂、2mL 7.5%碳酸钠溶液和6.5mL水，涡旋振荡1min，70℃水浴中反应30min，用10mm比色皿，在750nm波长条件下测定吸光值。若吸光值不在0.1~0.8，应适当调整待测样品的称样量或稀释待测溶液，再重新进行测定。

根据没食子酸工作液的吸光值与各工作溶液的没食子酸浓度，绘制标准曲线。

7. 结果计算

$$X=\frac{C\times D\times 2\times 1000}{m\times 1000} \tag{6-5}$$

式中 X——植物油中多酚的含量，mg/kg；

C——由标准曲线查得多酚质量浓度，μg/mL；

D——样品定容后的稀释倍数，如未进行稀释，则 $D=1$；

2——洗脱液蒸干后定容体积，mL；

m——试样质量，g。

结果保留小数点后2位。

（三）结果解读

该实验适用于植物油中总多酚含量的测定。

（四）注意事项与说明

没食子酸标准储备液要现用现配。紫外-可见分光光度计提前打开自动校正；该方法检出限为6mg/kg。

思考题

1. 简述多酚的组分及作用。
2. 简述植物油中总多酚含量的测定原理。
3. 简述植物油中总多酚含量检测的注意事项。

实验五　乙酸乙酯法测定食物中β-胡萝卜素含量

理论知识

(一)背景材料

类胡萝卜素是一类重要的天然色素的总称，普遍存在于动物、高等植物、真菌、藻类中的黄色、橙黄色或红色的色素之中，性质极其不稳定，受热、遇氧、见光容易受到破坏。迄今，被发现的天然类胡萝卜素已达600多种，其中几种常见的类胡萝卜素有α-胡萝卜素、β-胡萝卜素、叶黄素、玉米黄质、番茄红素及虾青素等。

胡萝卜含有丰富的β-胡萝卜素，是一种营养价值较高的蔬菜。β-胡萝卜素被人体摄取后可转变为维生素A，是人体有价值的营养素。因此，胡萝卜中β-胡萝卜素含量的多少是评价胡萝卜优劣的重要指标和开发利用胡萝卜的最主要依据。

(二)实验目的

(1) 了解β-胡萝卜素的来源及作用。

(2) 理解β-胡萝卜素的测定原理。

(3) 掌握β-胡萝卜素的提取及含量测定的方法。

(三)实验原理

试样经皂化使胡萝卜素释放为游离态，用石油醚萃取二氯甲烷定容后，采用反相色谱法分离，外标法定量。

实验内容

(一)实验设备与材料

1. 实验设备

(1) 匀浆机;

(2) 高速粉碎机;

(3) 恒温振荡水浴箱　控温精度±1℃;

(4) 旋转蒸发器;

(5) 氮吹仪;

(6) 紫外-可见分光光度计;

(7) 高效液相色谱仪(HPLC仪)　带紫外检测器。

2. 化学药品及试剂

（1）氢氧化钾（KOH）；

（2）无水硫酸钠（Na_2SO_4）；

（3）抗坏血酸（$C_6H_8O_6$）；

（4）石油醚　沸程 30～60℃；

（5）甲醇（CH_4O）　色谱纯；

（6）乙腈（C_2H_3N）　色谱纯；

（7）三氯甲烷（$CHCl_3$）　色谱纯；

（8）二氯甲烷（CH_2Cl_2）　色谱纯；

（9）无水乙醇（C_2H_6O）　优级纯；

（10）2,6－二叔丁基－4－甲基苯酚（$C_{15}H_{24}O$，BHT）；

（11）β－胡萝卜素（$C_{40}H_{56}$，CAS 号：7235－40－7）　纯度≥95%，或经国家认证并授予标准物质证书的标准物质。

（二）实验方法与数据处理

1. 样品处理

将新鲜胡萝卜洗净，擦干，切去尾部，处理成小块后放入食品机中打碎。

2. 样品制备

准确称取混合均匀的试样 1～5g（精确至 0.001g），油类准确称取 0.2～2g（精确至 0.001g），转至 250mL 锥形瓶中，加入 1g 抗坏血酸、75mL 无水乙醇，于（60±1）℃水浴振荡 30min。

3. 标准溶液的配制

（1）β－胡萝卜素标准储备液（500μg/mL）　准确称取 β－胡萝卜素标准品 50mg（精确到 0.1mg），加入 0.25g 2,6－二叔丁基－4－甲基苯酚（$C_{15}H_{24}O$，BHT），用二氯甲烷溶解，转移至 100mL 棕色容量瓶中定容至刻度。于－20℃以下避光储存。

（2）β－胡萝卜素标准中间液（100μg/mL）　从 β－胡萝卜素标准储备液中准确移取 10.0mL 溶液于 50mL 棕色容量瓶中，用二氯甲烷定容至刻度。

（3）β－胡萝卜素标准工作液　从 β－胡萝卜素标准中间液中分别准确移取 0.50mL、1.00mL、2.00mL、3.00mL、4.00mL、10.00mL 溶液至 6 个 100mL 棕色容量瓶。用二氯甲烷定容至刻度，得到浓度为 0.5μg/mL、1.0μg/mL、2.0μg/mL、3.0μg/mL、4.0μg/mL、10μg/mL 的系列标准工作液。

4. 皂化

加入 25mL 氢氧化钾溶液，盖上瓶塞。置于已预热至（53±2）℃恒温振荡水浴箱中，皂化 30min。取出，静置，冷却到室温。

5. 试样萃取

将皂化液转入 500mL 分液漏斗中，加入 100mL 石油醚，轻轻摇动，排气，盖好瓶塞，室温下振荡 10min 后静置分层，将水相转入另一分液漏斗中按上述方法进行第二次提取。合并有机相，用水洗至近中性。弃水相，有机相通过无水硫酸钠过滤脱水。滤液收入 500mL 蒸发瓶中，于旋转蒸发器上（40±2）℃减压浓缩，近干。用氮气吹干，用移液管准确加入 5.0mL 二氯甲烷，盖上瓶塞，充分溶解提取物。经 0.45μm 膜过滤后，弃去初始约 1mL 滤液后收集至进样瓶中，备用。

6. 色谱条件

色谱柱：C_{18}柱，柱长 250mm，内径 4.6mm，粒径 5μm；流动相：三氯甲烷:乙腈:甲醇 =3:12:85，含抗坏血酸 0.4g/L，经 0.45μm 膜过滤后备用；流速：2.0mL/min；检测波长：450nm；柱温：(35 ±1)℃；进样体积：20μL。

7. 标准曲线的制作

将β－胡萝卜素标准工作液注入高效液相色谱仪中，以保留时间定性，测定峰面积。以标准系列工作液浓度为横坐标，峰面积为纵坐标绘制标准曲线，计算回归方程。

8. 结果计算

$$X_\beta = \frac{\rho_\beta \times V \times 100}{m} \tag{6-6}$$

式中 X_β——试样中β－胡萝卜素的含量，μg/100g；

ρ_β——从标准曲线得到的待测液中β－胡萝卜素质量浓度，μg/mL；

V——试样液定容体积，mL；

100——将结果表示为微克每百克（μg/100g）的系数；

m——试样质量，g。

（三）结果解读

（1）β－胡萝卜素补充剂通常是以胶囊和胶状物的形式出现。因为β－胡萝卜素是脂溶性的，故应该与至少含 3g 脂肪的餐膳一起食用以确保能被吸收。

（2）对于 14 岁以下患有红细胞生成性原卟啉病的儿童，需要每天服用一次或多次（30 ~150mg），建议坚持服用 2 ~6 周，可以和橙汁或番茄汁一起服用以促进吸收。

（3）对太阳光敏感的人群，可根据其血液里的β－胡萝卜素含量而调整剂量。

（四）注意事项与说明

（1）样品的预处理。

（2）流动相的过滤脱气处理。

（3）色谱条件的选择。

思考题

1. 进行高效液相色谱仪检测β－胡萝卜素时要对待测样品进行哪些处理？

2. 色谱图中β－胡萝卜素吸收峰峰高、峰面积与样品中β－胡萝卜素浓度和纯度有何关系？

实验六　血管紧张素转化酶抑制活性的测定

理 论 知 识

（一）背景材料

血管紧张素转化酶（简称 ACE）主要参与肾素－血管紧张素－醛固酮系统的调节。

ACE 催化血管紧张素Ⅰ（AngiotensinⅠ）能转变为具有强效升高血压作用的物质血管紧张素Ⅱ（AngiotensinⅡ）；同时，ACE 能将具降压作用的物质舒缓激肽（Bradykinin）降解，使其失去降压作用。ACE 的这些性质在参与血压调节方面发挥着重要作用。目前用于降血压的药物，其降压原理主要是抑制 ACE 的活性。面对高血压患者数量的不断增长，越来越多的工作者致力于血管紧张素转化酶抑制剂（简称 ACE Ⅰ）的开发研究，而在此过程中实现抑制剂降压效果体外检测的重要途径就是测试其对 ACE 活性的抑制作用。因此，建立一种快速、简便、准确度高的检测手段是提高降血压制剂研究效率的保证。

（二）实验目的

（1）了解血管紧张素转化酶及血管紧张素转化酶抑制剂的作用。

（2）理解血管紧张素转化酶抑制活性的测定原理。

（3）掌握血管紧张素转化酶抑制活性的测定方法。

（三）实验原理

三肽 HHL 在 ACE 的催化下能快速地分解产生马尿酸和二肽 His - Leu（简称 HL）。当加入 ACEⅠ样品时，ACE 的活性受到抑制，马尿酸和二肽的生成量减少，因此可通过 HPLC 测定马尿酸的生成量来评价 ACEⅠ对 ACE 活性的抑制率。

实验内容

（一）实验设备与材料

1. 实验设备

Agilent - 1100 高效液相色谱系统，配有自动进样器、Agilent - 1100 液相色谱工作站、二极管阵列检测器（检测波长 190 ~ 700nm）。

2. 化学药品及试剂

马尿酸（Hippuricacid，简称 Hip）；马尿酰 - 组氨酰 - 亮氨酸（*N* - hippuryl - His - Leutetrahydrate，简称 HHL）；血管紧张素转化酶（取自兔肺，EC3. 4. 15. 1）；卡托普利（Captopril）；乙腈：HPLC 级；三乙胺、硼酸、硼砂、氯化钠均为分析纯。

（二）实验方法与数据处理

1. 样品制备

（1）试剂的配制

Captopril 溶液：按所需配制的浓度，称取适量 Captopril 样品，用 0. 1mol/L 硼酸缓冲液（pH 8. 3，含 0. 3mol/L NaCl）溶解，再用同种缓冲液配成所需浓度的 Captopril 溶液。

ACE 溶液：将 1UACE 溶于 10mL 0. 1mol/L 硼酸缓冲液（pH 8. 3，含 0. 3mol/L NaCl）中即得。

HHL 溶液：取 HHL 适量，以 0. 1mol/L 硼酸缓冲液（pH 8. 3，含 0. 3mol/L NaCl）溶解配成 6. 5mmol/L HHL 溶液。

马尿酸标准液：取马尿酸标准品适量，用双蒸水配制不同浓度的马尿酸标准液。

（2）反应液的制备　取不同浓度的 Captopril 溶液 10μL，加入 5μL ACE 溶液，在 37℃下保温 5min 后加入 50μL HHL 溶液开始反应，在 37℃条件下反应 30min 后加入 85μL 1. 0mol/L HCl 中止反应，得到反应液。

（3）混合液及空白样品的制备　在反应液中加入不同浓度的马尿酸标准液即得混合液。将该混合液用0.45μm 滤膜过滤后用于 HPLC 分析。同时用 10μL pH 8.3 的硼酸缓冲液替代 Captopril 溶液制备反应液，作为空白对照组。

2. 利用高效液相色谱系统进行检测

（1）检测波长的确定　用 0.1mol/L 的磷酸缓冲液（pH 8.3）配制 0.5mmol/L 的 HHL 溶液，用双蒸水配制 1mmol/L 的 Hip，然后在 190～300nm 波长处扫描，得到 Hip 和 HHL 的紫外吸收波谱，确定最大吸收波长，作为 HPLC 检测时的检测波长。

（2）色谱条件　ZORBAXSB－C_{18}分析用色谱柱（4.6mm i. d. ×150mm，填料粒径为 5μm），柱温 25℃，流动相为乙腈－超纯水［体积比为 25∶75，各含 0.05%（体积分数）三氟乙酸及 0.1%（体积分数）三乙胺］，流速 0.5mL/min，检测波长为测定的 Hip 和 HHL 的最大吸收波长，自动进样，进样量 5μL。

3. 结果的计算

计算公式如式（6－7）所示。

$$R = \frac{A - B}{A} \times 100\% \qquad (6-7)$$

式中　R——ACEI 样品对 ACE 的抑制率，%；

A——空白对照组中马尿酸的峰面积，mAU · s；

B——添加 Captopril 组中马尿酸的峰面积，mAU · s。

（三）结果解读

计算得到的 R 值越大，说明血管紧张素转化酶抑制剂的活性越好。

（四）注意事项与说明

在反应液的制备过程中，应严格控制配置温度，避免影响后续实验。

思考题

1. 简述血管紧张素转化酶及血管紧张素转化酶抑制剂的作用。
2. 简述血管紧张素转化酶抑制活性的测定原理。
3. 简述血管紧张素转化酶抑制活性测定结果的意义。

参考文献

吴琼英，马海乐，骆琳，等．高效液相色谱法测定血管紧张素转化酶抑制剂的活性［J］．色谱，2005（1）：83－85.

第七章 营养素在加工中的评价

CHAPTER 7

实验一　黏度仪法测定谷物及淀粉糊化程度

理论知识

（一）背景材料

随着人民生活的不断提高，一些方便食品、速溶食品像雨后春笋般出现在市场上。方便食品以淀粉制品为最多，如“膨化食品”“方便面条”“速溶代乳粉”“速食米饭”等。方便食品在加工制作中，普遍对淀粉质原料进行熟化处理。熟化后淀粉颗粒充分膨胀，尽可能使其 α 化程度（即熟化度）达到较高水平。因此，α 化程度的高低是检验方便、速溶食品生熟程度的一个重要的指标。α 化程度的检测方法也就成为方便食品工艺监测的重要手段。

（二）实验目的

（1）掌握淀粉糊化的测定方法。

（2）了解提高淀粉利用率的原理与方法。

（3）熟悉碳水化合物常规的实验方法。

（三）实验原理

将一定浓度的谷物粉或淀粉的水悬浮液，按一定升温速率加热，使淀粉糊化。开始糊化后，由于淀粉吸水膨胀使悬浮液逐渐变成糊状物，黏度不断增加，随着温度升高，淀粉充分糊化，产生最高黏度值。随后淀粉颗粒破裂，黏度下降。当糊化物按一定降温速率冷却时，糊化物胶凝，黏度值又进一步升高，冷却至50℃时的黏度值即为最终黏度值。

通过黏度仪的传感器、传感轴、测力盘簧，将上述整个糊化过程中黏度变化而产生的阻力变化反映到自动记录器上，描绘出黏度曲线，读出评价谷物及淀粉糊化特性的各项指标，包括开始糊化温度、最高黏度值、最高黏度时温度、最低黏度值及胶凝后的最终黏度值等。

实验内容

（一）实验设备与材料

1. 实验设备

（1）黏度仪　Brabender 型黏度仪主要由测力盘簧、传感竖轴、传感器（搅拌器）、测量钵、辐射电炉、冷却水装置、驱动电机组、转速器、定时器、接点温度计、温度调整与自控系统、冷却自控系统、自动记录器等组成。传感器及测量钵的金属杆应垂直，能顺利插入“定位板”中。主要技术参数如下。

测量体转速：(75 ±1) r/min；

升降温速率：(1.50 ±0.03)℃/min；

升降温范围：室温至97℃；

接点温度计：刻度1.0℃；

记录器纸速：(0.50 ±0.01) cm/min；

记录纸量程：0~1000A.U.（A.U.为黏度单位）；

测力盘簧扭力矩：(34.32 ±0.69) mN·m/A.U. [(350 ±7) gf·cm/A.U.]，(68.65 ±1.47) mN·m/A.U. [(700 +15) gf·cm/A.U.]；

测力盘簧有效偏转角：62°。

（2）天平　感量0.1g。

（3）烧杯　600mL。

（4）量筒　500mL。

（5）玻璃棒（带橡胶头）或塑料搅拌勺。

2. 化学药品及试剂

膨化食品、方便米饭、方便面等常见淀粉含量比较高的食品。

（二）实验方法与数据处理

1. 仪器准备

（1）检查仪器各部件是否连接妥当及可否正常运转。测量钵应放于仪器中部电热套内的定位销中。钵中搅拌器通过销子与传感竖轴相连，打开电源开关至“1”处，电机启动，检查并调整测量体转速为75r/min，检查记录纸是否正常运行。检查记录笔指针是否指在记录纸基线上，否则，应松开仪器上部测力盘簧两侧的螺丝，转动测力盘簧位置，使记录笔指在基线上，再拧紧螺丝。关闭电源。

（2）将搅拌器与传感竖轴脱开，冷却套杆提升至高处，再将仪器升降柄下压使仪器上半部抬起，然后使其向右转动90°，取出搅拌器。

2. 称样

（1）测力盘簧扭力矩为68.65 mN·m/A.U.（700gf·cm/A.U.）时，下列谷物粉及淀粉应称取含水量为14%（基准水分）的试样的质量（±0.1g）及加水量如表7-1所示。

表7-1　相当于14%含水量的试样质量及加水量

试样名称	试样质量/g	加水量/mL
小麦粉/全麦粉	80.0/90.0	450
米粉	40.0	360
玉米淀粉	35.0	500
马铃薯淀粉	25.0	500

（2）如果试样含水量高于或低于14%时，则按式（7-1）计算实际称样量：

$$m_1 = \frac{86 \times m_2}{100 - H} \tag{7-1}$$

式中　m_1——实际称样量，g；

m_2——含水量14%时规定试样质量，g；

H——试样含水量，g/100g。

（3）如用其他规格测力盘簧，则试样的质量可酌情增减，使绘出黏度曲线峰值在800A. U. 以下。

3. 试样悬浮液制备

将称好的试样置于烧杯中，按表7-1量取相应的加水量，先加入约100mL水，用玻璃棒搅拌约20s，然后分两次每次约加入100mL水制成均匀无结块的悬浮液，将其转移至测量钵中，再用剩余的水分3次洗涤烧杯中残余试样并全部转移至测量体中、从加样到冲洗试样时间应控制在2min以内。

4. 测定

（1）将称好的试样置于烧杯中，按表7-1量取相应的加水量，先加入约100mL水，用玻璃棒搅拌约20s，然后分两次每次约加入100mL水制成均匀无结块的悬浮液，将其转移至测量钵中，再用剩余的水分3次洗涤烧杯中残余试样并全部转移至测量钵中。从加样到冲洗试样时间应控制在2min以内。

（2）将搅拌器放入测量钵并使搅拌器缺口对准仪器正面，放下机身时勿使温度计触及搅拌器。

（3）握紧仪器升降柄，将仪器上半部向左转动90°，然后转动升降柄缓慢放下机身，将搅拌器插入传感竖轴销子使其紧密相连。

（4）降下冷却套杆使处于最低位，将冷却水控制开关拨至“~”（交替冷却）位置，打开冷却水。

（5）打开电源开关，测量钵按75r/min旋转；将温度控制拉杆拨至中部“0”位，打开温度计照明灯，用接点温度计调节按钮调节温度计指针在30℃，顺时针转动调节钮可升高温度指针，逆时针转动反之。

（6）打开定时器（定时约45min），加热指示灯亮，试样悬浮液开始加热，待试样悬浮液升温达到接点温度计指针指示的温度时，指示灯灭，这时，将温度控制拉杆向下拨至“升温”处，并将记录笔在记录纸上做好标记。此标记的温度即为调整温度计指示的温度。此后，悬浮液即自动按1.5℃/min升温，糊化过程开始。

（7）随着温度升高到某一温度时，记录笔开始偏离记录纸基线20A. U. 时，此温度即为该试样的开始糊化温度。随后，黏度迅速增高。当温度升高至95℃时，将温度控制拉杆拨回至“0”位，定时，这时黏度通常是下降的。在黏度值下降波动较小或相对稳定时（约8min），再将温度控制拉杆向上拨至“降温”处。定时30min，这时糊化物开始以1.5℃/min冷却降温。直到降温至50℃，再将温度控制拉杆向上拨至“0”位，定时3min。实验结束。冷却时黏度值不断升高，如黏度值升高超过1000A. U. 时，如测力盘簧扭力矩为34.32 mN · m/A. U.（350gf · cm/A. U.）时，则在仪器础码挂钩上加挂62.5g砝码，黏度值增加500A. U.；加挂125g砝码，黏度值增加1000A. U。

（8）关闭电源。将搅拌器与传感竖轴卸开，将冷却套杆提升至最高处，然后压下升降柄抬起仪器上半部并使向右转动90°。

（9）用湿布擦净温度计和冷却套杆，取出测量钵及搅拌器并洗净备用。

5. 结果表示

从记录纸上绘制的黏度曲线读出下列各项糊化特性指标，并注明实验所采用的测力盘簧的规格及称样量和加水量，如图7－1所示。

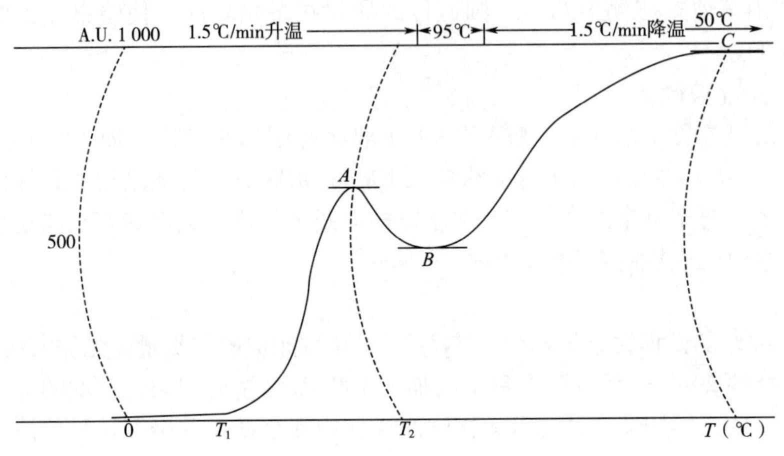

图7－1　黏度曲线图

T_1——开始糊化温度（℃），是随着温度升高到某一温度时，记录笔偏离记录纸基线20A. U. 时的温度，此时糊化开始，读数精确至0. 5℃；

A——最高黏度值（A. U. ），谷物或淀粉的水悬浮液在升温状态下，淀粉充分糊化产生的最高黏度值，读数精确至5A. U. 。

B——最低黏度值（A. U. ），充分糊化后的淀粉颗粒破裂，黏度下降，产生最低黏度值，读数精确至5A. U. ；

T_2——最高黏度时温度（℃），最高黏度值对应的温度，公式表示为：$T_2 = 30.0 + 3a$，其中a为从测试开始时的标记到最大黏度时的长度（cm），此公式适用于初始温度为30℃。读数精确至0. 5℃；

C——最终黏度值（A. U. ），糊化物按一定降温速率冷却时，糊化物胶凝，黏度值升高，温度降至50℃时的黏度值为最终黏度值，读数精确至5A. U. 。

其中：$A-B$（A. U. ）＝稀懈值；

$C-B$（A. U. ）＝回升值。

其中黏度仪结构图如图7－2所示。

（三）结果解读

淀粉的α化度就是由生变熟的程度，即糊化程度。在粮食食品、饲料的生产中，常需要了解产品的α化度。因为α化度的高低影响复水时间，影响食品或饲料的品质。研究表明，支链淀粉长链比例与糊化初始温度、糊化峰值温度、糊化终止温度成正相关；除此之外，直链淀粉含量与糊化初始温度、糊化峰值温度、糊化终止温度成负相关。

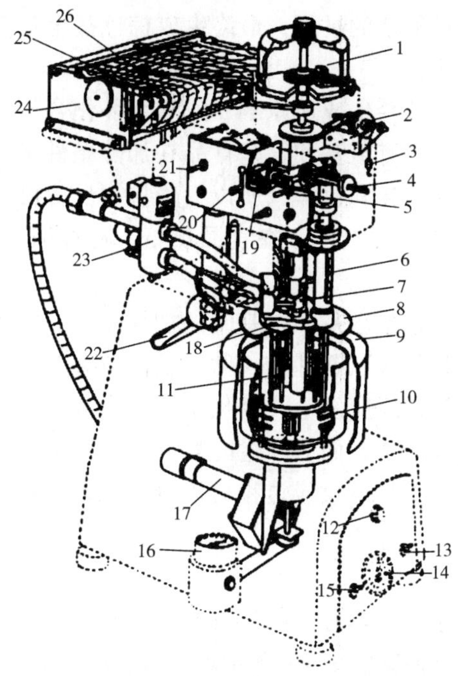

图7-2 黏度仪结构图

1—测力盘形弹簧；2—滑轮；3—砝码吊钩；4—温度调节杆；5—温度自控系统；6—接点温度计；7—冷却器；8—试样杯；9—电炉防护罩；10—辐射电炉；11—叉形搅拌器（传感器）；12—信号灯；13—警笛开关；14—定时器；15—电源开关；16—转速表；17—齿轮转动马达；18—冷却罩；19—齿轮；20—温度控制拉杆；21—交替冷却与连续冷却开关；22—仪器上端升降把手；23—冷却水电磁阀；24—记录器；25—固定记录纸装置；26—记录笔。

（四）注意事项与说明

（1）用同一样品进行2次测定，取平均值作为测定结果。

（2）允许差　开始糊化温度不超过1℃；最高黏度值、最低黏度值、最终黏度值不超过平均值的10%。

思考题

1. 测定淀粉糊化度的其他方法有哪些？
2. 如何测定在酶解过程中选用酶的种类？

实验二　HMF法模拟测定美拉德反应初始阶段

理论知识

（一）背景材料

美拉德反应指的是含游离氨基的化合物和还原糖或羰基化合物在常温或加热时发生

的聚合、缩合等反应，经过复杂的过程，最终生成棕色甚至是棕黑色的大分子物质类黑精，所以又被称为羰氨反应。

除产生类黑精外，反应还会生成还原酮、醛和杂环化合物，这些物质是食品色泽和风味的主要来源。几乎所有含有羰基和氨基食品在加热条件下均能产生美拉德反应。美拉德反应能赋予食品独特的风味和色泽，所以，美拉德反应已成为食品研究的热点，是与现代食品工业密不可分的一项技术，在食品烘焙、咖啡加工、肉类加工、香精生产、制酒酿造等领域被广泛应用。

美拉德反应按其本质而言是羰基和氨基间的加缩反应，它可以在醛、酮、还原糖及脂肪氧化生成的羰基化合物与胺、氨基酸、肽、蛋白质甚至氨之间发生反应，热反应和长时间贮藏都可以促使美拉德反应发生。其化学过程十分复杂，目前对该反应产生低分子和中分子的反应机理比较清楚，而对产生的高分子聚合物的机理仍没有得到满意的解释。食品化学家 Hodge 认为美拉德反应过程可以分为初期、中期和末期，每一阶段又可细分为若干反应。

1. 初期阶段

氨基化合物中游离氨基与羰基化合物的游离羧基缩合可形成亚胺衍生物，该产物不稳定，随即环化成 *N* - 葡萄糖基胺。*N* - 葡萄糖基胺在酸的催化下经 Amadori 分子重排生成有反应活性的 1 - 氨基 - 1 - 脱氧 - 2 - 酮糖，即单果糖胺。此外，酮糖还可与氨基化合物生成酮糖基胺，而酮糖基胺可以经过 Heyenes 分子重排异构成 2 - 氨基 - 2 - 脱氧葡萄糖。美拉德初级反应产物不会引起食品色泽和香味的变化，但其产物是不挥发性香味物质的前体成分。

2. 中期阶段

在此阶段 Amadori 化合物通过 3 条不同的反应路线：一是在酸性（pH≤7）条件下进行 1,2 - 烯醇化反应，经过 1,2 - 烯胺醇、3 - 脱氧 - 1,2 - 二羰基化合物，最终生成羰基甲基呋喃醛或呋喃醛；二是碱性条件下进行 2,3 - 烯醇化反应，产生还原酮类及脱氢还原酮类；三是继续进行裂解反应形成含羰基或二羰基化合物，或与氨基进一步氧化降解，在 Strecker 降解过程中，α - 氨基酸与 α - 二羰基化合物发生反应，失去一分子 CO_2 降解成为少一个碳原子的醛类及烯胺醇，各种特殊醛类是使食品产生不同香气的因素之一。

3. 末期阶段

该阶段主要是醛类和胺类在低温下聚合成为高分子的类黑精的阶段。此阶段反应相当复杂，其反应机制尚不清楚。除类黑精外，还会生成一系列美拉德反应的中间体还原酮、醛类及挥发性杂环化合物，主要有 Strecker 降解产物氨基酮，而氨基酮经异构为烯胺醇则再经环化形成吡嗪类化合物。

（二）实验目的

掌握利用模拟实验测定美拉德反应初始阶段的测定。

（三）实验原理

美拉德反应即蛋白质、氨基酸或胺与碳水化合物之间的相互作用。美拉德反应开始，以无紫外吸收的无色溶液为特征。随着反应的不断进行，还原力逐渐增强，溶液变成黄色，在近紫外区则吸收增大，同时还有少量糖脱水变成 5 - 羟甲基糠醛（HMF），以及发生键断裂形成二羰基化合物和色素的初产物，最后生成类黑精色素。本实验利用模拟实验：即葡萄糖与甘氨酸在一定 pH 缓冲液中进行加热反应，一定时间后测定 HMF 的含量和在波长为 285nm 处的紫外吸光值。

HMF 的测定原理是根据 HMF 与对甲苯胺和巴比妥酸在酸性条件下的呈色反应。此反应在常温下可生成最大吸收波长的 550nm 的紫红色物质。因不受糖的影响，所以可直接被测定。这种呈色物对光、氧气不稳定，操作时要注意。

实验内容

（一）实验设备与材料

1. 实验设备

（1）紫外 - 可见分光光度计；

（2）水浴锅；

（3）试管。

2. 化学药品及试剂

（1）巴比妥酸溶液　称取巴比妥酸 500mg，加约 70mL 水，水浴加热使其溶解，冷却后转移入 100mL 容量瓶中，定容；

（2）对甲苯胺溶液　称取对甲苯胺 10.0g，加 50mL 异丙醇，在水浴上慢慢加热使之溶解，冷却后移入 100mL 容量瓶中，加冰乙酸 10mL，然后用异丙醇定容（溶液置于暗处保存 24h 后使用，保存 4 ~ 5d 后如呈色度增加，应重新配制）；

（3）1mol/L 葡萄糖溶液；

（4）0.1mol/L 甘氨酸溶液；

（5）10% NaOH 溶液；

（6）20% 亚硫酸钠溶液。

试剂均以相应的 AR 级试剂配制。

（二）实验方法与数据处理

（1）取 5 支试管，分别加入 5mL 1.0mol/L 葡萄糖溶液和 0.1mol/L 甘氨酸溶液，编号为 A_1、A_2、A_3、A_4、A_5。A_2、A_4 调 pH 到 9.0，A_5 加亚硫酸钠溶液。5 支试管置于 90℃水浴锅内并计时，反应 1h，取 A_1、A_2、A_5 管，冷却后测定 258nm 处的吸光值。

（2）HMF 的测定　A_1、A_2、A_5 各取 2.0mL 于另三支试管中，加对甲苯胺溶液 5mL。然后分别加入巴比妥酸溶液 1mL，另取一支试管加 A_1 液 2mL 和 5mL 对甲苯胺溶液，但不加巴比妥酸液而加 1mL 水，将试管充分振动。试剂的添加要连续进行，在 1 ~ 2min 内加完，以加水的试管作参比，测定在 550nm 处的吸光值，通过吸光值比较 A_1、A_2、A_5 中 HMF 的含量，可看出美拉德反应与哪些因素有关。

（3）A_3、A_4 两试管继续加热反应，直到看出有深颜色为止，记下出现颜色的时间。如表 7 - 2 ~ 表 7 - 4 所示。

表 7 - 2　A_1、A_2 和 A_5 在 258nm 处的吸光值

	A_1	A_2	A_5
A_{285nm}			

表 7-3　　A_1、A_2 和 A_5 在 550nm 处的吸光值

	A_1	A_1	A_2	A_5
反应液体积数	2mL			
对甲基苯氨溶液	5mL			
巴比妥酸溶液	0		1mL	
蒸馏水	1mL		0	
A_{550nm}				

表 7-4　　A_3、A_4 的反应总时间

	A_3	A_4
反应总时间		

（三）结果解读

通过实验可以看出美拉德反应与哪些因素有关，可以在美拉德反应的初始阶段改变或控制这些条件，抑制美拉德反应的发生。

（四）注意事项与说明

HMF 显色后不稳定，比色时要快。

思考题

1. 美拉德反应与哪些因素有关?
2. 如何控制美拉德反应?

参考文献

张晓鸣 . 食品风味化学 ［M］. 北京：中国轻工业出版社，2018.

实验三　2,4-二硝基苯肼比色法测定烹调前后食物总抗坏血酸含量的改变

理 论 知 识

（一）背景材料

食物中的抗坏血酸包括还原型和脱氢型两种形式。当食物放置时间较长或经过烹调处理后，有相当一部分抗坏血酸转变为脱氢型，脱氢型的抗坏血酸仍有 85% 左右的抗坏血酸活性，所以，测定总抗坏血酸可以评价烹调方法对食物中抗坏血酸的影响。

（二）实验目的

（1）掌握评价烹调方法对食物中抗坏血酸的影响的方法。

（2）掌握测定总抗坏血酸的方法。

（三）实验原理

总抗坏血酸包括还原型、脱氢型和二酮古乐糖酸，样品中还原型抗坏血酸经活性炭氧化为脱氢抗坏血酸，再与2,4－二硝基苯肼作用生成红色脎，由于脎在硫酸溶液中的含量与总抗坏血酸含量成正比，可进行比色定量。

实验内容

（一）实验设备与材料

1. 实验设备

（1）恒温箱　(37 ±0.5)℃；

（2）紫外－可见分光光度计；

（3）捣碎机。

2. 化学药品及试剂

5mol/L 硫酸：谨慎地加 250mL 硫酸（密度 1.84g/cm^3）于 700mL 水中，冷却后用水稀释至 1000mL。

85% 硫酸：谨慎地加 900mL 硫酸（密度 1.84g/cm^3）于 100mL 水中。

2% 2,4－二硝基苯肼溶液：溶解 2g 2,4－二硝基苯肼于 100mL 4.5mol/L 硫酸内，过滤。不用时存于冰箱内，每次用前必须过滤。

2% 草酸溶液：溶解 20g 草酸（$H_2C_2O_2$）于 700mL 水中，稀释至 1000mL。

1% 草酸溶液：稀释 500mL 2% 草酸溶液到 1000mL。

1% 硫脲溶液：溶解 5g 硫脲于 500mL 1% 草酸溶液中。

2% 硫脲溶液：溶解 10g 硫脲于 500mL 1% 草酸溶液中。

1mol/L 盐酸：取 100mL 盐酸，加入水中，并稀释至 1200mL。

抗坏血酸标准溶液：溶解 100mg 纯抗坏血酸于 100mL 1% 草酸中，配成 1mg/mL 的抗坏血酸。

活性炭：将 100g 活性炭加到 750mL 1mol/L 盐酸中，回流 1～2h，过滤，用水洗数次，至滤液中无铁离子（Fe^{3+}）为止，然后置于 110℃烘箱中烘干。

检验铁离子方法：利用普鲁士蓝反应。将2% 亚铁氰化钾与1% 盐酸等量混合，将上述洗出滤液滴入，如有铁离子则产生蓝色沉淀。

（二）实验方法与数据处理

1. 样品的制备

全部实验过程应避光。

（1）烹调处理　将食物分为 2 份，一份不进行烹调处理，另一份放入沸水中煮 5min。

（2）样品提取　均匀取未经烹调及烹调后的样品 100g，加 100g 2% 草酸溶液，倒入捣碎机中打成匀浆，取 10～40g 匀浆（含 1～2mg 抗坏血酸）倒入 100mL 容量瓶中，用 1% 草酸溶液稀释至刻度，混匀，过滤，滤液备用。

2. 氧化

取上述滤液 2.5mL，加入 2g 活性炭，振摇 1min，过滤，弃去最初数毫升滤液。取 10mL 此氧化提取液，加入 10mL 2% 硫脲溶液，混匀，备用。

3. 脎的形成

取 3 个试管，A 为空白管、B 为未经烹调样品管、C 为烹调后样品管，三支试管内分别加入 4mL 上述氧化后的样品液，B、C 管各再加入 1.0mL 2% 2,4－二硝基苯肼溶液。将所有试管放入（37 ±0.5）℃恒温箱或水浴中，保温 3h。取出放置于室温下，A 管加 2% 2,4－二硝基苯肼溶液 1.0mL，放置 10～15min。

4. 脎的溶解

各管放置冰水浴中缓慢加入 5mL 85% 硫酸，滴加时间至少需要 1min，需边加边摇动试管。将试管自冰水中取出，在室温条件下放置 30min 后比色。

5. 比色

用 1cm 比色杯，以空白液调零点，于 540nm 波长处测吸光值。

6. 标准曲线绘制

加 2g 活性炭于 50mL 标准溶液中，摇动 1min，过滤。取 10mL 滤液放入 500mL 容量瓶中，加 5.0g 硫脲，用 1% 草酸溶液稀释至刻度，使抗坏血酸质量浓度达 20μg/mL。取 5mL、10mL、20mL、25mL、40mL、50mL、60mL 稀释液，分别放入 7 个 100mL 容量瓶中，用 1% 硫脲溶液稀释至刻度，使最后稀释液中抗坏血酸的质量浓度分别为 1μg/mL、2μg/mL、4μg/mL、5μg/mL、8μg/mL、10μg/mL、12μg/mL。按样品测定步骤形成脎并比色。以吸光值为纵坐标，以抗坏血酸质量浓度（μg/mL）为横坐标绘制标准曲线。

7. 结果的计算

计算公式如式（7－2）所示。

$$X = \frac{c \times V}{m} \times F \times \frac{100}{1000} \tag{7-2}$$

式中 X——样品中总抗坏血酸含量，mg/100g；

c——由标准曲线查得或由回归方程算得“样品氧化液”中总抗坏血酸的质量浓度，μg/mL；

V——试样用 1% 草酸溶液定容的体积，mL；

F——样品氧化处理过程中的稀释倍数；

m——试样质量，g。

（三）结果解读

一般情况下，烹调加工会使食物中抗坏血酸含量有不同程度的损失，若得到的结果与该结论相反，原因可能有以下几种。

（1）强烈的阳光照射使得样品中的抗坏血酸发生氧化；

（2）样品放置时间过长，其中的大部分抗坏血酸已经被氧化；

（3）未及时进行比色，造成实验误差；

（4）加入浓硫酸后振荡不到位，部分样品碳化造成吸光值不准确。

（四）注意事项与说明

（1）加 85% 的硫酸溶液形成脎时，应边加边振摇试管，防止样品中糖类成分碳化而使溶液变黑。

（2）加入硫酸30min后必须比色，因为颜色会继续加深。

（3）硫脲可防止抗坏血酸被氧化，并有助于脎的形成。

思考题

1. 测定抗坏血酸含量的其他方法有哪些？
2. 烹调过程中什么因素会影响食物中抗坏血酸含量？

参考文献

［1］金邦荃．营养学实验与指导［M］．南京：东南大学出版社，2008.
［2］王光慈．食品营养学［M］．2版．北京：中国农业出版社，1995.

实验四　动植物油脂的氧化分析

理论知识

（一）背景材料

油脂在空气中氧气的作用下首先产生氢过氧化物，根据油脂氧化过程中氢过氧化物产生的途径不同可将油脂的氧化分为：自动氧化、光氧化和酶促氧化。

1. 自动氧化

不饱和油脂和不饱和脂肪酸可被空气中的氧氧化，这种氧化称为自动氧化。氧化产物进一步分解成低级脂肪酸、醛酮等恶臭物质，使油发生酸败。其大致过程是不饱和油脂和脂肪酸先形成游离基再经过氧化作用生产过氧化物游离基，后者与另外的油脂或脂肪酸作用生成氢过氧化物和新的脂质游离基新的脂质游离基又可参与上述过程，如此循环形成连锁反应。示意如下：

$$RH \longrightarrow R\cdot \xrightarrow{O_2} ROO\cdot \xrightarrow{RH} ROOH + R\cdot$$

天然油脂或脂肪酸　油脂游离基　过氧化物游离基　氢过氧化物　新生的脂质游离基

2. 光氧化

光氧化是不饱和脂肪酸与单线态氧直接发生的氧化反应。单线态氧指不含未成对电子的氧，有一个未成对电子的称为双线态，有两个未成对电子的成为三线态，所以基态氧为三线态。食品体系中的三线态氧是在食品体系中的光敏剂在吸收光能后形成激发态光敏素，激发态光敏素与基态氧发生作用，能量转移使基态氧转变为单线态氧。单线态氧具有极强的亲电性，能以极快的速度与脂类分子中具有高电子密度的部位（双键）发生结合，从而引发常规的自由基链式反应，进一步形成氢过氧化物。

光敏素（基态）$+h\nu \longrightarrow$ 光敏素*（激发态）

$$光敏素*（激发态）+3O_2 \longrightarrow 光敏素（基态）+O_2$$

$$不饱和脂肪酸+O_2 \longrightarrow 氢过氧化物$$

3. 酶促氧化

自然界中存在的脂肪氧合酶可以使氧气与油脂发生反应而生成氢过氧化物，植物体中的脂氧合酶具有高度的基团专一性，它只能作用于1,4-顺，顺-戊二烯基位置，且此基团应处于脂肪酸的$\omega-8$位。在脂氧合酶的作用下脂肪酸的$\omega-8$先失去质子形成自由基，而后进一步被氧化。大豆制品的腥味就是不饱和脂肪酸氧化形成了六硫醛醇而产生的。

4. 氢过氧化物的分解和油脂的酸败

氢过氧化物极不稳定，当食品体系中此类化合物的浓度达到一定水平后就开始分解，主要发生在氢过氧基两端的单键上，形成烷氧基自由基再通过不同的途径形成烃、醇、醛、酸等化合物，这些化合物具有异味，产生所谓的油哈味。根据油脂发生酸败的原因不同可将油脂酸败分为以下3种。

（1）水解型酸败　油脂在一些酶/微生物的作用下水解形成一些具有异味的酸，如丁酸、己酸、庚酸等，造成油脂出现汗臭味和苦涩味。

（2）酮型酸败　指脂肪水解产生的游离饱和脂肪酸在一系列酶的作用下发生氧化，最后形成酮酸和甲基酮的过程，如污染灰绿青霉、曲霉等。

（3）氧化型酸败　油脂氧化形成的一些低级脂肪酸、醛、酮所致。

5. 影响油脂氧化的因素

（1）油脂的脂肪酸组成　不饱和脂肪酸的氧化速度比饱和脂肪酸快，花生四烯酸:亚麻酸:亚油酸:油酸=40:20:10:1。顺式脂肪酸的氧化速度比反式脂肪酸快，共轭脂肪酸比非共轭脂肪酸快，游离的脂肪酸比结合的脂肪酸快，Sn-1和Sn-2位的脂肪酸氧化速度比Sn-3的快。

（2）温度　温度越高，氧化速度越快，在21~63℃范围内，温度每上升16℃，氧化速度加快1倍。

（3）氧气　有限供氧的条件下，氧化速度与氧气浓度呈正比，在无限供氧的条件下氧化速度与氧气浓度无关。

（4）水分　水分活度对油脂的氧化速度的影响，见水分活度。

（5）光和射线　光、紫外线和射线都能加速氧化。

（6）助氧化剂　过渡金属Ca、Fe、Mn、Co等，它们可以促进氢过氧化物的分解，促进脂肪酸中活性亚甲基的C—H键断裂，使氧分子活化，一般的助氧化顺序为Pb>Cu>Se>Zn>Fe>Al>Ag。

（二）实验目的

掌握油脂酸价、碘价、皂化价、过氧化值等指标的测定方法。

（三）实验原理

1. 油脂酸价的测定

酸价（AV）的测定是根据酸碱中和的原理进行的。即以酚酞作指示剂，用氢氧化钾标准溶液进行滴定中和油脂中的游离脂肪酸。酸价越高，游离脂肪酸含量越高。

2. 油脂碘价的测定

油脂碘价（IV）：100g 油脂所能吸收碘的质量，g/100g。

根据碘价的定义，化学反应在碘与双键之间进行，将氯化碘溶于冰乙酸中就得到韦氏碘液，过量的氯化碘的冰乙酸溶液可与油脂中的不饱和脂肪酸发生加成反应，从而生成饱和的卤素衍生物：

$$I_2 + Br_2 \longrightarrow 2IBr$$

$$—CH{=}CH— + IBr \longrightarrow —\underset{\displaystyle I}{\underset{|}{CH}}—\underset{\displaystyle Br}{\underset{|}{CH}}—$$

反应后多余的氯化碘以碘化钾（KI）还原，析出的碘用硫代硫酸钠标准溶液滴定。

$$IBr + KI \longrightarrow I_2 + KBr$$

$$I_2 + 2Na_2S_2O_3 \longrightarrow 2NaI + Na_2S_4O_6$$

根据硫代硫酸钠的用量并与空白试验对比，即可求出碘的实际加成量。碘价越高，说明油脂中双键越多，碘价降低，说明油脂发生了氧化。

3. 油脂皂化价的测定

油脂的皂化价（SV）：完全皂化 1g 油脂所需氢氧化钾的质量。将油脂与过量的 0.5mol/L 氢氧化钾－乙醇溶液一起回流加热，使其完全皂化。之后用盐酸标准溶液滴定剩余的氢氧化钾，以酚酞为指示剂反应终点。由所耗碱量及试样质量即可算出皂化价。

4. 油脂过氧化值的测定

碘化钾在酸性条件下能与油脂中的过氧化物反应而析出碘。析出的碘用硫代硫酸钠溶液滴定，根据硫代硫酸钠的用量来计算油脂的过氧化值。

实 验 内 容

一、　油脂酸价的测定

（一）实验设备与材料

1. 实验设备

碱式滴定管；锥形瓶 250mL；试剂瓶；容量瓶；移液管；称量瓶；天平：感量 0.001g；量筒 100mL。

2. 化学药品及试剂

0.1mol/L 氢氧化钾（或氢氧化钠）标准溶液；

中性乙醚－乙醇（2:1）混合溶剂：临用前以酚酞作指示剂，用 0.1mol/L 氢氧化钾中和至刚变色；

1% 酚酞乙醇指示剂；

2% 百里酚酞指示剂。

（二）实验方法与数据处理

1. 试样制备

（1）食用油脂试样制　备若食用油脂样品常温下呈液态，且为澄清液体，则充分混匀后直接取样，否则进行除杂和脱水干燥处理；若食用油脂样品常温下为固态，则对样品要进行加热熔化处理进而提取油脂；若样品为经乳化加工的食用油脂，则要通过石油醚对样品处理，进一步提取液体油脂作为试样。

（2）植物油料试样的制备　先用粉碎机或研磨机把植物油料粉碎成均匀的细颗粒，脆性较高的植物油料（如大豆、葵花籽、棉籽、油菜籽等）应粉碎至粒径为0.8～3mm甚至更小的细颗粒，而脆性较低的植物油料（如椰干、棕榈仁等）应粉碎至粒径不大于6mm的颗粒；取粉碎的植物油料细颗粒装入索氏脂肪提取装置中，再加入适量的提取溶剂，加热并回流提取4h。最后收集并合并所有的提取液于一个烧瓶中，置于水浴温度不高于45℃的旋转蒸发仪内，0.08～0.1MPa负压条件下，将其中的溶剂彻底旋转蒸干，取残留的液体油脂作为试样进行酸价测定；若残留的液态油脂浑浊、乳化、分层或有沉淀，要进行除杂和脱水干燥的处理。

2. 试样称量

根据制备试样的颜色和估计的酸价，按照表7－5规定称量试样。

3. 试样测定

取一个干净的250mL的锥形瓶，按照上述的要求用天平称取制备的油脂试样，其质量单位为克。加入乙醚－异丙醇混合液50～100mL和3～4滴的酚酞指示剂，充分振摇溶解试样。再用装有标准滴定溶液的刻度滴定管对试样溶液进行手工滴定，当试样溶液初现微红色，且15s内无明显褪色时，为滴定的终点。立刻停止滴定，记录下此滴定所消耗的标准滴定溶液的体积，此数值为V。

对于深色泽的油脂样品，可用百里酚酞指示剂或碱性蓝6B指示剂取代酚酞指示剂，滴定时，当颜色变为蓝色时为百里酚酞的滴定终点，碱性蓝6B指示剂的滴定终点为由蓝色变红色。米糠油（稻米油）的冷溶剂指示剂法测定酸价只能用碱性蓝6B指示剂。

4. 空白实验

另取一个干净的250mL的锥形瓶，准确加入与试样测定时相同体积、相同种类的有机溶剂混合液和指示剂，振摇混匀。然后再用装有标准滴定溶液的刻度滴定管进行手工滴定，当溶液初现微红色，且15s内无明显褪色时，为滴定的终点。立刻停止滴定，记录下此滴定所消耗的标准滴定溶液的体积，此数值为V_0。

对于冷溶剂指示剂滴定法，也可配制好的试样溶解液中滴加数滴指示剂，然后用标准滴定溶液滴定试样溶解液至相应的颜色变化且15s内无明显褪色后停止滴定，表明试样溶解液的酸性正好被中和。然后以这种酸性被中和的试样溶解液溶解油脂试样，再用同样的方法继续滴定试样溶液至相应的颜色变化且15s内无明显褪色后停止滴定，记录下此滴定所消耗的标准滴定溶液的体积，此数值为V，如此无须再进行空白试验，即$V_0=0$。

表7－5　油样取样量

估计酸价	油样量	准确度
<1	20	0.05
1～4	10	0.02
4～5	2.5	0.01
15～75	0.5	0.001
>75	0.1	0.0002

5. 结果计算

油脂酸价按式（7－3）计算：

$$酸价(mgKOH/g油) = (V - V_0) \times c \times 56.1/W \quad (7-3)$$

式中　V——滴定时消耗的氢氧化钾溶液体积，mL；

V_0——空白测定消耗的氢氧化钾溶液体积，mL；

c——氢氧化钾溶液浓度，mol/L；

56.1——氢氧化钾的摩尔质量，g/mol；

W——油样质量，g。

双试验结果允许差不超过0.2mg KOH/g油，求其平均数，即为测定结果。测定结果取小数点后第1位。

（三）结果解读

由专业人员负责检验结果的审核。

酸价是反映油脂质量的主要技术指标之一，同种植物油酸价越高，说明其质量越差越不新鲜。当酸价测定值超出国家标准时，要及时做出更换。

（四）注意事项

（1）测定蓖麻油时，只用中性乙醇而不用混合溶剂。

（2）测定深色油的酸价，可减少试样用量，或适当增加混合溶剂的用量，以百里酚酞或麝香草酚酞作指示剂，以使测定终点的变色明显。

（3）滴定过程中如出现混浊或分层，表明由碱液带进的水过多，乙醇的量不足以使乙醚与碱溶液互溶。一旦出现此现象，可补加95%的乙醇，促使均一相体系的形成。

二、　油脂碘价的测定

（一）实验设备与材料

1. 实验设备

碘量瓶250mL或500mL；滴定管50mL；大肚吸管25mL；容量瓶1000mL；分液漏斗；洗气瓶；烧杯；玻璃棒；分析天平：感量0.0001g。

2. 化学药品及试剂

（1）0.1mol/L硫代硫酸钠标准溶液；15%碘化钾；0.5%淀粉指示剂；四氯化碳或三氯甲烷；盐酸；硫酸；碘；高锰酸钾；冰乙酸；氯化碘；三氯化碘。

（2）韦氏碘液，其配制方法有3种。

①取25g氯化碘溶于1500mL冰乙酸中。

②称取纯碘13g溶于1000mL冰乙酸中，从中量出150mL作调节韦氏碘液用，其余碘液通入经过洗涤和干燥的氯气，使其与碘作用生成氯化碘。通入氯气使溶液由深褐色变到透明的橙红色为止。氯化过量时，则用碘液调节，或将氯气通至用硫代硫酸钠溶液标定时，其用量比未通入氯气前大一倍为止。标定方法：分别量取碘液和韦氏碘液各20mL各加入20mL 15%碘化钾溶液和水100mL，分别用0.1mol/L硫代硫酸钠溶液进行滴定。

为使韦氏碘液更加稳定，可在水浴锅上加热20min，冷却后将其注入棕色瓶中，置于暗处备用。

③取三氯化碘 7.9g 和纯碘 8.7g，分别溶于冰乙酸中，合并两液，再用冰乙酸稀释至 1000mL 储于棕色瓶中备用。

（二）实验方法与数据处理

（1）按表 7－6 列出的数量称取经干燥过滤的油样（准确至 0.0002g），注入干燥清洁的碘量瓶中。

（2）往碘量瓶中加入 20mL 氯仿或四氯化碳溶解油样后，加入 25mL 韦氏碘液，立即加塞（塞和瓶口均涂以碘化钾溶液，以防碘挥发），摇匀后，将瓶子放于黑暗处。

（3）60min 后（碘价在 150gI/100g 油以上时需放置 120min）立即加入 15% 碘化钾溶液 20mL 和水 100mL，不断摇动，用 0.1mol/L 硫代硫酸钠将溶液滴定至呈浅黄色时，加入 1mL 淀粉指示剂，继续滴定，直至蓝色消失。

（4）相同条件下，不加油样做两个空白试验，取其平均值作计算用。

表 7－6　试样称取质量

预估碘值/（g/100g）	试样质量/g	溶剂体积/mL
<1.5	15.00	25
1.5～2.5	10.00	25
2.5～5	3.00	20
5～20	1.00	20
20～50	0.40	20
50～100	0.20	20
100～150	0.13	20
150～200	0.10	20

注：试样的质量必须能保证所加入的韦氏碘液过量 50%～60%，即吸收量的 100%～150%。

（5）结果计算

油脂碘价按式（7－4）计算：

$$碘价(gI/100g 油) = (V_2 - V_1) \times c \times 0.1269 \times 100/W \tag{7-4}$$

式中 V_1——油样用去硫代硫酸钠溶液体积，mL；

V_2——空白试验用去硫代硫酸钠溶液体积，mL；

c——硫代硫酸钠溶液的浓度，mol/L；

W——油样质量，g。

双试验结果允许差，碘值在 100gI/100g 油以上者不超过 1；碘值在 100gI/100g 油以下者不超过 0.6。求其平均值即为测定结果。测定结果取小数点后第 1 位。

（三）结果解读

由专业人员负责检验结果的审核。

同酸价一样，碘价也是反映油脂质量的主要技术指标之一，当碘价的测定值超出国家标准时，要及时做出更换。各种油的碘价标准范围如表 7－7 所示。

表 7－7 各种油的碘价标准范围

品种	碘价/（gI/100g 油）	品种	碘价/（gI/100g 油）	品种	碘价/（gI/100g 油）
大豆油	124～139	芝麻油	103～118	蓖麻籽油	80～88
花生油	86～107	茶籽油	83～89	亚麻籽油	≥175
菜籽油	94～120	核桃油	140～152	深海鱼油	≥120
棕榈油	50～55	玉米油	103～110	混合油	50～90
葵花籽油	118～141	猪油	45～70		
棉籽油	100～115	米糠油	92～115		

（四）注意事项与说明

（1）配制韦氏碘液的冰乙酸质量必须符合要求，且不能含有还原性物质。鉴定是否含有还原性物质的方法：取冰乙酸 2mL，加 10 倍体积的蒸馏水稀释，加入 1mol/L 高锰酸钾 0.1mL，所呈现的颜色应在 2h 内保持不变。如果红色褪去，说明有还原性物质存在。可用以下方法精制：取冰乙酸 800mL 放入圆底烧瓶内，加入 8～10g 高锰酸钾，接上回流冷凝器，加热回流约 1h 后，将其移入蒸馏瓶中进行蒸馏，收集 118～119℃的馏出物。

（2）氯气是将盐酸加入高锰酸钾中制得的。制氯时，浓盐酸要缓缓加入，如果反应太慢，可以微微加热。所产生的氯气应通过水洗及浓硫酸干燥，方可通入碘液内。通氯气应在通风橱内进行，防止工作人员中毒。

（3）韦氏碘液和硫代硫酸钠溶液稳定性较差，为使实验结果精确、可靠，必须做空白实验。另外，实验前需用重铬酸钾重新标定硫代硫酸钠溶液。

（4）韦氏碘液由大肚吸管中流下的时间，各次试验应取得一致。碘液与油样接触的时间应注意维持恒定，否则易产生误差。

三、油脂皂化价的测定

（一）实验设备与材料

1. 实验设备

锥形瓶 250mL；酸式滴定管 50mL；回流冷凝器；恒温水浴锅；吸管 25mL；烧杯；试剂瓶；天平：感量 0.001g。

2. 化学药品及试剂

（1）1% 的酚酞指示剂；

（2）0.5mol/L 盐酸标准溶液；

（3）中性乙醇　用 0.1mol/L 氢氧化钾中和至酚酞指示剂恰好变色；

（4）0.5mol/L 氢氧化钾－乙醇溶液　称取 30g 分析纯氢氧化钾溶于 1L 纯度为 95% 的精馏乙醇中。

本实验所用的乙醇必须精制，因为乙醇内常含有醛，遇碱后会发生缩合反应，脱水，不断进行下去会生成长碳链的树脂状物质，其中—CH ═CH—CHO 为发色基团（呈黄褐色）。因此，如不除去醛，会影响滴定时的终点确定。

精馏乙醇：称取硝酸银2g，加入水3mL，注入1L乙醇中，用力振摇。另取氢氧化钾3g溶于15mL热乙醇中，冷却后，注入主液充分摇动，静置1~2周待澄清后吸取清液进行蒸馏。

（二）实验方法与数据处理

1. 称样

于锥形瓶中称量2g试验样品（精确至0.005g）。以皂化值（以KOH计）170~200mg/g、称样量2g为基础，对于不同范围皂化值样品，以称样量约为一半氢氧化钾-乙醇溶液被中和为依据进行改变。推荐的取样量如表7-8所示。

表7-8 取样量

估计的皂化值（以KOH计）/（mg/g）	取样量/g
150~200	1.8~2.2
200~250	1.4~1.7
250~300	1.2~1.3
>300	1.0~1.1

2. 测定

用移液管将25mL氢氧化钾-乙醇溶液加到试样中，并加入一些助沸物，连接回流冷凝管与锥形瓶，并将锥形瓶放在加热装置上慢慢煮沸，不时摇动，油脂维持沸腾状态60min。对于高熔点油脂和难于皂化的样品需煮沸2h。加0.5~1mL酚酞指示剂于热溶液中，并用盐酸标准溶液滴定到指示剂的粉色刚消失。如果皂化液是深色的，则用0.5~1mL的碱性蓝6B溶液作为指示剂。

按照上述要求，不加样品，用25mL的氢氧化钾-乙醇溶液进行空白试验。

3. 结果计算

油脂的皂化价按式（7-5）计算：

$$皂化价(mgKOH/g油) = (V_2 - V_1) \times c \times 56.1/W \qquad (7-5)$$

式中 V_1——滴定油样用去的盐酸溶液体积，mL；

V_2——滴定空白用去的盐酸溶液体积，mL；

c——盐酸溶液的浓度，mol/L；

W——油样质量，g；

56.1——氢氧化钾的摩尔质量，g/mol。

双试验结果允许差不超过1.0mgKOH/g油，求其平均数即为测定结果。测定的结果取小数点后的第1位。

（三）结果解读

由专业人员负责检验结果的审核。

一般来说，常见的各种不同来源的油脂都有不同的皂化值，这是因为油脂分子中的脂肪酸分子大小不同，在皂化1g纯油脂时，如果油脂中所含有的脂肪酸分子比较小，则皂化值就比较高，这是因为分子小时，一定质量的油脂中的脂肪酸分子就比较多。所以，根据皂化值大小，我们就可以大致估计油脂的平均分子质量，还可以知道油脂中脂肪酸分子的大小。

皂化值除了可以用来算出油脂的平均分子质量外，还可以用来检验油脂质量的好坏，一般来说，不纯的油脂的皂化值往往偏低，而纯的油脂的皂化值往往偏高，这是由于油脂中含有某些不能被皂化的杂质的缘故。

（四）注意事项与说明

（1）测定时，称取油样的质量应视油脂皂化价的大小而定。通常希望滴定油样所用的盐酸为空白试样的一半左右。

（2）皂化完全后，趁热滴定可保证测定的准确性，否则皂化液会吸收空气中的二氧化碳而使所得皂化价偏高。

（3）剩余的碱应用盐酸中和，不能用硫酸，因为生成硫酸钾不溶于乙醇，生成沉淀会影响滴定观察。

（4）皂化时必须控制温度在 80 ~ 85℃，既能使皂化完全，又不使乙醇挥发散失，还可加快皂化速度且不影响滴定。

四、 油脂过氧化值的测定

（一）实验设备与材料

1. 实验设备

分析天平：感量为 1mg、0.01mg；电热恒温干燥箱；电位滴定仪；磁力搅拌器。

2. 化学药品及试剂

（1）氯仿 - 冰乙酸混合液　取氯仿 40mL 加冰乙酸 60mL，混匀。

（2）饱和碘化钾溶液　取碘化钾 10g，加水 5mL，储于棕色瓶中。

（3）1mol/L 硫代硫酸钠标准溶液　称取 26g 硫代硫酸钠，加 0.2g 无水碳酸钠，溶于 1000mL 水中，煮沸 10min，冷却。放置 2 周后过滤、标定。

（4）0.01mol/L 硫代硫酸钠标准溶液　由（3）稀释而成，临用前配制。

（二）实验方法与数据处理

1. 试样测定

（1）称取油脂试样 5g（精确至 0.001g）于电位滴定仪的滴定杯中，加入 50mL 异辛烷 - 冰乙酸混合液，轻轻振摇使试样完全溶解。如果试样溶解性较差（如硬脂或动物脂肪），可先向滴定杯中加入 20mL 异辛烷，轻轻振摇使样品溶解，再加 30mL 冰乙酸后混匀。

（2）向滴定杯中准确加入 0.5mL 饱和碘化钾溶液，开动磁力搅拌器，在合适的搅拌速度下反应（60 ± 1）s。立即向滴定杯中加入 30 ~ 100mL 水，插入电极和滴定头，设置好滴定参数，运行滴定程序，采用动态滴定模式进行滴定并观察滴定曲线和电位变化，硫代硫酸钠标准溶液加液量一般控制在 0.05 ~ 0.2mL/滴。到达滴定终点后，记录滴定终点消耗的标准溶液体积 V。每完成一个样品的滴定后，须将搅拌器或搅拌磁子、滴定头和电极浸入异辛烷中清洗表面的油脂。

（3）同时进行空白试验。采用等量滴定模式进行滴定并观察滴定曲线和电位变化，硫代硫酸钠标准溶液加液量一般控制在 0.005mL/滴。到达滴定终点后，记录滴定终点消耗的标准溶液体积 V_0。空白试验所消耗 0.01mol/L 硫代硫酸钠溶液体积 V_0 不得超过 0.1mL。

2. 结果计算

（1）用过氧化物相当于碘的质量分数表示过氧化值时，按式（7－6）计算

$$X_1 = (V - V_0) \times c \times 0.1269 \times 100/m \quad (7-6)$$

式中 X_1——过氧化值，g/100g；

V——试样消耗的硫代硫酸钠标准溶液体积，mL；

V_0——空白试验消耗的硫代硫酸钠标准溶液体积，mL；

c——硫代硫酸钠标准溶液的浓度，mol/L；

m——试样质量，g。

计算结果以重复性条件下获得的 2 次独立测定结果的算术平均值表示，结果保留 2 位有效小数。

（2）用 1kg 样品中活性氧的物质的量表示过氧化值时，按式（7－7）计算

$$X_2 = (V - V_0) \times c \times 1000/(2 \times m) \quad (7-7)$$

式中 X_2——过氧化值，mmol/kg；

V——试样消耗的硫代硫酸钠标准溶液体积，mL；

V_0——空白试验消耗的硫代硫酸钠标准溶液体积，mL；

c——硫代硫酸钠标准溶液的浓度，mol/L；

m——试样质量，g。

（三）结果解读

油脂过氧化值指油脂中过氧化物的含量数值，是检验油脂品质的指标之一。一般以每千克油脂中过氧化物氧的克当量数表示，即 meq/kg 油。因为这个数值是油脂中的过氧化物与碘化钾作用而析出的游离碘的克数，所以也可用碘的百分数表示。我国国家卫生标准规定，食用植物油的过氧化值不得超过 0.15%。油脂中的过氧化物是油脂在贮藏期间与空气中氧发生氧化作用的产物，具有高度活性，能够迅速变化，分解为醛、酮类和氧化物等，再加上贮藏过程中受到光、热、水分、微生物以及油脂中杂质的影响，会导致油脂的酸败变质。通过对油脂过氧化值的测定，可以了解油脂酸败的程度，结合其他指标的检验，就可以了解油脂的品质情况。

（四）注意事项与说明

（1）要保证样品混合均匀又不会产生气泡影响电极响应。可根据仪器说明书的指导，选择一个合适的搅拌速度。

（2）可根据仪器进行加水量的调整，加水量会影响起始电位，但不影响测定结果。被滴定相位于下层，更大量的水有利于相转化，加水量越大，滴定起点和滴定终点间的电位差异越大，滴定曲线上的拐点更明显。

（3）应避免在阳光直射下进行试样测定。

（4）加入碘化钾后，静置时间长短以及加水量多少，对测定结果均有影响。

（5）过氧化值过低时，可改用 0.0025mol/L 硫代硫酸钠标准溶液进行滴定。

思考题

1. 油脂中游离的脂肪酸与酸价有何关系？

2. 哪些指标可以表明油脂的特点？它们表明了油脂的哪些特点？

实验五 食品中蛋白质及氨基酸的动态分析

理论知识

（一）背景材料

蛋白质水解是指蛋白质在水解酶（Protease，Proteinase）的催化作用下水解过程的统称。这一过程所形成的水解产物在人体内要比自由氨基酸和没有水解的蛋白质更易被人体吸收。根据水解程度，蛋白质水解可以分为完全水解和部分水解两种。完全水解：彻底水解，得到的水解产物为各种氨基酸的混合物；部分水解：不完全水解，得到的水解产物是各种大小不等的肽段和单个氨基酸。

氨基酸是含有氨基和羧基的一类有机化合物的通称，是生物功能大分子蛋白质的基本组成单位，是构成动物营养所需蛋白质的基本物质。氨基酸态氮指的是以氨基酸形式存在的氮元素的含量。氨基酸态氮是判定发酵产品如酱油、料酒的指标物质，酿造醋等发酵程度的特性指标。该指标越高，说明产品中的氨基酸含量越高，营养越好。

（二）实验目的

（1）了解凯氏定氮法测食品中蛋白质的原理。

（2）本实验掌握氨基酸态氮测定的实验原理和基本操作方法；掌握正确的数据处理方法。

（3）初步掌握甲醛滴定法测定氨基酸含量的原理和操作要点。

（三）实验原理

1. 自动凯氏定氮仪法

蛋白质是含氮的有机化合物。蛋白质与浓硫酸和催化剂一同加热消化，可使蛋白质分解，分解的氨与硫酸结合可生成硫酸铵。然后碱化蒸馏使氨游离，用硼酸吸收后再以硫酸或盐酸标准溶液滴定，根据酸的消耗量乘以换算系数，并换算成蛋白质含量。

2. 酸度计法

氨基酸态氮也称氨基氮。氨基酸含有酸性的—COOH，也含有碱性的—NH_2。它们互相作用使氨基酸成为中性的内盐。因此，不能直接用氢氧化钠溶液滴定。当加入甲醛溶液时—NH_2与甲醛结合，其碱性消失，显示出酸性，可用氢氧化钠标准溶液滴定，以指示剂测定终点。

实验内容

一、加工过程中蛋白质的测定：凯氏定氮法

（一）实验设备与材料

1. 实验设备

（1）消化炉；

（2）自动凯氏定氮仪；

（3）分析天平　精确到 0.0001g。

2. 化学药品及试剂

氢氧化钠；盐酸；硫酸；硫酸钾；硫酸铜；硼酸。

相关溶液的配制：

（1）硼酸溶液（20g/L）　20g 硼酸加水稀释到 1000mL；

（2）氢氧化钠溶液（400g/L）　400g 氢氧化钠定容到 1000mL；

（3）盐酸标准滴定溶液（0.05mol/L）；

（4）甲基红乙醇溶液（1g/L）　称取0.1g 甲基红，溶于 95% 乙醇，用 95% 乙醇稀释至 100mL；

（5）亚甲基蓝乙醇溶液（1g/L）　称取0.1g 亚甲基蓝，溶于 95% 乙醇，用 95% 乙醇稀释至 100mL；

（6）溴甲酚绿乙醇溶液（1g/L）　称取0.1g 溴甲酚绿，溶于 95% 乙醇，用 95% 乙醇稀释至 100mL；

（7）混合指示液（二选一）　2份甲基红 +1 份亚甲基蓝；1 份甲基红 +5 份溴甲酚绿。

（二）实验方法与数据处理

1. 实验方法

称取充分混匀的固体试样 0.2 ~2g、半固体试样 2 ~5g 或液体试样 10 ~25g（相当于 30 ~40mg 氮，精确至 0.001g）至消化管中，再加入 0.4g 硫酸铜、6g 硫酸钾及 20mL 硫酸于消化炉进行消化。当消化炉温度达到 420℃之后，继续消化 1h，此时消化管中的液体呈绿色透明状，取出冷却后加入 50mL 水，于自动凯氏定氮仪（使用前加入氢氧化钠溶液，盐酸或硫酸标准溶液以及含有混合指示剂的硼酸溶液）上实现自动加液、蒸馏、滴定和记录滴定数据的过程。

2. 结果计算

$$X = \frac{(V_1 - V_2) \times c \times 0.014}{m \times V_3} \times F \times 100 \tag{7-8}$$

式中　X——试样中蛋白质的含量，g/100g；

V_1——样品滴定消耗盐酸的体积，mL；

V_2——空白滴定消耗盐酸的体积，mL；

c——盐酸标准滴定溶液浓度，mol/L；

V_3——吸取消化液的体积，mL；

0.014——1.0mL 盐酸标准滴定溶液相当于氮的质量，g；

m——样品的质量，g；

F——氮换算成蛋白质的系数，一般食物为 6.25。

（三）结果解读

这种测算方法本质是测出氮的含量，再将其作为蛋白质含量的估算。只有在被测物的组成是蛋白质时才能用此方法来估算蛋白质含量。

（四）注意事项与说明

当只检测氮含量时，不需要乘蛋白质换算系数 F。

二、 氨基酸态氮的测定

（一）实验设备与材料

1. 实验设备

酸度计；磁力搅拌器；分析天平；10mL 微量碱式滴定管。

2. 化学药品及试剂

（1）0. 1mL/L 氢氧化钠标准溶液；

（2）10g /L 酚酞指示液；

（3）中性甲醛溶液　量取甲醛溶液 50mL，加酚酞指示液 3 滴，用 0. 1mol/L 氢氧化钠标准溶液中和至呈微红色。

（二）实验方法与数据处理

1. 酱油试样

称量 5. 0g（或吸取 5. 0mL）试样于 50mL 的烧杯中，用水分数次洗入 100mL 容量瓶中，加水至刻度，混匀后吸取 20. 0mL 置于 200mL 烧杯中，加 60mL 水，开动磁力搅拌器，用氢氧化钠标准溶液［c（NaOH）=0. 050mol/L］滴定至酸度计指示 pH 为 8. 2，记下消耗氢氧化钠标准滴定溶液的体积，可计算总酸含量。加入 10. 0mL 甲醛溶液，混匀。再用氢氧化钠标准滴定溶液继续滴定至 pH 为 9. 2，记下消耗氢氧化钠标准滴定溶液的体积。同时取 80mL 水，先用氢氧化钠标准溶液［c（NaOH） =0. 050mol/L］调节至 pH 为 8. 2，再加入 10. 0mL 甲醛溶液，用氢氧化钠标准滴定溶液滴定至 pH 为 9. 2，做试剂空白试验。

2. 酱及黄豆酱样品

将酱或黄豆酱样品搅拌均匀后，放入研钵中，在 10min 内迅速研磨至无肉眼可见颗粒，装入磨口瓶中备用。用已知重量的称量瓶称取搅拌均匀的样品 5. 0g，用 50mL 80℃左右的蒸馏水分数次洗入 100mL 烧杯中，冷却后，转入 100mL 容量瓶中，用少量水分次洗涤烧杯，洗液并入容量瓶中，并加水至刻度，混匀后过滤。吸取滤液 10. 0mL，置于 200mL 烧杯中，加 60mL 水，开动磁力搅拌器，用氢氧化钠标准溶液［c（NaOH） = 0. 050mol/L］滴定至酸度计指示 pH 为 8. 2，记下消耗氢氧化钠标准滴定溶液的体积，可计算总酸含量。加入 10. 0mL 甲醛溶液，混匀。再用氢氧化钠标准滴定溶液继续滴定至 pH 为 9. 2，记下消耗氢氧化钠标准滴定溶液的体积。同时取 80mL 水，先用氢氧化钠标准溶液［c（NaOH） =0. 050mol/L］调节至 pH 为 8. 2，再加入 10. 0mL 甲醛溶液，用氢氧化钠标准滴定溶液滴定至 pH 为 9. 2，做试剂空白试验。

3. 结果计算

$$X = \frac{(V_1 - V_2) \times c \times 0.014}{m \times V_3/V_4} \times 100 \tag{7-9}$$

式中　X——样品中氨基酸态氮的含量，g/ 100mL；

V_1——加入甲醛后试样消耗氢氧化钠标准溶液的体积，mL；

V_2——加入甲醛后空白试验消耗氢氧化钠标准溶液的体积，mL；

c——氢氧化钠标准溶液的浓度，mol/L；

0. 014 ——氮的摩尔质量，kg/mol；

100——换算成 100mL 试样中氨基酸态氮的含量；

V_3—— 试样稀释液的取用量，mL；

V_4——试样稀释液的定容体积，mL；

m——样品质量，g。

计算结果保留 3 位有效数字。

（三）结果解读

在重复性条件下获得的两次独立测定结果的绝对差值不得超过算术平均值的 10%。该指标越高，说明产品中的氨基酸含量越高，营养越好。

（四）注意事项与说明

酸度计滴定准确快速，可用于各类样品中游离氨基酸含量的测定，酸度计要校正。

思考题

用甲醛法测定的结果能否作为氨基酸定量的依据？为什么？

第八章

CHAPTER 8

健康指标与评价方法

实验一　比色法测定 AST 含量

理 论 知 识

（一）背景材料

肝脏血液检测是最常见的血液检测，可用于评估肝脏功能或肝损伤情况。慢性肝炎患者最常见的实验室检查异常指标是血清转氨酶升高，常用的血清转氨酶检测指标酶有谷丙转氨酶（ALT）和谷草转氨酶（AST）。AST 主要分布在肝细胞内，一小部分存在于肌肉细胞内。如果肝脏受损或损坏，肝细胞中的谷草转氨酶便进入血液，血液中 AST 水平升高，提示肝脏出现异常。血清中 AST 的正常含量参考值是 0～40U/L（测试方法不同，参考值不完全相同）。例如，肝脏发炎时，转氨酶就会从肝细胞释放到血液中，血清转氨酶数值一定增高，当肝细胞的千分之一有炎症时，血清转氨酶数值就会增高一倍以上，因此，血清转氨酶数量是肝脏病变程度的重要指标。

（二）实验目的

（1）了解人体中谷草转氨酶（AST）的来源及作用。

（2）理解谷草转氨酶（AST）的测定原理。

（3）掌握测定谷草转氨酶（AST）的方法。

（三）实验原理

AST/GOT 能使 α－酮戊二酸和天门冬氨酸移换氨基和酮基，生成谷氨酸和草酰乙酸。草酰乙酸在反应过程中可自行脱羧生成丙酮酸。丙酮酸与 2,4－二硝基苯肼反应可生成 2,4－二硝基苯腙，在碱性溶液中显红棕色。比色后，查标准曲线，可求得酶的活力单位。

实 验 内 容

（一）实验试剂

试剂的组成与配制（96T）。

试剂一：谷草转氨酶基质液，5mL×1 瓶，4℃冰箱保存 6 个月；

试剂二：显色液，5mL×1 瓶，4℃冰箱保存 6 个月；

试剂三：浓缩终止液，5mL×1 瓶，室温密封保存 6 个月；临用时按浓缩终止液:双蒸水 =1:9 的比例稀释配制应用终止液，室温密封保存；

试剂四：2mmol/mL 标准液×1 支，4℃冰箱保存 6 个月；

试剂五：0.1mol/L 缓冲液×1 支，4℃冰箱保存 6 个月。

（二）实验方法与数据处理

（1）样本前处理　测定组织和细胞同时需要测定蛋白质浓度。可用 A045－2 总蛋白质定量测试盒（考马斯亮蓝法）或者 A045－3、A045－4 总蛋白质定量测试盒（BCA 法）进行蛋白质浓度的测定。

（2）操作如表 8－1 所示。

表 8－1　血液生化指标测定操作步骤

	测定孔	对照孔
基质液/μL 37℃已预温	20	20
待测样本/μL	5	
测定孔每吸取一个样本，将吸嘴伸入孔板底部液体中，反复吸打混匀后 37℃水浴或气浴 30min		
显色液/μL	20	20
待测样本/μL		5
对照孔每吸取一个样本，将吸嘴伸入孔板底部液体中，反复吸打混匀后 37℃水浴或气浴 20min		
应用终止液/μL	200	200

轻轻水平摇动 96 孔板将试剂混匀，于室温放置 15min，在波长 510nm 处，用酶标仪测定各孔 OD 值，以（绝对 OD 值 = 测定孔 OD 值减去对照孔 OD 值）查标准曲线，求得相应的 AST 活力单位。

（3）结果的计算

①血清（浆）计算　血清（浆）样本中 GPT 活力通过代入标准曲线直接计算得到。

②组织样本计算，如式（8－1）所示。

$$\text{组织中 AST 活力(U/g)} = \frac{\text{通过标准曲线测得的匀浆 AST 活力(U/L)}}{\text{匀浆液蛋白浓度(g/L)}} \tag{8-1}$$

（三）结果解读

1. 参考范围

血清中谷草转氨酶（AST）的正常含量参考值是：0～40U/L（测试方法不同，参考值不完全相同）。

2. 检验结果的解释

专业人员负责检验结果的审核。

检验结果会受到检验者年龄、性别、体重等因素的影响。在通常情况下，其结果如在参考范围内，被认为正常；如在临界区域内，应重新测定再确认；如果明显超出参考范围或确认检测后仍超出参考范围，则认为谷草转氨酶（AST）异常。检验结果如出现与临床不符甚至相悖的情况，应分析并查找原因。

3. 营养建议

（1）对于 AST 含量临界者，建议增加运动，合理膳食，一日三餐要合理搭配，荤素相间，做到营养均衡。绿色食品是保肝养肝的最佳选择，例如新鲜的蔬菜和水果。

（2）明显超出参考范围者，则认为肝功能异常，建议及时就医，并进行药物干预。

（四）注意事项与说明

试剂盒在 2 ~ 8℃避光保存。

思考题

1. 简述血液中谷草转氨酶（AST）测定方法的原理。
2. 简述血液中谷草转氨酶（AST）检测结果的意义。
3. 简述肝功能异常患者饮食与用药建议。

参考文献

陈世佳. 血清 ALT、AST、GGT 检测在肝脏疾病诊断中应用［J］. 中外医疗，2019，38（5）：190 - 192.

实验二　口服糖耐量试验（OGTT）

理 论 知 识

（一）背景材料

1. 糖耐量

糖耐量指人体对摄入的葡萄糖具有很大耐受能力的现象。口服葡萄糖耐量试验（OGTT）：口服一定量葡萄糖后，每间隔一定时间测定血糖水平的试验，是一种葡萄糖负荷试验，利用这一试验可了解胰岛 B 细胞功能和机体对糖的调节能力。

2. OGTT 的主要适应证

（1）无糖尿病症状，随机或空腹血糖异常者；

（2）无糖尿病症状，有一过性或持续性糖尿；

（3）无糖尿病症状，但有明显糖尿病家族史；

（4）有糖尿病症状，但随机或空腹血糖不够诊断标准；

（5）妊娠期、甲状腺功能亢进、肝病、感染，出现糖尿者；

（6）分娩巨大胎儿的妇女或有巨大胎儿史的个体；

（7）不明原因的肾病或视网膜病。

（二）实验目的

（1）了解什么是糖耐量测试。

（2）掌握糖耐量的测定方法。

（三）实验原理

正常人一次食入大量葡萄糖后，其血糖浓度略有升高，一般不超过8.88mmol/L，于2h内恢复正常，这种现象为耐糖现象。

实验内容

（一）实验设备与材料

1. 实验设备

血糖仪。

2. 化学药品及试剂

葡萄糖。

（二）实验方法与数据处理

1. 动物口服葡萄糖耐量实验

各组动物禁食3~4h，测定空腹血糖即给葡萄糖前（0h）血糖值，15~20min后各组经口给予葡萄糖2.5g/kg体重，测定给葡萄糖后各组0.5h、2h的血糖值，若模型对照组0.5h血糖值≥10mmol/L，或模型对照组0.5h、2h任一时间点血糖升高或血糖曲线下面积升高，与空白对照组比较，差异有显著性，可判定模型糖代谢紊乱成立，在此基础上，观察模型对照组与受试样品组空腹血糖、给葡萄糖后（0.5h、2h）血糖及0h、0.5h、2h血糖曲线下面积的变化。如式（8-2）、式（8-3）所示。

$$\text{血糖下降率}\% = \frac{\text{实验前血糖值} - \text{实验后血糖值}}{\text{实验前血糖值}} \times 100 \tag{8-2}$$

$$\text{血糖曲线下面积} = \frac{(\text{0h 血糖} + \text{0.5h 血糖}) \times 0.5}{2} + \frac{(\text{2h 血糖} + \text{0.5h 血糖}) \times 1.5}{2} \tag{8-3}$$

2. 人体葡萄糖耐量测定

实验前三天每日食物中糖含量不低于150g，且维持正常活动。影响试验的药物应在三日前停用。试验前患者应禁食10~16h，坐位取血后5min内饮入300mL含75g无水葡萄糖的糖水，服糖后于30min、1h、2h、3h分别采静脉血、留尿，测血糖、尿糖。历时3h，整个试验中不可吸烟，喝咖啡、茶和进食。

口服葡萄糖耐量实验OGTT结果参考值。

（1）空腹血糖　3.9~6.1mmol/L。

（2）服糖后　0.5~1h血糖<11.1mmol/L，2h血糖<7.8mmol/L，3h降至空腹水平。

（3）各时间点尿糖　阴性。

口服葡萄糖耐量实验OGTT临床意义：OGTT用于FPG在6.1~7.0mmol/L的可疑糖尿病的诊断。

（1）2h血糖<7.8mmol/L可排除糖尿病。

（2）2h血糖>11.1mmol/L诊断糖尿病。

（3）2h血糖7.8~11.1mmol/L为糖耐量减退。应长期随访，约1/3恢复正常，1/3仍为空腹血糖受损，1/3为糖尿病。

（三）结果解读

葡萄糖耐量试验中2h血浆葡萄糖<7.8mmol/L为正常，7.8≤血浆葡萄糖<11.1mmol/L

为糖耐量降低，≥11.1mmol/L 考虑为糖尿病。

思考题

1. 简述糖耐量检测结果的意义。
2. 简述高血糖患者饮食与用药建议。

参考文献

中华人民共和国卫生部医政司．全国临床检验操作规程［M］．2 版．南京：东南大学出版社，1997.

实验三 间接法测定血液胰岛素含量

理论知识

（一）背景材料

胰岛素是由胰脏内的胰岛 B 细胞受内源性或外源性物质如葡萄糖、乳糖、核糖、精氨酸、胰高血糖素等的刺激而分泌的一种蛋白质激素。胰岛素是机体内唯一能降低血糖的激素，同时可促进糖原、脂肪、蛋白质的合成。外源性胰岛素主要用来治疗糖尿病。

胰岛素的生物合成速度受血浆葡萄糖浓度的影响，当血糖浓度升高时，B 细胞中胰岛素原含量增加，胰岛素合成加速。

胰岛素与 C 肽以相等分子分泌进入血液。临床上使用胰岛素治疗的患者，血清中存在胰岛素抗体，影响放射免疫方法测定血胰岛素水平，在这种情况下可通过测定血浆 C 肽水平，来了解内源性胰岛素的分泌状态。血浆葡萄糖浓度是影响胰岛素分泌的最重要因素。口服或静脉注射葡萄糖后，胰岛素释放呈两相反应。早期快速相，门静脉血浆中胰岛素在 2min 内即达到最高值，随即迅速下降；延迟缓慢相，10min 后血浆胰岛素水平又逐渐上升，一直延续 1h 以上。早期快速相显示葡萄糖可促使储存的胰岛素释放，延迟缓慢相显示胰岛素的合成和胰岛素原转变的胰岛素。

进食含蛋白质较多的食物后，血液中氨基酸浓度升高，胰岛素分泌也增加。精氨酸、赖氨酸、亮氨酸和苯丙氨酸均有较强的刺激胰岛素分泌的作用。进餐后胃肠道激素增加可促进胰岛素分泌，如胃泌素、胰泌素、胃抑肽、肠血管活性肽都可刺激胰岛素分泌。自主神经功能状态：迷走神经兴奋时促进胰岛素分泌；交感神经兴奋时则抑制胰岛素分泌。

（二）实验目的

（1）学习检测胰岛素含量的方法。

（2）理解血液胰岛素的测定原理。

(3) 理解胰岛素对血糖的影响。

(三)实验原理

胰岛素的分子质量为5700u，由两条氨基酸肽链组成。A链有21个氨基酸，B链有30个氨基酸。A链与B链之间有两处二硫键相连。胰岛B细胞中储备胰岛素约200U，每天分泌约40U。空腹时，血浆胰岛素浓度是5~15μU/mL。进餐后血浆胰岛素水平可增加5~10倍。胰岛素的生物合成速度受血浆葡萄糖浓度的影响，当血糖浓度升高时，B细胞中胰岛素原含量增加，胰岛素合成加速。胰岛素与C肽以相等分子数量分泌进入血液。

实验内容

(一)实验设备与材料

1. 实验设备

计数器；试管；加样器；离心机。

2. 化学药品及试剂

胰岛素标准品；125 I -胰岛素。

(二)实验方法与数据处理

按表8-2进行。

表8-2　血液胰岛素含量测定的步骤

	标准管						待测管	
	0	10	20	40	80	160	1	2
试管号	1，2	3，4	5，6	7，8	9，10	11，12	13，14	15，16
标准品（不同浓度）	100	100	100	100	100	100	—	—
待测血清	—	—	—	—	—	—	100	100
抗血清（二抗）	100	100	100	100	100	100	100	100
分析试剂	100	100	100	100	100	100	100	100
混匀，37℃温育2h								
125 I -胰岛素	100	100	100	100	100	100	100	100
混匀，37℃温育2h								
第二抗体	100	100	100	100	100	100	100	100
混匀，37℃温育2h								

测定和计算：反应完毕后，将各管于室温3000r/min离心30min，仔细吸取上清液，收集于放射性废液储存容器内。用一计数仪分别测量各管沉淀物（*B*）的放射性强度（cpm），以两管的cpm均值表示。再以第1、2管的cpm值为B_0，分别计算结合率（*B*%，即$B/B_0 \times 100\%$），用*B*%为纵坐标，不同浓度胰岛素标准品为横坐标，绘制标准曲线。然后根据待检管的*B*%，从标准曲线中即可查得胰岛素的相应含量。

(三)结果解读

(1) 空腹时，正常值为5~15mU/L，胰岛素依赖型的胰岛素含量则低于正常的下限或测不出，非胰岛素依赖型的胰岛素含量在正常范围或高于正常人。

（2）胰岛素释放试验　胰岛素依赖型的胰岛素含量无高峰出现，呈低平曲线；非胰岛素依赖型的胰岛素含量高峰较正常为低，或高峰出现延迟。

（四）注意事项与说明

临床上使用胰岛素治疗的患者，血清中存在胰岛素抗体，影响放射免疫方法测定血胰岛素水平。在这种情况下可通过测定血浆 C 肽水平，来了解内源性胰岛素的分泌状态。

思考题

1. 简述血液胰岛素测定方法的原理。
2. 简述血液胰岛素检测结果的意义。
3. 简述胰岛素对糖尿病及低血糖的作用。

参考文献

中华人民共和国卫生部医政司．全国临床检验操作规程［M］．2 版．南京：东南大学出版社，1997.

实验四　甲基麝香草酚蓝比色法测定血钙含量

理 论 知 识

（一）背景材料

人体中 99% 以上的钙都以磷酸钙或碳酸钙的形式存在于骨骼中，余下的约 1% 存在于软组织和细胞外液中。血液中的钙含量非常少，主要以蛋白质结合钙、复合钙（与阴离子结合的钙）和游离钙的形式存在。钙主要是通过饮食摄入的，食物中的钙在小肠上段被吸收入血液。进食含碱性过多的食物不利于钙的吸收，而维生素 D 可促进钙在小肠内的吸收。血清钙主要受甲状旁腺激素和活性维生素 D 的调节。此外，还需要肠道吸收、骨代谢、肾小管再吸收等各阶段的调节作用。

钙除参加构成骨骼和牙齿外，还可以影响神经、肌肉的兴奋性，维持心肌及传导系统的兴奋性和节律性，参与肌肉的收缩和正常的传导神经冲动，还是参与凝血过程的必需物质。当血清总钙超过 2.74mmol/L 时，称为高钙血症，发生高钙血症的常见原因有溶骨作用增强、肾功能损害、钙摄入过多、钙吸收增加等。当血清总钙低于 2.12mmol/L 时，称为低钙血症，发生低钙血症的常见原因有成骨作用增强、钙吸收减少、钙摄入不足、钙吸收不良等。血钙含量增高会出现甲状旁腺功能亢进、维生素 D 过多症、多发性骨髓瘤、结节病等疾病。血钙含量降低会出现手足搐搦症、甲状旁腺功能减退、佝偻病、慢性肾炎、尿毒症、软骨病、吸收不良性低血钙、大量输入枸橼酸盐抗凝血后等。

（二）实验目的

（1）了解人体中血钙的来源及作用。

（2）理解血钙的测定原理。

（3）掌握血钙测定的方法。

（三）实验原理

钙（Calcium）是一种金属元素，常温下呈银白色晶体状，动物的骨骼、蛤壳、蛋壳都含有碳酸钙。检测生命体中钙的含量，主要通过检测钙离子浓度实现。用分光光度法检测钙较为常见，该法需要合适的金属指示剂或选择性结合钙离子后可引起变色的染料化合物。目前较为常用的染料有邻甲酚酞络合铜（OCPC）、偶氮砷皿、甲基麝香草酚蓝等。

Leagene 钙检测试剂盒（甲基麝香草酚蓝比色法）是利用溶液中钙离子在碱性条件下能与（MTB）结合，生成蓝紫色复合物的原理来进行钙离子测定的。通过分光光度计检测 610nm 处吸光值，根据公式计算出总钙含量。

实 验 内 容

（一）实验试剂

检测试剂盒（××公司××型号试剂盒）；取血工具。

血钙含量的测定试剂如表 8－3 所示。

表 8－3　血钙含量的测定试剂

名称	TC1023　50T	保存条件
试剂 A：钙标准（2.5mmol/L）	1mL	4℃
试剂 B：Ca Assay buffer	50mL	室温
试剂 C：MTB 显色液	50mL	4℃避光
试剂 D：ddH_2O	10mL	室温
使用说明书	1 份	

（二）实验方法与数据处理

1. 制备样品

（1）血浆、血清样品　血浆、血清按照常规方法制备，可以直接用于本试剂盒的测定，－20℃冻存，用于钙的检测。

（2）细胞或组织样品　取恰当细胞或组织进行匀浆，低速离心取上清液，在－20℃条件下冻存，用于钙的检测。

（3）高浓度样品　如果样品中含有较高浓度的钙，可以使用 ddH_2O 稀释，不宜使用普通蒸馏水稀释。

（4）样品准备完毕后可以用 BCA 蛋白质浓度测定试剂盒测定蛋白质浓度，以便于后续阶段计算单位蛋白质质量组织或细胞内的钙含量。

2. 制备钙显色工作液

临用前，取钙分析缓冲液和 MTB 显色液等量混合，即配即用，不宜久置。

3. 钙检测

选用经稀盐酸处理及去离子水清洁的干燥试管或者一次性无菌聚乙烯离心管，按表8－4操作。

表8－4　血钙检测实验步骤

加入物	空白管	标准管	测定管
ddH_2O	0.025		
钙标准（2.5mmol/L）		0.025	
待测样品/mL			0.025
钙显色工作液/mL	2.0	2.0	2.0

4. 读取吸光值

混匀，室温静置，于分光光度计610nm处检测，比色杯光径为1.0cm，以空白管调零，读取各管吸光值。

5. 结果的计算

（1）血清、血浆中钙计算公式，如式（8－4）所示。

$$钙(mmol/L) = (A_{测定}/A_{标准}) \times 25 \quad (8-4)$$

（2）组织中钙计算公式，如式（8－5）所示。

$$钙(mmol/mg) = (A_{测定}/A_{标准}) \times 2.5 \quad (8-5)$$

（三）结果解读

1. 参考范围

健康成年人血清钙浓度：2.08～26mmol/L（8.3～10.4mg/dL）

儿童血清钙浓度：2.23～2.8mmol/L（8.9～11.2mg/dL）

2. 检验结果的解释

专业人员负责检验结果的审核。

检验结果会受到检验者年龄、性别、体重等因素的影响。在通常情况下，其结果如在参考范围内，认为正常；如在临界区域内，应重新测定再确认；如果明显超出参考范围或确认检测后仍超出参考范围，则认为血钙含量异常。检验结果如出现与临床不符甚至相悖的情况，应分析并查找原因。

3. 营养建议

（1）对于血钙含量临界者，建议增加运动，合理膳食，减少脂类、高糖饮食的摄入，多食用果蔬等。

（2）明显超出参考范围者，则认为血钙含量异常，建议及时就医，并进行药物干预。

（四）注意事项与说明

试剂盒在2～8℃避光保存。

思考题

1. 简述血钙含量测定方法的原理。

2. 简述血液中血钙含量检测结果的意义。

3. 简述血钙含量过高或过低饮食与用药建议。

参考文献

校勤，高积勇，郭靖．血钙测定及 NBNA 评估新生儿窒息及其临床意义［J］．陕西医学杂志，2005（9）：1091－1093.

实验五　血液中总胆固醇（TC）浓度的测定

理论知识

（一）背景材料

血脂是人体血浆内所含脂质的总称，其中包括胆固醇、甘油三酯、胆固醇酯、β－脂蛋白、磷脂、非酯化脂肪酸等。胆固醇和甘油三酯都是人体必需的营养物质，但健康人的胆固醇和甘油三酯水平有一定的标准范围。当胆固醇、甘油三酯等均经常超过正常值时，则统称为高脂血症。高脂血症是动脉粥样硬化的主要发病因素。常因侵犯重要器官而引起严重的后果，如冠心病、糖尿病、脑梗死、顽固性高血压及肾病综合征、胰腺炎、结石、脂肪肝等。动脉硬化的发生和发展，与血脂过高有着密切的关系。

胆固醇是一种环戊烷多氢菲的衍生物。胆固醇广泛存在于动物体内，尤以脑及神经组织中最为丰富，在肾、脾、皮肤、肝和胆汁中含量也高。其溶解性与脂肪类似，不溶于水，易溶于乙醚、氯仿等溶剂。胆固醇是动物组织细胞所不可缺少的重要物质，它不仅参与形成细胞膜，而且是合成胆汁酸、维生素 D 以及类固醇激素的原料。胆固醇经代谢能转化为胆汁酸、类固醇激素、7－脱氢胆固醇，并且 7－脱氢胆固醇经紫外线照射就会转变为维生素 D_3 等。

胆固醇主要来自人体自身的合成，食物中的胆固醇是次要补充。如一个 70kg 体重的成年人，体内大约有胆固醇 140g，每日大约更新 1g，其中 4/5 在体内代谢产生，只有 1/5 需从食物补充，每人每日从食物中摄取胆固醇 200mg，即可满足身体需要，胆固醇的吸收率只有 30%，随着食物胆固醇含量的增加，吸收率还要下降。因此，建议每天摄入 50～300mg 为佳。

胆固醇在体内有着广泛的生理作用，但当其过量时便会导致高胆固醇血症，对机体产生不利的影响。现代研究已发现，动脉粥样硬化、静脉血栓形成与胆结石和高胆固醇血症有密切的相关性。

（二）实验目的

（1）了解人体中胆固醇的来源及作用。

（2）理解血液中总胆固醇（TC）的测定原理。

（3）掌握血液中总胆固醇（TC）浓度的测定方法。

（三）实验测定指标

测定幼年大鼠体重和脏体比变化、股骨骨密度（Bone mineral density，BMD）和骨微观结构变化、骨微观结构以及血清和股骨骨髓组织中骨吸收标志物：血清及股骨骨髓组织中抗酒石酸酸性磷酸酶（Tartrate resistant acid phosphatase，TRACP）、基质金属蛋白酶 9（Matrix metalloproteinase 9，MMP－9）、组织蛋白酶 K（Cathepsin，CTSK）、骨代谢过程中核因子 κB 受体激活因子配体（Receptor activator for nuclear factor－κB ligand，RANKL）和骨保护素（Osteocalcin，OPG）水平。

实 验 内 容

（一）实验设备与材料

1. 实验设备

4 周龄幼年 SD 大鼠数只；TE 601－1 电子天平；DYY－8C 型电泳；高压灭菌锅；WIGGENS、Vortes3000 涡旋振荡器；GL－21M 离心机；DHP－9082 型电热恒温培养箱；Step One Plus；TM 荧光定量 PCR 仪；UV－2401PC 紫外－可见分光光度计。

2. 化学药品及试剂

大鼠 TRACP 酶联免疫吸附测定试剂盒；大鼠 MMP－9 酶联免疫吸附测定试剂盒；大鼠 CTSK 酶联免疫吸附测定试剂盒；大鼠 RANKL 酶联免疫吸附测定试剂盒；大鼠 OPG 酶联免疫吸附测定试剂盒全部购自上海江莱生物科技有限公司；Trizol 美（Invitrogen 公司）；红细胞裂解液（江苏凯基生物技术股份有限公司）；PBS（美国 Gibco 公司）；Prime Script™ RT reagent Kit with gDNA Eraser（大连宝生物工程有限公司）；GoTaq® qPCR Master Mix（美国 Promega 公司）。

（二）实验方法与数据处理

1. 大鼠股骨显微 CT 检测

取多聚甲醛固定好的各组大鼠左侧股骨，采用 Micro－CT 对股骨的显微结构进行评价。分别将待测股骨放入 Micro－CT 仪的样本杯中，进行扫描。扫描条件为：电压 75kV，电流 200yA，180°旋转扫描，扫描时间为 17min，曝光时间 460ms，帧平均为 1 帧，角度增益 0.4°，分辨率 6pimo 对同一样品扫描获得 1027 张不同角度的 4032×2688 像素的图片。通过 NRECON 程序对扫描得到的样品信息在相同条件下进行三维 CT 重建，而后选取股骨远端距生长板 0.77～3.85mm 的骨组织进行分析。定量分析使用 CTAn 软件，分析参数包括 BMD、骨小梁数量、骨小梁厚度和骨小梁分离度。

2. 大鼠血清中骨代谢生化指标检测

取－80℃保存的大鼠血清，采用酶联免疫吸附实验（ELISA）法检测大鼠血清中骨吸收指标 TRACP、MMP－9、CTSK 和 RANKL 和骨形成指标 OPG 水平，试剂盒由上海江莱生物科技有限公司提供，操作步骤严格按照说明书进行。应用 Bio－RAD 酶标仪测量 450nm 处吸光值，并将其在标准曲线下换算成浓度值。

3. 实时荧光定量 PCR 技术检测大鼠骨髓中骨代谢相关基因的表达

取－80℃保存的股骨骨髓，用液氮处理骨髓组织，用 Trizol 法提取骨髓总 RNA。具体操作如下：首先取 50～100mg 右腿股骨骨髓组织（新鲜或－80℃及液氮中保存的组织均可）置 1.5mL 离心管中，加入适量红细胞裂解液充分裂解，经 PBS 洗涤后，加入 1mL

Trizol 充分匀浆，于室温下静置 5min；加入 0.2mL 氯仿，振荡 15s，静置 2min；4℃离心，12000×g 15min，取上清液；加入 0.5mL 异丙醇，将管中液体轻轻混匀，室温静置 10min；4℃离心，12000×g 离心 10min，弃上清液；加入 1mL 75% 乙醇，轻轻洗涤沉淀；4℃，7500×g 离心 5min，弃上清液；晾干，加入适量的 DEPC H_2O 溶解（65℃促溶 10~15min）。

4. 采用 RT-PCR 法检测

使用 Prime Script™ RT reagent Kit with gDNA Eraser 试剂盒，按说明书操作将 RNA 逆转录成 cDNA（混合后的反应体系立即在 37℃水浴中反应 15min，然后 85℃，5s 灭酶，逆转录的 cDNA4℃存放）。按照 GoTaq® qPCR Master Mix 说明书的方法配制 PCR 荧光定量反应液，使用 Step One Plus™ System 系统进行各基因 PCR 扩增，反应条件如下所述。预变性：95℃，2min（1 个循环）；变性：95℃，15s，延伸 60℃，60s（40 个循环）；融解曲线：95℃，15s；60℃，15s；95℃，15s（1 个循环）。以 GAPDH 为内参，引物序列由上海生工生物工程股份有限公司合成，扩增条件：95℃，2min；95℃，30s；60℃，30s（40 个循环），如表 8-5 所示。

表 8-5　　TC 浓度测定步骤

	空白管	标准管	样本管
样本	—	—	0.01mL
标准品	—	0.01mL	—
纯化水	0.01mL	—	—
工作液	1.0mL	1.0mL	1.0mL
吸光值		$A_{校准}$ =	$A_{样品}$ =

注：标准品浓度为 5.17mmol/L（200mg/dL）的胆固醇所产生的吸光值之差（ΔA）应在 0.380~0.680 范围内。

5. 结果的计算

计算公式如式（8-6）所示。

$$胆固醇含量 = A_{样品} \times 校准品浓度 / A_{校准} \tag{8-6}$$

转换系数：mg/dL×0.02586=mmol/L

mmol/L×38.67=mg/dL

（三）结果解读

1. 参考范围

参考范围如表 8-6 所示。

表 8-6　　TC 浓度测定参考范围

理想范围	<5.2mmol/L	<200mg/dL
边缘升高	5.23~5.69mmol/L	201~219mg/dL
升高	≥5.72mmol/L	≥220mg/dL

2. 检验结果的解释

采用 SPSS 22.0 中的单因素方差分析（One - way ANOVA）多重比较法对数据进行统计分析，实验结果以（±s）表示，当 $P<0.05$ 时即认为数据间存在显著性差异。

专业人员负责检验结果的审核。

检验结果会受到检验者年龄、性别、体重等因素的影响。在通常情况下，其结果如在参考范围内，认为正常；如在临界区域内，应重新测定再确认；如果明显超出参考范围或确认检测后仍超出参考范围，则认为血清胆固醇浓度异常。检验结果如出现与临床不符甚至相悖的情况，应分析并查找原因。

3. 营养建议

（1）对于胆固醇含量临界者，建议增加运动，合理膳食，减少脂类、高糖饮食摄入，多食用果蔬等。

（2）明显超出参考范围者，则认为血清胆固醇浓度异常，建议及时就医，并采用他汀类药物进行干预。

（四）注意事项与说明

试剂盒在 2～8℃避光保存。

思考题

1. 简述血液中胆固醇测定方法的原理。
2. 简述血液中胆固醇检测结果的意义。
3. 简述高脂血症患者饮食与用药建议。

参考文献

中华人民共和国卫生部医政司．全国临床检验操作规程［M］．2 版．南京：东南大学出版社，1997.

实验六　血液中总甘油三酯（TG）浓度的测定

理 论 知 识

（一）背景材料

甘油三酯（TG）是脂质的组成成分，是甘油和 3 个脂肪酸所形成的酯。脂质组成复杂，除甘油三酯外，还包括胆固醇、磷脂、脂肪酸以及少量其他脂质。正常情况下，血浆中的甘油三酯保持着动态平衡。血浆中的甘油三酯的来源主要有两种。①外源性：人体从食物中摄取的脂肪于肠道内，在胆汁酸、脂酶的作用下被肠黏膜吸收，在肠黏膜上皮细胞内合成甘油三酯；②内源性：体内自身合成的甘油三酯主要在肝脏，其次为脂肪组织。甘油三酯的主要功能是供给与储存能源，还可固定和保护内脏。血清甘油三酯测定是血脂分析的常规项目。

甘油三酯（TG）是血脂的一种，血脂还包括其他物质如胆固醇等。血中甘油三酯（TG）与胆固醇一样，也都存在于各种脂蛋白中。而血甘油三酯则是所有脂蛋白中的甘油三酯总和。血中颗粒大而密度低的脂蛋白所含甘油三酯的量多。当患者的血甘油三酯特别高（颗粒大、密度低的脂蛋白过多）时，血液会呈乳白色，将这种血静置一段时间后，血的表面会形成厚厚的一层奶油样物质，这便是化验单上报告的“脂血”。过多的甘油三酯会导致脂肪细胞功能改变和血液黏稠度增加，并增加患冠心病的危险性，而且，血液中甘油三酯过高还会引发急性胰腺炎。

ATPII 报告将甘油三酯水平分为四级：正常水平，低于 2.3mmol/L；临界高水平，2.3～4.5mmol/L；高水平，4.5～11.3mmol/L；极高水平，超过 11.3mmol/L。甘油三酯处于临界高水平和高水平的患者，常常伴有导致冠心病危险性增加的脂质紊乱，如家族性复合型高脂血症和糖尿病性脂质紊乱血症。甘油三酯水平超过 11.3mmol/L 的患者患急性胰腺炎的危险性大大增加。

我国正常人血脂水平比相应年龄、性别的欧美人为低。理想的血清甘油三酯水平是 0.34～1.7mmol/L。血清甘油三酯水平 >1.7mmol/L 为高血甘油三酯水平。

（二）实验目的

（1）了解人体中甘油三酯的来源及作用。

（2）理解血液中总甘油三酯（TG）的测定原理。

（3）掌握血液中总甘油三酯（TG）浓度的方法。

（三）实验原理

$$甘油三酯 + 3H_2O \longrightarrow 甘油 + 脂肪酸$$

$$甘油 + ATP \longrightarrow 甘油-3-磷酸 + ADP$$

$$H_2O_2 + 4-氨基安替吡啉 + 4-氯酚 \longrightarrow 醌亚胺 + 2H_2O + HCl$$

生成的醌类化合物颜色的深浅与甘油三酯的含量成正比，分别测定标准管和样本管的吸光值，可计算样本中甘油三酯的含量。

实验内容

（一）实验设备与材料

1. 实验设备

Heal Force 高速冷冻离心机；酶标仪。

2. 化学药品及试剂

胆固醇标准品；抗凝剂（肝素或 $EDTANa_2$）；检测试剂盒（××公司××型号试剂盒）；取血工具。

（二）实验方法与数据处理

（1）取样取血液（可以加入适量抗凝剂）样本，经 1000～3000×g，4℃离心 15min，吸取上清，待测。

（2）按试剂盒说明书检测过程如下所述。

混匀，37℃孵育 10min，在波长 510nm 处用酶标仪测定各孔吸光值，以空白管校零，

读取 $A_{校准}$ 及 $A_{样本}$，如表 8－7 所示。

表 8－7　　TG 浓度测定步骤

	空白管	标准管	样本管
蒸馏水/μL	—	—	—
标准品/μL	—	2.5	—
样本/μL	2.5	—	2.5
工作液/μL	250	250	250
吸光值		$A_{校准}$ =	$A_{样品}$ =

注：混匀，37℃孵育 10min，波长 510nm，酶标仪测定各孔吸光值。

（3）结果计算　计算公式如式（8－7）所示。

$$甘油三酯量(mmol/L)=\frac{样本\ OD\ 值-空白\ OD\ 值}{校准\ OD\ 值-空白\ OD\ 值}\times 标准品浓度(mmol/L) \quad (8-7)$$

（三）结果解读

1. 检验结果的解释

专业人员负责检验结果的审核。

检验结果会受到检验者年龄、性别、体重等因素的影响。在通常情况下，其结果如在参考范围内，认为正常；如在临界区域内，应重新测定再确认；如果明显超出参考范围或确认检测后仍超出参考范围，则认为血清胆固醇浓度异常。检验结果如出现与临床不符甚至相悖的情况，应分析并查找原因。

2. 营养建议

（1）饱和脂肪酸过多，可使甘油三酯升高，并有加速血液凝固作用，可促进血栓形成。而不饱和脂肪酸能够使血液中的脂肪酸向着健康的方向发展，能够减少血小板的凝聚，并增加抗血凝作用，能够降低血液的黏稠度。因此提倡多吃海鱼，以保护心血管系统，降低血脂。烹调时，应采用植物油。

（2）胆固醇是人体必不可少的物质，但摄入过多危害很大。植物固醇存在于稻谷、小麦、玉米、菜籽等植物中，植物固醇在植物油中呈现游离状态，一定程度上有降低胆固醇作用，而大豆中豆固醇有明显降血脂的作用。所以，提倡多吃豆制品。

（3）甘油三酯高的患者还要注意，蛋白质的来源非常重要，宜选择富含优质蛋白质的食物，且植物蛋白质的摄入量要在 50% 以上。

（4）不要过多吃糖和甜食，因为糖可转变为甘油三酯。每餐应吃七八分饱。应多吃粗粮，如小米、燕麦、豆类等食品，这些食品中膳食纤维含量高，具有降血脂的作用。

（5）多吃富含维生素、无机盐和纤维素的食物。应多吃鲜果和蔬菜，新鲜果蔬中含维生素 C、无机盐和纤维素较多，能够降低甘油三酯、促进胆固醇的代谢。

（四）注意事项与说明

试剂盒在 2～8℃避光保存。

思考题

1. 简述血液中甘油三酯测定方法的原理。
2. 简述血液中甘油三酯检测结果的意义。
3. 简述高脂血症患者饮食与用药建议。

实验七　血液中高密度脂蛋白胆固醇（HDL－C）浓度的测定

理 论 知 识

（一）背景材料

高密度脂蛋白（HDL）运载周围组织中的胆固醇，再将其转化为胆汁酸或直接通过胆汁从肠道排出，动脉造影证明高密度脂蛋白胆固醇含量与动脉管腔狭窄程度呈显著的负相关。所以高密度脂蛋白是一种抗动脉粥样硬化的血浆脂蛋白，是冠心病的保护因子，俗称“血管清道夫”。医学上常采用比较简便且省钱的免疫化学沉淀方法，直接测定 HDL 中的胆固醇（HDL－C）。HDL－C 是临床检验的指标，它代表了血液中 HDL 的水平。近来，众多的科学研究证明，HDL 是一种独特的脂蛋白，具有明确的抗动脉粥样硬化的作用，可以将动脉粥样硬化血管壁内的胆固醇“吸出”，并运输到肝脏进行代谢清除。因此，HDL 具有“抗动脉粥样硬化性脂蛋白”的美称。高密度脂蛋白主要由肝脏合成。它是由载脂蛋白、磷脂、胆固醇和少量脂肪酸组成。高密度脂蛋白颗粒小，可以自由进出动脉管壁，可以摄取血管壁内膜底层沉浸下来的低密度脂蛋白、胆固醇、甘油三酯等有害物质，并将其转运到肝脏进行分解排泄。

HDL < 0.907mmol/L 时，冠心病发病危险性为 HDL > 1.68 时的 8 倍；HDL 每升高 0.5，冠心病的发病率下降 50%。当血液中 HDL 含量高时，血脂及血垢的清运速度大于沉积速度，不但不会有新的血脂沉积，连早已沉积的脂质斑块也会被逐渐清除，血管越来越干净，血流畅通无阻，大量的 HDL 进入血管内膜及内皮细胞，修复内膜破损，恢复血管弹性，心脑血管病变概率就比较低；当 HDL 含量低时，血脂及血垢的清运速度小于沉积速度，血脂增高，沉积加快，硬化逐渐加重，病变必然发生。

（二）实验目的

（1）了解人体中高密度脂蛋白来源及作用。

（2）理解血液中高密度脂蛋白胆固醇（HDL－C）的测定原理。

（3）掌握血液中高密度脂蛋白胆固醇（HDL－C）浓度的方法。

（三）实验原理

血清中低密度脂蛋白胆固醇（LDL－C）及极低密度脂蛋白胆固醇（VLDL－C）可与磷钨酸镁发生沉淀反应，上清液为高密度脂蛋白胆固醇（HDL－C）。可用磷钨酸镁沉淀法测血清中高密度脂蛋白胆固醇的含量。

实验内容

（一）实验设备与材料

1. 实验设备

Heal Force 高速冷冻离心机；××型号光电比色计。

2. 化学药品及试剂

胆固醇标准品；抗凝剂（肝素或 $EDTANa_2$）；检测试剂盒（南京建成生物工程研究所 F003－1－1 型试剂盒）；取血工具。

（二）实验方法与数据处理

1. 分级沉淀

取样 200μL 与 RⅢ200μL 混合（血清:RⅢ＝1:1），室温（低于 30℃）放置 15min 后 3000r/min 离心 10min，取上清液待测。

2. 按试剂盒说明书检测过程

混匀后 37℃保温 5min，500nm 处，酶标仪测定各孔吸光值，如表 8－8 所示。

表 8－8　　HDL－C 浓度测定步骤

	空白管	标准管	样本管
蒸馏水/μL	3	—	—
1.29mmol/L 校准品/μL	—	3	—
上清液/μL	—	—	3
工作液/μL	300	300	300
吸光值		$A_{校准}$＝	$A_{样品}$＝

3. 结果的计算

计算公式如式（8－8）所示。

$$HDL-C含量(mmol/L)=\frac{样本OD值-空白OD值}{校准OD值-空白OD值}\times 标准品浓度(1.29mmol/L)\times 样本前处理解释倍数(2倍) \tag{8-8}$$

（三）结果解读

1. 检验结果的解释

专业人员负责检验结果的审核。

检验结果会受到检验者年龄、性别、体重等因素的影响。在通常情况下，其结果如在参考范围内，认为正常；如在临界区域内，应重新测定再确认；如果明显超出参考范围或确认检测后仍超出参考范围，则认为血清胆固醇浓度异常。检验结果如出现与临床不符甚至相悖的情况，应分析并查找原因。

2. 营养建议

（1）对于高密度脂蛋白胆固醇含量临界者，建议增加运动，合理膳食，减少脂类、高糖饮食的摄入，多食用果蔬等。

（2）明显超出参考范围者，则认为血清高密度脂蛋白浓度异常，建议及时就医，并给予他汀类药物进行干预。

（四）注意事项与说明

（1）试剂盒在2～8℃避光保存。

（2）工作液稳定10min后使用，工作液放室温（15～25℃）可以稳定8h，4～8℃可以稳定7d。

思考题

1. 简述血液中高密度脂蛋白胆固醇测定方法的原理。
2. 简述血液中高密度脂蛋白胆固醇检测结果的意义。
3. 简述高脂血症患者饮食与用药建议。

实验八　血液中低密度脂蛋白胆固醇（LDL－C）浓度的测定

理 论 知 识

（一）背景材料

低密度脂蛋白（LDL）是由极低密度脂蛋白（VLDL）转变而来的，主要功能是把胆固醇运输到全身各处细胞，运输到肝脏合成胆酸。每种脂蛋白都携带有一定的胆固醇，携带胆固醇最多的脂蛋白是LDL。体内2/3的LDL是通过受体介导途径被吸收入肝和肝外组织，经代谢清除的。余下的三分之一是通过一条“清扫者”通路而被清除的，在这一非受体通路中，巨噬细胞与LDL结合，吸收LDL中的胆固醇，这样胆固醇就留在细胞内，使细胞变成“泡沫”细胞。因此，LDL能够进入动脉壁细胞，并带入胆固醇。LDL水平过高能引发动脉粥样硬化，使个体易患冠心病。

通常情况下，低密度脂蛋白（LDL）以非氧化状态存在，LDL的氧化将加速动脉粥样硬化的发生。因此，防止低密度脂蛋白被氧化和适度降低低密度脂蛋白对预防和治疗动脉粥样硬化意义重大。高低密度脂蛋白血症的药物治疗，可考虑使用血脂调节药。血脂调节药品种很多，效果各异，但就其作用原理而言不外乎干扰脂质代谢过程中某一个或几个环节，如减少脂质吸收、加速脂质的分解或排泄、干扰肝内脂蛋白合成或阻止脂蛋白从肝内传送进入血浆等。

（二）实验目的

（1）了解人体中胆固醇的来源及作用。

（2）理解血液中低密度脂蛋白胆固醇（LDL－C）的测定原理。

（3）理解血液中低密度脂蛋白胆固醇（LDL－C）的测定的方法。

（三）实验原理

【第一反应】

$$\begin{matrix}\text{HDL}\\\text{VLDL}\\\text{CM}\end{matrix}\xrightarrow{\text{表面活性剂 1}}\text{微粒化胆固醇}\xrightarrow{\text{CE}\cdot\text{CO}}H_2O_2$$

$$H_2O_2 + 4-\text{氨基安替比林} \xrightarrow{POD} \text{无色}$$

$$LDL \xrightarrow{\text{表面活性剂 1}} LDL$$

【第二反应】

$$LDL \xrightarrow{\text{表面活性剂 1}} \text{微粒化胆固醇} \xrightarrow{CE \cdot CO} H_2O_2$$

$$H_2O_2 + 4-\text{氨基安替比林} + Toos \xrightarrow{POD} \text{呈色反应}$$

实 验 内 容

（一）实验设备与材料

1. 实验设备

Heal Force 高速冷冻离心机；××型号光电比色计。

2. 化学药品及试剂

低密度脂蛋白标准品；抗凝剂（肝素或 EDTA－2Na）；检测试剂盒（南京建成生物工程研究所 A113－2－1 型试剂盒）；取血工具。

（二）实验方法与数据处理

1. 取样

取血液（可以加入适量抗凝剂）样本，经 1000～3000×g，4℃离心 15min，吸取上清液，待测。

2. 按试剂盒说明书检测

混匀，37℃孵育 5min，波长 546nm，光径 0.5cm，蒸馏水调零，测定各管吸光值 A_1。

混匀，37℃孵育 5min，波长 546nm，光径 0.5cm，蒸馏水调零，测定各管吸光值 A_2，如表 8－9 所示。

表 8－9　LDL－C 浓度测定的实验步骤

	空白管	标准管	样本管
蒸馏水/μL	10	—	—
标准品/μL	—	10	—
样本/μL	—	—	10
R_1/μL	750	750	750
R_2/μL	250	250	250

3. 结果的计算

计算公式如式（8－9）所示。

$$\text{LDL-C 含量（mmol/L）} = \frac{(\text{样本}A_2 - \text{样本}A_1) - (\text{空白}A_2 - \text{空白}A_1)}{(\text{标准}A_2 - \text{标准}A_1) - (\text{空白}A_2 - \text{空白}A_1)} \times \text{标准品浓度（mmol/L）} \tag{8-9}$$

（三）结果解读

1. 检验结果的解释

专业人员负责检验结果的审核。

检验结果会受到检验者年龄、性别、体重等因素的影响。在通常情况下，其结果如在参考范围内，认为正常；如在临界区域内，应重新测定再确认；如果明显超出参考范围或确认检测后仍超出参考范围，则认为血清胆固醇浓度异常。检验结果如出现与临床不符甚至相悖的情况，应分析并查找原因。

2. 营养建议

（1）对于低密度脂蛋白胆固醇偏低者，建议在日常生活中，运动量不要过大，适量增加动物的内脏等含脂肪较多的食物摄入量。

（2）对于低密度脂蛋白胆固醇偏高者，由于饱和脂肪和反式脂肪酸是导致体内低密度脂蛋白胆固醇偏高的主要原因，所以建议增加运动，合理膳食，减少脂类、高糖饮食摄入，多食用果蔬等，食用含有乳酸菌的食品也有助于降低体内低密度脂蛋白胆固醇的含量。

（四）注意事项与说明

试剂盒在2～8℃避光保存。

思考题

1. 简述血液低密度脂蛋白胆固醇测定方法的原理。
2. 简述血液低密度脂蛋白胆固醇检测结果的意义。
3. 简述高脂血症患者饮食与用药建议。

实验九　人血压的测定

理论知识

（一）背景材料

血压（Blood pressure，BP）是指血液在血管内流动时作用于单位面积血管壁的侧压力，它是推动血液在血管内流动的动力。在不同血管内被分别称为动脉血压、毛细血管压和静脉血压，通常所说的血压是指体循环的动脉血压。

影响动脉血压的因素主要有五个方面：①心脏每搏输出量；②外周阻力；③心率；④主动脉和大动脉管壁的弹性作用；⑤循环血量与血管容量的比例。

（二）实验目的

（1）了解血压对人体健康的重要性。

（2）掌握测量人和动物血压的基本方法。

（三）实验仪器

血压计或血压表。

（四）实验方法

测量人的血压（袖带加压法）。

（1）肱动脉与心脏在同一水平　仰卧位时平腋中线，坐位时平第四肋。

（2）卷起衣袖，露出手臂，肘部伸直，手掌向上。

（3）打开血压计，垂直放稳，打开水银槽开关。

（4）除尽袖带内空气，于上臂中部缠袖带，下缘距肘窝 2 ~ 3cm，以能插入一指为松紧适宜。

（5）触摸肱动脉搏，将听诊器头置于搏动明显处，用手固定，轻轻加压，关气门，充气至肱动脉搏消失再升高 20 ~ 30mmHg。

（6）缓慢放气，速度以水银柱下降 4mmHg/s 为宜，注意水银柱刻度和肱动脉声音的变化。

（7）听诊器出现第一声搏动音时水银柱所指的刻度即为收缩压，搏动音突然变弱或消失时水银柱所指的刻度即为舒张压。

（8）测量完毕，排尽袖带余气，拧紧气门上螺旋帽，解开袖带，整理后放入盒内，关闭汞槽开关。

（9）记录测量的数值，记录采用分数式，即收缩压/舒张压。

（五）注意事项

（1）血压计要定期检测和校对，以保持准确性。

（2）对需密切观察血压者，应做到“四定”，即定时间、定部位、定体位、定血压计。

（3）测量前 30min 内无剧烈运动、吸烟、情绪变化等影响血压的因素，情绪稳定，袖口不宜过紧。

（4）按要求选择合适的袖带。

（5）充气不可过快、过猛，防止汞外溢；放气不可过快或过慢，以免导致读数误差。

（6）发现血压听不清或异常，应重测。重测时，待水银柱降至“0”点后再测量。

（7）偏瘫患者在健侧手臂测量。

实验十　三种方法测量动物血压

理 论 知 识

（一）背景材料

测量动物血压有麻醉创伤法、尾套法和植入法。

（二）实验方法

麻醉创伤法是将动物麻醉后将压力传感器插入血管内测量血压的方法，因为创伤式测定法是在动脉内直接进行血压测定，所以和其他测定方法得出的值相比更接近正确值。但是其缺点也很明显：①麻醉剂对于安全药理实验的影响，麻醉深度不易控制，麻醉过深或过浅都会给实验结果造成很大影响；②监测时间受限制，监测时间不宜超过

4h，因为持续麻醉会导致动物多项生理指标改变，影响数据结果；③需要单独设立溶剂对照组来监测麻药对生理指标的影响，以防止动物血管破坏和减少麻醉因素对实验结果的影响。

尾套法就是把袖带绑在动物手臂或尾部上，自动对袖带充气，到一定压力（一般为180～230mmHg）时开始放气，当气压到一定程度时，血流就能通过血管，且有一定的振荡波，振荡波通过气管传播到机器里的压力传感器，压力传感能实时检测到所测袖带内的压力及波动。逐渐放气，振荡波越来越大。再放气由于袖带与手臂的接触越来越松，因此压力传感器所检测的压力及波动越来越小。这种血压测量方法的优点是操作简单及重复性一致性比较好。但是也有其缺点和局限性。缺点主要是易受外界振动的干扰，如动物摇尾、气管的震动等。低压的测量易受放气速度和气管刚性度影响。另外还有一定的局限性，受充气放气时间限制，测量数值少，不适合对血压影响较敏感的药物进行实验。

植入法是在犬动脉内插入导管并连接植入子，再将植入子埋植于动物皮下，待动物创口恢复后用于遥测实验。这种方法与尾套法比较有诸多优势：①植入法是在动脉内直接进行血压测定，因此，和其他测定方法得出的值相比更接近正确值；②与尾套法相比，植入法测量值不易受外接环境及动物体位变化的干扰；③植入法测量所得数据值更多更准确；④植入法能够准确监测到血压的快速变化。植入法的缺点是动物手术部位容易感染，需要良好的手术环境及术后护理，且手术周期较长，影响实验进度。在实验中需要通过具体情况来选择最合适的测量方法，比如需要长时间连续监测的药物，可以选用清醒动物遥测的方法。而对血压影响较明显且使血压变化较快的药物，不适合选用尾套法，而应考虑选择植入法。动物在清醒状态下进行实验，受药物作用影响出现呕吐、肌颤等反应或者药物毒性很大可能出现死亡的，可选麻醉创伤法。

（三）结果评估

1. 正常血压

正常成人安静状态下的血压范围较稳定，正常范围收缩压90～139mmHg，舒张压60～89mmHg，脉压30～40mmHg。

2. 异常血压

（1）高血压　未使用抗高血压药的前提下，18岁以上成人收缩压≥140mmHg和（或）舒张压≥90mmHg。

（2）低血压　血压低于90/60mmHg。

思考题

1. 血压对人体健康有什么重要性？
2. 测量血压的临床意义是什么？
3. 测量血压的方法有哪些？

实验十一　BMI 的测定

理 论 知 识

（一）实验原理

身体质量指数（BMI，Body mass index）是国际上常用的衡量人体肥胖程度和是否健康的重要标准，主要用于统计分析。肥胖程度的判断不能采用体重的绝对值，由于体重与身高的联系，BMI 通过人体体重和身高两个数值可计算出相对客观的参数，并用这个参数所处范围衡量身体质量。

（二）实验目的

（1）了解 BMI 的原理和计算公式。

（2）掌握测定 BMI 的方法。

（三）计算公式

如式（8－10）所示。

$$体重指数\ BMI（kg/m^2）=体重（kg）÷身高的平方（m^2） \quad (8-10)$$

根据世界卫生组织定下的标准，亚洲人的 BMI 若高于 22.9 便属于过重。亚洲人和欧美人属于不同人种，WHO 的标准不是非常适合中国人的情况，为此制定了中国参考标准，如表 8－10 所示。

表 8－10　　BMI 参考标准

BMI 分类	WHO 标准	亚洲标准	中国参考标准	相关疾病发病的危险性
偏瘦	≤18.5	≤18.5	≤18.5	低（但其他疾病危险性增加）
正常	18.5～24.9	18.5～22.9	18.5～23.9	平均水平
超重	≥25	≥23	≥24	
偏胖	25.0～29.9	23～24.9	24～26.9	增加
肥胖	30.0～34.9	25～29.9	27～29.9	中度增加
重度肥胖	35.0～39.9	≥30	≥30	严重增加
极重度肥胖	≥40.0			非常严重增加

实 验 内 容

（一）实验材料

体重秤。

（二）实验方法

找不同的人测定每个人的体重和身高，根据公式计算出 BMI，根据中国参考标准来判断所测的人的肥胖指数，来衡量健康标准。

（三）实验结果

根据公式计算出结果以后，对应表格评估自己的肥胖程度。

思考题

BMI 对健康有什么意义？

第九章

CHAPTER 9

常见营养功能的评价

实验一　DPPH 自由基清除法测定抗氧化性

理 论 知 识

（一）背景材料

有机化合物发生化学反应时，总是伴随着一部分共价键的断裂和新的共价键的生成。当共价键发生断裂时，两个成键电子的分离，所形成的碎片有一个未成对电子，如 H·，Cl·，CH··等。若是由一个以上的原子组成时，称为自由基。因为存在未成对电子，自由基和自由原子非常活泼，很容易与其他物质发生化学反应，通常无法通过分离得到。不过在许多反应中，自由基和自由原子以中间体的形式存在，尽管浓度很低，存留时间很短，这样的反应称为自由基反应。

对人体健康影响很大的自由基有超氧阴离子自由基、羟基自由基、单线态氧等氧自由基以及氮氧自由基。这些主要的自由基具有三个显著的特征：①氧化性强；②寿命短；③具有顺磁性。这些自由基，以及由这些自由基与细胞内分子反应所产生的、过氧化亚硝基等非自由基分子离子都被称为活性氧。这些自由基都会随着细胞的有氧呼吸而产生，而在各种辐射条件下、有害化学物质尤其是在环境污染物暴露等情况下，身体中都会产生大量的内源活性氧自由基。

随着对自由基研究的深入，人们已经发现很多疾病都与自由基密切相关，受到广泛关注的包括自身免疫病、癌症、各种辐射损伤、血管动脉粥样硬化、自然衰老等，当生物大分子被活性氧攻击后就会诱导产生这些疾病，所以清除体内自由基的保健方法现在受到了越来越广泛的重视。随着活性氧自由基对人体危害的原理被越来越多地揭示，临床医学已经把清除、抑制自由基的方法作为辅助的治疗手段。

（二）实验目的

（1）了解人体内自由基的来源及作用。

（2）理解 DPPH 法实验测量抗氧化性的测定原理。

（三）实验原理

DPPH（1,1 - Diphenyl - 2 - picrylhydrazylradical）即 1,1 - 二苯基 - 2 - 苦肼基自由基。由于分子中存在多个吸电子的—NO_2和苯环的大 π 键，所以氮自由基能稳定存在。

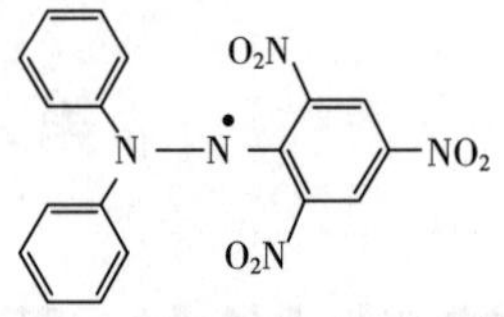

当DPPH自由基被清除，其最大吸收波长519nm处的吸光值随之减小。DPPH这种稳定的自由基为清除自由基活性的检测提供了一个理想而又简单的药理模型。

实验内容

（一）实验设备与材料

1. 实验设备

（1）分析天平　感量0.1mg；

（2）试管　10mL；

（3）可调节移液枪　1.00mL；

（4）紫外-可见分光光度计。

2. 化学药品及试剂

除有另外说明外，所用试剂均为分析纯，水为符合GB/T 6682—2008《分析实验室用水规格和试验方法》规定的一级水。

（二）实验方法与数据处理

DPPH自由基清除实验。

1. DPPH测试液的配制

取DPPH固体1mg溶于24mL 95%乙醇（或无水乙醇、甲醇）中，超声5min，充分振摇，务必使上下各部分均匀。最好避光保存，5h内用完。取1mL上述步骤配制好的DPPH溶液，加0.5mL 95%乙醇（或无水乙醇、甲醇）稀释后使其吸光值为0.6~1.0。若吸光值过大，则继续加溶剂；若吸光值过小，则补加DPPH固体或者原始溶液。

2. 样品液的配制

样品用合适的溶剂溶解，为便于计算，可配成1mg/mL浓度的样品液。根据样品的极性选择溶剂，首选甲醇、95%乙醇或无水乙醇（尽量与DPPH溶液所用溶剂相同），如不溶可用DMSO。

3. 预试

取DPPH溶液1.0mL，加0.5mL相应有机溶剂后，往其中加少量样品液。加样时，先少后多添加，边加边混合，并观察溶液的褪色情况，当溶液颜色基本褪去时，记下样品的加样量。如果反应缓慢可在37℃烘箱中放置0.5h。

此加样量即为样品的最大用量，在此最大用量的基础上，往前设置5个用量，可使之成等差数列。

如在预试过程中，发现加样到500μL时，DPPH溶液颜色基本褪去，则500μL为该样品液的最大用量。对于该样品而言，其用量梯度宜设为100μL、200μL、300μL、400μL、500μL。

A_0值：取 DPPH 溶液 1.0mL 到比色皿中，加对应有机溶剂 0.5mL，稀释混合，测 A 值，此 A 值为 A_0（A_0须在 0.8 ~1.0）。

A 值：取（500 − x）μL 有机溶剂到比色皿中，加样品液 xμL（x 是根据预试结果确定的样品液用量），再加 DPPH 溶液 1.0mL，混合使反应液总体积为 1.5mL。测 A 值。

如某样品的用量梯度为 100μL、200μL、300μL、400μL、500μL，则加样如表 9 − 1 所示。

表 9 − 1　样品加样表

样品液	95%乙醇（或无水乙醇）	DPPH 测试液	总体积
0μL	500μL	1.0mL	1.5mL
200μL	300μL	1.0mL	1.5mL
300μL	200μL	1.0mL	1.5mL
400μL	100μL	1.0mL	1.5mL
500μL	0μL	1.0mL	1.5mL

4. 最终测量

每测 1 个用量需要测 3 个平行数据。

（三）结果计算

清除率（抑制率）的计算公式，如式（9 − 1）所示：

$$清除率(\%) = \frac{A_0 - A}{A_0} \times 100 \tag{9-1}$$

A_0为不加样品时的值；A 为加入样品后的值。

（四）注意事项

（1）测量前，要先用空白溶剂调零。

（2）将溶液注入比色皿后应当充分摇匀，使颜色均匀分布。

（3）每次使用前后要注意比色皿的清洁。

（4）如果在实验过程中出现 A 值大于 A_0的情况，则可能是由于样品本身产生的本底吸收所致，此时，应该减去本底吸收的 A 值（$A_本$）。这个 A 本值可以通过加样品但不加 DPPH 的方法测得。此时的计算公式如式（9 − 2）所示。

$$清除率 = \frac{A_0 - (A - A_本)}{A_0} \times 100\% \tag{9-2}$$

思考题

1. DPPH 实验测量抗氧化性的原理是什么？
2. DPPH 自由基被清除的机制是什么？

实验二　细胞实验评价降血糖功能

理论知识

（一）背景知识

血液中的糖分称为血糖，绝大多数情况下都是葡萄糖（英文简写 Glu）。体内各组织细胞活动所需的能量大部分来自葡萄糖，所以血糖必须保持在一定的水平才能维持体内各器官和组织的需要。

胰岛素抵抗（IR），是指各种原因使胰岛素促进葡萄糖摄取和利用的效率下降，机体代偿性的分泌过多胰岛素产生高胰岛素血症，以维持血糖的稳定。胰岛素抵抗易导致代谢综合征和 2 型糖尿病。

（1）动物选择　选用健康成年动物，常用小鼠［（25 ±2）g］或大鼠［（180 ±20）g］。单一性别，大鼠每组 8 ~12 只、小鼠每组 10 ~15 只。

（2）材料

①试剂：四氧嘧啶（或链脲霉素），小鼠 35 ~50mg/kg 体重、大鼠 50 ~80mg/kg 体重用，新鲜配制。血糖测定试纸或试剂盒。

②仪器：血糖仪、全自动生化仪、721 – B 型分光光度计。

（3）剂量分组及受试样品给予时间　设 1 个溶剂对照组和 3 个受试样品剂量组，根据人体每日每千克体重推荐摄入量，小鼠数量扩大 10 倍作为其中一个剂量组（大鼠扩大 5 倍），根据受试样品的具体情况另设两个剂量组。受试样品给予时间原则上不少于 30d，也可根据实验需要自行设定期限。

（4）实验方法

①降低空腹血糖实验。

a. 高血糖模型动物。

原理：四氧嘧啶（或链脲霉素）是一种 B 细胞毒剂，可选择性地损伤多种动物的胰岛 B 细胞，造成胰岛素分泌低下引起实验性糖尿病。

造型：动物禁食 24h 后，给予四氧嘧啶造型，5 ~7d 后禁食 3 ~5h，测血糖，血糖值 10 ~25mmol/L 为高血糖模型成功动物。

操作步骤：选高血糖模型动物按禁食 3 ~5h 的血糖水平分组，随机选 1 个模型对照组和 3 个剂量组（组间差不大于 1. 1mmol/L）。剂量组给予不同浓度受试样品，模型对照组给予溶剂，连续 30d，测空腹血糖值（禁食同实验前），比较各组动物血糖值及血糖降低的绝对值（即实验前后血糖的差值）。

b. 正常动物。

选健康成年动物按禁食 3 ~5h 的血糖水平分组，随机选 1 个对照组和 1 个受试样品组（高剂量）。其余操作同高血糖模型动物操作步骤。

②糖耐量实验。

高血糖模型动物禁食 3 ~5h，剂量组给予不同浓度受试样品，模型对照组给予同体积溶剂，15 ~20min 后经口给予葡萄糖 2. 0g/kg 或医用淀粉 3 ~52. 0g/kg，测定给葡萄糖后 0h、0. 5h、2h 的血糖值或人医用淀粉后 0h、1h、2h 的血糖值，观察模型对照组与受试样品组给葡萄糖或医用淀粉后各时间点血糖曲线下面积的变化。

血糖曲线下面积 = 1/2 ×（0h 血糖值 + 0.5h 血糖值）×0.5 + 1/2 ×（2h 血糖值 + 0.5h 血糖值）×1.5 = 0.25 ×（0h 血糖值 + 4 ×0.5h 血糖值 + 3 ×2h 血糖值）。

（5）数据处理及结果判定　一般采用方差分析。

降空腹血糖实验：受试样品剂量组与对照组比较，空腹血糖实测值降低有统计学意义，可判定该受试样品降空腹血糖实验结果阳性。

糖耐量实验：受试样品剂量组与对照组比较，在给葡萄糖或医用淀粉后、0h、0.5h、2h 血糖曲线下面积降低有统计学意义，可判定该受试样品糖耐量实验结果阳性。

（6）注意事项

①为了使实验动物糖代谢功能状态尽量保持一致，也为了准确地按体重计算受试样品的用量，实验前动物应严格禁食（不禁水），实验前后禁食条件应一致，鼠类在禁食的同时应更换衬垫物。

②血糖测定用试纸或试剂盒，按说明书操作。

③如用血清样品进行测定，应于取血后 30min 内分离血清，分离后血清的含糖量在 6h 内不变。用血清制备的无蛋白质滤液可保存 48h 以上。

④高浓度的还原性物质如维生素 C 也能与色素原竞争游离氧，干扰反应，使结果偏低。血红蛋白能使过氧化氢过早分解，也干扰反应，致使测得的血糖值偏低。因此对已溶血的全血或血清，必须制备无蛋白质滤液后再进行测定。

（二）实验目的

（1）了解血糖在人体的功能。

（2）了解胰岛素抵抗的概念。

实验内容

（一）细胞实验检验方法

$HepG_2$细胞用含 0.25mmol/L 软脂酸（PA）和 0.2% 牛血清白蛋白（BSA）的 DMEM 培养基诱导培养 24h 建立 IR－$HepG_2$细胞模型，给予不同剂量的受试样品干预，并设立正常对照组，用葡萄糖氧化酶法测定培养液中葡萄糖的消耗量，用甘油三酯检测试剂盒测定 TG 含量。

1. IR－$HepG_2$细胞模型的建立

$HepG_2$细胞用含 10% 热灭活的 FBS 及 1% 青链霉素的 DMEM 高糖完全培养基于 37℃，5% CO_2，相对湿度为 95% 的培养箱中培养。细胞长至 70% ~80% 融合后，传代接种至培养板继续培养，长至 70% 融合时，换成含 0.2% BSA 的无血清 DMEM 高糖培养基培养 12h，然后换含 0.25mmol/L 软脂酸及 1nmol/L 胰岛素，0.2% BSA 的无血清 DMEM 高糖培养基，同时分别对不同浓度的受试样品干预 24h，收集处理细胞后检测各指标。

2. 仪器及试剂

倒置荧光显微镜；酶标仪；电子天平；超净工作台；制冰机；紫外－可见分光光度计；台式冷冻离心机；恒温水浴锅；超声波细胞粉碎机；高压蒸汽灭菌器；化学荧光分析仪；二氧化碳培养箱；葡萄糖氧化酶法检测试剂盒；甘油三酯（TG）测定试

剂盒。

3. 实验分组

实验设受空白对照组、胰岛素抵抗（IR）组和受试样品三个剂量组。

4. 研究内容

（1）葡萄糖消耗量的测定

①测定原理：β - D 葡萄糖 + O_2 + H_2O ⟶ D - 葡萄糖酸 + H_2O_2

H_2O_2 + 4 - APP + 苯酚⟶红色醌类化合物 + H_2O + O_2

醌类化合物颜色的深浅与葡萄糖的含量成正比，测定标准管和测定管的吸光值，计算葡萄糖的含量。

②测定方法：制备工作试剂 1，取 R_1 试剂 10mL 和 R_2 试剂 1mL 充分混合均匀。加样情况如表 9 - 2 所示。

各管混匀后置于 37℃水浴锅中 15min，空白管调零，于半自动生化仪上测定各管的吸光值。

表 9 - 2　加样情况表

加入物	空白管	标准管	测定管
标准液	—	10	—
样本	—	—	10
工作试剂 1	1.0	1.0	1.0

葡萄糖浓度按式（9 - 3）计算。

葡萄糖浓度 =（测定管的吸光值 - 空白管的吸光值）/（标准管的吸光值 - 空白管的吸光值）× 标准浓度　（9 - 3）

具体步骤如下。

a. 将 $HepG_2$ 细胞按大约 5000 个/孔接种到 96 孔培养板上，周边不接种，加 PBS，设一组空白对照，只加培养基，当细胞长至 70% ~ 80% 融合时，换上含 0.2% BSA 的无血清 DMEM 培养基培养 12h；

b. 换以含 1nmol/L Insulin 及相应受试药品浓度的上述培养基继续培养 24h；

c. 取出各孔培养液，1000r/min 离心 5min，再取其上清液，用 GOD - POD 法测定每孔培养上清中的葡萄糖含量。

（2）细胞内 TG 测定

①测定原理：甘油三酯 + 3H_2O ⟶ 甘油 + 3 脂肪酸

甘油 + ATP ⟶ 甘油 - 3 - 磷酸 + ADP

甘油 - 3 - 磷酸 + O_2 ⟶ 磷酸二羟基丙酮 + H_2O_2

H_2O_2 + 4 - 氨基安替比林 + 3,5 二氯苯磺酸⟶红色醌类化合物

生成醌类化合物颜色的深浅与 TG 的含量成正比，测定标准管以及测定管的吸光值，计算 TG 的含量。

②测定方法：制备工作试剂 2，取 R_1 试剂 4mL 和 R_2 试剂 1mL 充分混合均匀，加样情况如表 9 - 3 所示。

表 9－3　加样情况表

加入物	空白管	标准管	测定管
标准液	—	10.0	—
样本	—	—	10.0
工作试剂 2	1.0	1.0	1.0

各管混匀，置于 37℃水浴锅中保温 10min 后，以空白管校零（空白管吸光值为 0），半自动生化仪测定各管吸光值。

甘油三酯浓度按式（9－4）计算。

甘油三酯浓度 =（测定管吸光值 − 空白管吸光值）/（标准管吸光值 − 空白管吸光值）× 标准浓度　（9－4）

具体步骤如下。

a. 将 $HepG_2$ 细胞按 1×10^6/mL 接种至 6 孔培养板，当细胞长至 70% ~ 80% 融合时，换上含 0.2% BSA 的无血清 DMEM 培养基培养 12h；

b. 换以含 1nmol/L Insulin 及相应受试样品浓度的上述培养基继续培养 24h；

c. 萃取细胞内的甘油三酯。吸弃各孔培养液，用 PBS 清洗两遍并吸尽残液，然后加适量胰酶消化并用含血清的培养基进行终止，收集各孔细胞悬液于 6 支 1.5mL 的离心管中，于低温高速离心机中 4℃，12000r/min 离心 5min，弃上清液后再次用 PBS 清洗 2 遍，再次以同样的条件离心、去上清液后，于每管沉淀中加入适量异丙醇，利用低温冻融及超声波在液体中的分散效应充分裂解细胞至悬液清亮，最后再于 4℃，12000r/min 离心 5min；

d. 取各孔的上清液，利用甘油三酯检测试剂盒，于半自动生化仪中测定每孔中的 TG 含量。

（二）数据处理和结果判定

1. 数据处理

应用 SPSS19.0 软件进行统计学分析，数据用 $x \pm s$ 表示，多组间比较用 ANOVA 方差分析，以 $P < 0.05$ 为有显著性差异。

2. 结果判定

IR－$HepG_2$ 细胞予以受试样品干预后，细胞葡萄糖的消耗较模型组明显增多，细胞内的 TG 含量较模型组明显减少，表明受试样品可有效改善 $HepG_2$ 细胞的胰岛素抵抗状态。

实验三　细胞实验评价降血脂功能

理论知识

（一）背景材料

脂类主要包括脂肪和类脂两大类，其中脂肪主要是指甘油三酯，而甘油三酯主要由甘油和脂肪酸组成；类脂主要由磷脂、糖脂、胆固醇以及胆固醇酯组成。

脂肪酸在生物体内具有重要的功能，其主要是细胞膜的组成成分，是细胞内能量储存形式和一些特殊的营养成分和物质信号。虽然脂肪酸对于生物体的生命活动必不可少，但是过量的脂肪酸摄入，会引起一系列的健康问题，如肥胖、脂肪肝、生长发育迟缓和智力障碍等。因此维持细胞内脂质代谢的稳态对于机体的健康发展尤为重要。机体脂肪酸分为外源脂肪酸和内源脂肪酸，其中外源脂肪酸大多数来自于食物，而内源脂肪酸主要由机体利用糖和蛋白质转化而来，主要形成甘油三酯，可储存能量。脂肪酸主要在肝脏、肾脏、脂肪组织等组织器官的相关细胞的细胞质中合成。其中哺乳动物肝脏甘油三酯合成的途径如图 9 -1 所示：

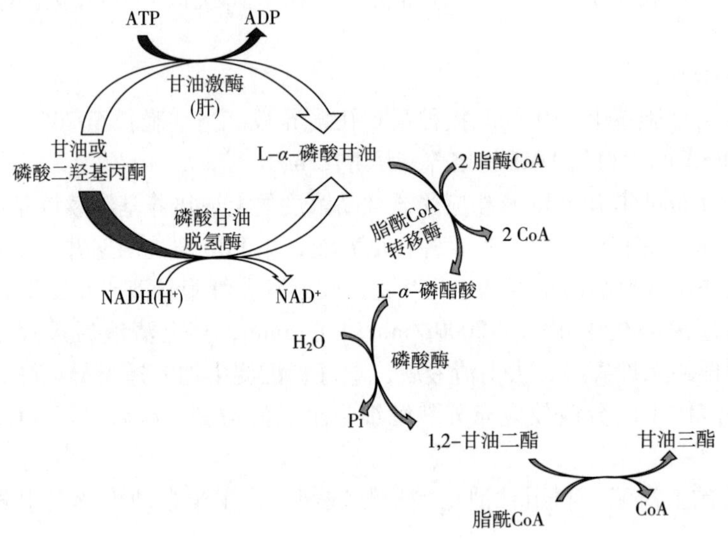

图 9 -1　甘油三酯合成的途径

脂肪酸氧化在肝和肌肉中最活跃，主要以 β - 氧化的方式在线粒体基质中进行，因为线粒体基质中含有催化脂肪酸氧化的相关酶，而长链脂酰 CoA 只有在肉碱转移酶（CPT -1）的作用下才能进入线粒体进行 β 氧化，因此，CPT -1 是脂肪酸 β 氧化过程中的限速酶。图 9 -2 是脂肪酸氧化的途径：

脂肪酸合成代谢过程中涉及相关的酶主要包括以下几方面：①脂肪酸合成酶（FAS）可以催化丙二酰辅酶 A 和乙酰辅酶 A 形成脂肪酸。研究表明体内 FAS 的含量与许多慢性疾病的发生概率呈正相关。FAS 是脂肪合成过程中关键的酶，FAS 表达水平的上调，会促进脂肪的积累，而 FAS 的下调能抑制脂肪的积累，从而缓解脂肪肝的发病进展。②乙酰辅酶 A 羧化酶（ACC）是脂肪酸合成中的限速酶，可以催化脂肪酸合成的第一步反应，羧化乙酰辅酶 A，形成丙二酰辅酶 A，然后在脂肪酸碳链延长酶的作用下形成长链脂肪酸。同时丙二酰辅酶 A 是肉碱脂酰转移酶（CPT -1）的抑制剂，可以抑制 β - 氧化，降低脂肪酸的分解。ACC 活性或者基因和蛋白质表达水平的上调，可以增加脂肪酸的合成与积累。肥胖和脂肪肝患者的肝脏组织中 ACC 的水平与正常人相比显著增加。ACC 的活力以及其基因和蛋白的上调能引起脂肪的积累，相反其下调会缓解脂肪的积累。③羟甲基戊二酸单酰辅酶 A 还原酶（HMGCR）是胆固醇

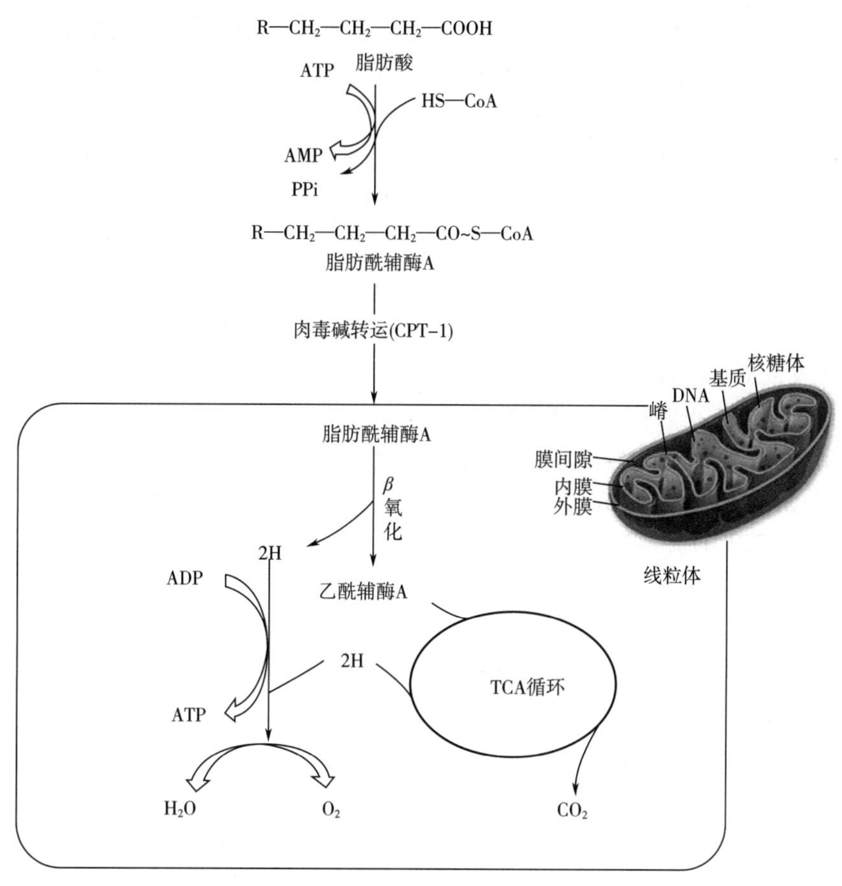

图 9－2　脂肪酸的氧化途径

从头合成的关键酶。研究表明肥胖患者体内胆固醇的含量明显高于正常人，而胆固醇的过量积累会引起胆固醇代谢紊乱。有研究表明 SREBP－2 和 HMGCR 基因表达水平的下调会降低机体内胆固醇的含量，从而缓解肝脏脂肪积累的相关疾病。固醇调节元件蛋白（SREBPS）主要包括 SREBP－1C 和 SREBP－2，是脂肪合成代谢过程中的关键酶，其表达上调能促进脂肪的合成，相反，其表达下调能缓解脂肪的积累，以及与肥胖相关的疾病。

AMP 依赖的蛋白激酶（AMPK）是生物能量代谢的主要调节者，可以调节脂肪代谢基因和蛋白质的表达。研究表明，AMPK 的磷酸化激活能抑制脂肪的合成相关酶的表达水平，促进脂肪分解相关酶的表达水平，主要能抑制 SREBP－1C、SREBP－2、HMGCR、FAS、ACC 的表达，促进 CPT－1 的表达。

（二）实验目的

（1）了解脂肪酸在人体内的功能。

（2）掌握脂肪酸的合成与分解过程。

实验内容

（一）细胞实验检验方法

1. 使用 FFAS 构建 $HepG_2$ 细胞高脂模型

（1）原理　游离脂肪酸是由油酸和棕榈酸（2∶1）配制而成的。油酸（$C_{18}H_{34}O_2$）是一种单不饱和脂肪酸，其结构式为 $CH_3(CH_2)_7CH{=}CH(CH_2)_7COOH$，是脂肪酸从头合成的终产物，在自然界中广泛存在，无毒性。多种动植物油脂的脂肪酸部分均是油酸。棕榈酸是一种饱和脂肪酸，分子式为 $C_{16}H_{32}O_2$，结构式为 $CH_3(CH_2)_{14}COOH$，是植物和动物中最常见的脂肪酸之一。虽然其主要成分来自于棕榈树，但却在一些常见的肉类、牛乳和乳酪中存在，和油酸一起构成了人们生活中摄入量最多的脂肪酸。

（2）建模方法　本细胞实验的模型使用饱和（棕榈酸）和不饱和（油酸）脂肪酸按照2∶1的比例混合后孵育 $HepG_2$ 细胞24h，在显微镜下观察细胞形态，使细胞形态变圆，体积增大，细胞内甘油三酯大量累积，并出现脂肪积累和氧化损伤的现象，该模型可用于研究小分子或提取物对游离脂肪酸诱导的脂肪积累、细胞毒性、凋亡和氧化损伤的保护作用，以及对NAFLD疾病的预防和治疗机制。

FFAS的配制如下。油酸（0.2mol/L）：取0.4g BSA溶于1.8mL PBS。取油酸0.14113g（$M=282.47$）溶于200μL氢氧化钠（0.1mol/L）。依次加入上述配制好的含BSA的PBS使油酸充分溶解。棕榈酸（0.2mol/L）：取0.051284g棕榈酸加入1mL氢氧化钠（0.1mol/L）于90℃水浴中充分溶解。将配制好的油酸2mL加入棕榈酸中。使用0.2μm的细胞专用滤膜过滤除菌，配制的FFAS储备液的浓度为0.2mol/L（油酸∶棕榈酸 = 2∶1），最后使用完全培养基稀释为1mmol/L备用。

（3）仪器及试剂　倒置荧光显微镜；实时定量PCR仪；酶标仪；电子天平；梯度PCR仪；超净工作台；制冰机；凝胶电泳成像分析系统；紫外－可见分光光度计；台式冷冻离心机；恒温水浴锅；超声波细胞粉碎机；电泳仪；Bio－rad半干转印槽转膜仪；Bio－rad半干转印槽转膜仪；高压蒸汽灭菌器；化学荧光分析仪；二氧化碳培养箱；总胆固醇（TC）；甘油三酯（TG）测定试剂盒。

（4）实验分组　实验设空白对照组、高脂组和受试样品三个剂量组。

空白对照组：完全培养基

高脂组：1mmol/L FFAS + 完全培养基

受试样品三个剂量组：不同剂量的受试样品 + 完全培养基

2. 噻唑蓝（MTT）检测细胞活力

原理：活细胞线粒体中的琥珀酸脱氢酶能使外源性MTT还原为水不溶性的蓝紫色结晶甲臜并沉积在细胞中，而死细胞无此功能。二甲基亚砜（DSMO）能溶解细胞中的甲臜，用酶标仪在570nm波长处测定其吸光值，MTT结晶形成的量与细胞数成正比。根据测得的吸光值来判断活细胞数量，吸光值越大，细胞活性越强。

待细胞长至80%～90%时进行实验，将细胞制备成4mL细胞悬液，使用1mL移液器反复吹打细胞至均匀，并使用血球计数板计数，调整细胞密度为 5×10^5 个/mL，取1mL细胞悬液于50mL无菌离心管中，加入9mL完全培养基，吹打均匀后接种于入96孔细胞培养板中，每孔100μL（培养板四周加入PBS以免培养基蒸发，影响实验结果）。接种细胞后，将培养板放入二氧化碳培养箱中培养24h，待细胞完全贴壁后弃掉旧培养基，正常对照组加入完全培养基。高脂组加入含有1mmol/L的FFAS的完全培养基。受试样品三个剂量组加入含有不同剂量的受试样品的完全培养基，放入培养箱继续培养24h后，使用PBS润洗细胞1～2次。加入100μL MTT工作液在二氧化碳培养箱中继续培养4h，弃掉MTT工作液，每孔加入150μL DMSO，并在振荡器上振荡5min，充分溶解形成的甲臜结晶，最后使用酶标仪于570nm处检测样品的吸光值。

3. 油红O测定细胞脂肪积累

原理：油红O属于偶氮染料，是很强的脂溶剂和染脂剂，可与甘油三酯结合呈小脂滴状。脂溶性染料能溶于组织和细胞中的脂类，它在脂类中的溶解度比在溶剂中大。当组织切片置入染液时，染料则离开染液而溶于组织内的脂质（如脂滴）中，使组织内的脂滴呈橘红色。

照上述实验方法，将细胞密度调整为1×10^6个/mL，取1.3mL加入11.7mL培养基中，反复吹打细胞至均匀后，将细胞均匀地种于6孔板中，并放入在培养箱中培养24h使其完全贴壁生长，正常对照组加入完全培养基，高脂组加入含有1mmol/L的FFAS的完全培养基，受试样品三个剂量组加入含有不同剂量的受试样品的完全培养基，放入培养箱继续培养24h后，使用PBS润洗细胞1~2次。使用细胞固定液固定细胞1h后，使用蒸馏水浸洗2~3次，加入新配制的油红O溶液1mL，每孔染色40min后，使用60%异丙醇漂洗5~10s，立即弃掉异丙醇，使用蒸馏水浸洗2~3次，然后在倒置荧光显微镜下进行观察和拍照。最后加入1mL异丙醇充分溶解油红O后于510nm条件下检测吸光值。

4. 细胞内甘油三酯和胆固醇的测定

按照上述实验方法，将细胞密度调整为1×10^6个/mL，取1.3mL加入11.7mL培养基，反复吹打细胞至均匀后将细胞均匀地种于6孔板中，并放入在培养箱中培养24h使其完全贴壁生长，正常对照组加入完全培养基，高脂组加入含有1mmol/L的FFAS的完全培养基，受试样品三个剂量组加入含有不同剂量的受试样品的完全培养基，培养24h后弃掉旧培养液并用PBS浸洗2~3次，加入1mL胰酶消化细胞1min，弃掉胰酶，利用残留的胰酶继续消化，直到拍打培养板底部能看到明显的细胞脱落现象，加入1mL完全培养基终止消化，经反复吹吸后移入小离心管中，离心收集细胞，得到的沉淀使用PBS洗1~2次，最终加入200μL的PBS。使用多功能细胞破碎仪，裂解细胞，条件为300W，在冰水浴条件下，裂解时间为5s，间隔30s反复5次。然后使用南京建成的TC、TG检测试剂盒检测细胞内TC和TG的含量；并使用BCA蛋白试剂盒检测细胞内的蛋白质含量。TC、TG最终的含量表示为μmol/mg蛋白。

TC和TG含量的检测方法：检测样本分为空白管，加入蒸馏水10μL和酶工作液1000μL；校准管加入校准品10μL和酶工作液1000μL；样品管加入样品10μL和酶工作液1000μL；每组重复3次，混匀后在37℃条件下孵育10min，然后使用紫外－可见分光光度计，在波长510nm、光径0.5cm条件下，使用蒸馏水调零后检测吸光值。

蛋白质含量的检测：配制BCA工作液，按照BCA和Cu离子50:1的比例充分混匀后备用。制作标准曲线，取10μL BSA标准品加入90μL PBS稀释，终浓度为0.5mg/mL，取8个1.5mL EP管分别加入0μL、2μL、4μL、6μL、8μL、12μL、16μL、20μL稀释过的标准品，再依次使用PBS补充至20μL，分别加入200μL的BCA工作液混匀后在37℃条件下孵育30min。使用酶标仪在562nm条件下检测吸光值，并绘制标准曲线。将样品稀释4倍后，取20μL加入200μL的BCA工作液，混匀后在37℃条件下孵育30min后，使用酶标仪在562nm条件下检测吸光值。根据标准曲线计算样品的蛋白质含量。

5. “彗星”实验细胞核内DNA损伤

原理：彗星实验能够高效准确检测并定量分析独立细胞中DNA链的损伤程度。当细胞DNA遭受内源性或者外源性氧化损伤时，DNA超螺旋结构被破坏，从而使双链断裂，碱性细胞裂解液的存在进一步破坏了细胞膜、核膜等膜结构，细胞内的蛋白质、RNA和其他物质因而扩散到电解液中，但细胞核DNA由于分子质量太大，所以不能进入凝胶而留在原位，而碱性电解条件会使受损断裂的DNA分子片段释放出来并发生一定的迁移，出现“彗尾散射”的现象。DNA损伤程度越高，该现象在显微镜下表现得越明显，通过用CASP软件对其图像进行分析，计算彗尾中DNA的百分比及彗尾长度。

（1）细胞的处理　按照上述实验方法，将细胞密度调整为1×10^{6}个/mL，取1.3mL加入11.7mL培养基，反复吹打细胞至均匀后，将细胞均匀地种于6孔板中，并放入在培养箱中培养24h使其完全贴壁生长，正常对照组加入完全培养基，高脂组加入含有1mmol/L FFAS的完全培养基，受试样品三个剂量组加入含有不同剂量的受试样品的完全培养基培养24h后，弃掉旧培养基并用PBS浸洗2~3次，加入1mL胰酶消化细胞1min，弃掉胰酶，利用剩余的胰酶继续消化，直到拍打六孔板底部能看到明显的细胞脱落现象时，加入1mL完全培养基终止消化，并将其反复吹吸后移入小离心管中，离心收集细胞，沉淀使用PBS洗1~2次，最终加入200μL的PBS备用。

（2）彗星胶的制备　用移液枪吸取100μL正常熔点胶滴到彗星实验专用载玻片上，盖上盖玻片于4℃条件下放置1h使其充分凝固。将配置好的低熔点胶冷却至37℃，实验过程中使其一直保持在37℃水浴中，取20μL细胞悬液与80μL低熔点胶充分混合，取下正常熔点胶上的盖玻片将混合后的低熔点胶滴加到正常熔点胶平面上，迅速盖上盖玻片，并放置于4℃条件下凝固1h。

（3）样品的裂解及电泳　轻轻移去盖玻片，将制备好的载玻片放入大培养皿中，加入碱性裂解液，在4℃条件下裂解2h，使用蒸馏水润洗2~3次后，将载玻片放入电泳槽中静置20min，随后在25V，300mA和冰水浴条件下电泳30min。

（4）EB染色　电泳后使用蒸馏水浸洗2~3次，每次5min，浸洗后将载玻片平放，每块胶上滴加2~3滴EB（原液1:5稀释，注意EB为强致癌物，使用时注意操作规范），避光染色1h，用蒸馏水漂洗2~3次，每次10min，于荧光显微镜下观察，并拍照，照片使用ImageJ软件分析彗尾长度以及彗尾DNA百分含量。

6. 细胞内脂肪代谢相关基因的测定

（1）细胞预处理　按照上述实验方法，将细胞密度调整为1×10^{6}个/mL，取1.3mL加入11.7mL培养基，反复吹打细胞至均匀后将细胞均匀地种于6孔板，并放入在培养箱中培养24h使其完全贴壁生长，正常对照组加入完全培养基，高脂组加入含有1mmol/L FFAS的完全培养基，受试样品三个剂量组加入含有不同剂量的受试样品的完全培养基培养24h后，弃掉旧培养液并用PBS浸洗2~3次。

（2）RNA的提取　上述处理好的细胞，每孔加入1mL Trizol试剂，反复吹打细胞，收集细胞至EP管中，在12000r/min 4℃条件下离心5min，将上清液转移至EP管中，加入200μL氯仿剧烈振荡15s，静置5min，12000r/min 4℃条件下离心5min，此时溶液分为三层，分别为RNA层、DNA层和蛋白质层，吸取上清液转移至EP管中，加入与上清液等体积的异丙醇轻轻混合几下，静置10min，12000r/min、4℃条件下离心10min，弃掉上清液，向沉淀中加入75%的乙醇进行脱水（注意使用750μL无水乙醇加250μL DEPC水），12000r/min、4℃条件下离心5min，弃上清液，在通风橱干燥5min左右收集RNA，使乙醇尽量蒸发干净，加入20μL DEPC水溶解完全后，放入-80℃冰箱中保存。

（3）RNA纯度的鉴定　吸取上述提取的RNA 5μL样品，加1mL DEPC水，轻轻混匀。使用分光光度计检测在波长260nm和280nm条件下的吸光值，以DEPC水调零，计算A_{260}/A_{280}的比值，该比值在1.8~2.2，表示所提取的RNA纯度较高。

（4）RNA完整性的鉴定　制作1%琼脂糖胶液的胶板，将其放入电泳槽中；将RNAmarker、对照组、不同浓度的叶黄素、玉米黄质和虾青素与FFAS共同处理后的实验组样品加入到胶板的样品槽中；在电压115V条件下电泳40min，蒸馏水洗2~3次，EB染色15min，蒸馏水浸洗2~3次每次5min，凝胶成像分析仪观察，并拍照，分析RNA完整性。若凝胶成像显示在28s、18s、5s处有三种清晰可见的条带，则表明提取的RNA完整性良好。

（5）cDNA的合成　调整RNA的质量浓度为<500ng/μL，计算公式为$c=A_{260}\times 200\times 40$ng/mL。使用逆转录试剂盒，并根据试剂盒说明书进行逆转录，将逆转录得到的cDNA存放于-80℃备用。

（6）PCR反应　在进行PCR扩增并荧光定量时，根据试剂盒说明书进行cDNA浓度的稀释，根据设置引物的T_m值设置退火温度，并根据试剂盒说明书设置扩增条件，进行PCR扩增，每组平行扩增3次，其中以GAPDH作为内参基因，以正常组为对照，计算各组基因的相对表达量。

注意：提取RNA时，应尽量避免RNA分解酶的影响，实验所用EP管和枪头均需要使用灭酶产品。为了避免RNA的降解，应尽量保证操作在低温下进行。

（二）数据处理和结果判定

1. 数据处理

应用SPSS19.0软件进行统计学分析，数据用$x \pm s$表示，多组间比较用ANOVA方差分析，以$P<0.05$为有显著性差异。

2. 结果判定

正常组细胞堆积状生长，呈明显的梭形，状态良好，高脂组细胞体积变大，变圆，贴壁能力下降，但细胞数量无明显变化，即可说明建模成功。与高脂组相比，受试样品中任一剂量组均可提高细胞活力，降低细胞内胆固醇、甘油三酯含量和ROS含量，降低细胞内DNA损伤程度，提高细胞内抗氧化酶活力并降低MDA含量，抑制与脂肪酸合成相关基因的表达，且具有统计学差异，说明该受试样品可能具有降脂作用。

实验四　动物实验评价降血脂功能

理论知识

（一）背景材料

血脂是血浆中的中性脂肪（甘油三酯）和类脂（磷脂、糖脂、固醇、类固醇）的总称，广泛存在于人体中。它们是生命细胞的基础代谢必需物质。一般说来，血脂中的主要成分是甘油三酯和胆固醇，其中甘油三酯参与人体内的能量代谢，而胆固醇则主要用于合成细胞浆膜、类固醇激素和胆汁酸。

（二）实验目的

（1）了解高血脂对人体的危害。

（2）掌握降低血脂的实验原理及方法。

实验内容

动物试验：分成 2 种情况。

（1）混合型高脂血症动物模型。

（2）高胆固醇血症动物模型。

1. 混合型高脂血症动物模型

（1）原理　用含有胆固醇、蔗糖、猪油、胆酸钠的饲料喂养动物可形成脂代谢紊乱动物模型，再给予动物受试样品，可检测受试样品对高脂血症的影响，并可判定受试样品对脂质的吸收、脂蛋白的形成、脂质的降解或排泄产生的影响。

（2）仪器及试剂　解剖器械；紫外 - 可见分光光度计；自动生化分析仪；胆固醇；胆酸钠；血清总胆固醇（TC）、甘油三酯（TG）、低密度脂蛋白胆固醇（LDL - C）、高密度脂蛋白胆固醇（HDL - C）测定试剂盒。

（3）动物选择及饲料

①健康成年雄性大鼠：适应期结束时，体重（200 ± 20）g，首选 SD 种大鼠，每组 8 ~ 12 只。

②模型饲料：

在维持饲料中添加 20.0% 蔗糖、15% 猪油、1.2% 胆固醇、0.2% 胆酸钠，适量的酪蛋白、磷酸氢钙、石粉等。除了粗脂肪外，模型饲料的水分、粗蛋白、粗脂肪、粗纤维、粗灰分、钙、磷、钙磷比均要达到维持饲料的国家标准。

（4）剂量分组及受试样品给予时间　实验设 3 个剂量组、空白对照组和模型对照组，以人体推荐量的 5 倍为其中的 1 个剂量组，另设 2 个剂量组，必要时设阳性对照组。受试样品给予时间为 30d，必要时可延长至 45d。

（5）实验方法

①适应期：于屏障系统下大鼠喂饲维持饲料观察 5 ~ 7d。

②造模期：

将模型按体重随机分成 2 组，10 只大鼠给予维持饲料作为空白对照组，40 只给予模型饲料作为模型对照组。每周称量体重 1 次。

模型对照组给予模型饲料 1 ~ 2 周后，空白对照组和模型对照组大鼠不禁食采血（眼内眦或尾部），采血后尽快分离血清，测定血清 TC、TG、LDL - C、HDL - C 水平。根据 TC 水平将模型对照组随机分成 4 组，分组后空白对照组和模型对照组比较 TC、TG、LDL - C、HDL - C 差异均无显著性。

③受试样品给予：

分组后，3 个剂量组每天经口给予受试样品，空白对照组和模型对照组同时给予同体积的相应溶剂，空白对照组继续给予维持饲料，模型对照组及 3 个剂量组继续给予模型饲料，并定期称量体重，于实验结束时不禁食采血，采血后尽快分离血清，测定血清 TC、TG、LDL－C、HDL－C 水平。

（6）观察指标　TC、TG、LDL－C、HDL－C。

（7）数据处理和结果判定　一般采用方差分析，但需按方差分析的程序先进行方差齐性检验，方差齐，计算 F 值，$F<F_{0.05}$。

结论：各组均数间差异无显著性；$F\geqslant F_{0.05}$，$P\leqslant 0.05$，用多个实验组和 1 个对照组间均数的两两比较方法进行统计；对非正态或方差不齐的数据进行适当的变量转换，待满足正态或方差齐要求后，用转换后的数据进行统计；若变量转换后仍未达到正态或方差齐的目的，可改用秩和检验进行统计。

辅助降低血脂功能结果判定：模型对照组和空白对照组比较，血清甘油三酯升高，血清总胆固醇或低密度脂蛋白胆固醇升高，差异均有显著性，判定模型成立。①各剂量组与模型对照组比较，任一剂量组血清总胆固醇或低密度脂蛋白胆固醇降低，且任一剂量组血清甘油三酯降低，差异均有显著性，同时各剂量组血清高密度脂蛋白胆固醇不显著低于模型对照组，可判定该受试样品辅助降低血脂功能动物实验结果阳性；②各剂量组与模型对照组比较，任一剂量组血清总胆固醇或低密度脂蛋白胆固醇降低，差异均有显著性，同时各剂量组血清甘油三酯不显著高于模型对照组，各剂量组血清高密度脂蛋白胆固醇不显著低于模型对照组，可判定该受试样品辅助降低胆固醇功能动物实验结果阳性；③各剂量组与模型对照组比较，任一剂量组血清甘油三酯降低，差异均有显著性，同时各剂量组血清总胆固醇及低密度脂蛋白胆固醇不显著高于模型对照组，血清高密度脂蛋白胆固醇不显著低于模型对照组，可判定该受试样品辅助降低甘油三酯功能动物实验结果阳性。

（8）注意事项

①在建立动物模型中，可因动物品系、饲养管理而影响模型的建立。

②保证维持饲料的各种营养成分，必要时需进行检测，除了粗脂肪外，模型饲料的水分、粗蛋白、粗脂肪、粗纤维、粗灰分、钙、磷、钙磷比均要达到维持饲料的国家标准。

③模型饲料喂养期间，模型组血中胆固醇水平比较稳定，甘油三酯水平会逐渐恢复正常水平，故模型饲料给予时间不能超过 8 周。

2. 高胆固醇血症动物模型

（1）原理　用含有胆固醇、猪油、胆酸钠的饲料喂养动物可形成高胆固醇脂代谢紊乱动物模型，再给予动物受试样品，可检测受试样品对高胆固醇脂血症的影响，并可判定受试样品对脂质的吸收、脂蛋白的形成、脂质的降解或排泄产生的影响。

（2）仪器及试剂　解剖器械；紫外－可见分光光度计；自动生化分析仪；胆固醇；胆酸钠；血清总胆固醇（TC）、甘油三酯（TG）、低密度脂蛋白胆固醇（LDL－C）、高密度脂蛋白胆固醇（HDL－C）测定试剂盒。

（3）动物选择及饲料

①动物选择。

大鼠模型：健康成年雄性大鼠，在适应期结束时，体重（200±20）g，首选 SD 种大鼠，每组 8 ~ 12 只。

金黄地鼠模型：健康成年雄性金黄地鼠，在适应期结束时，体重（100 ± 10）g，每组 8 ~ 12 只。

②模型饲料。

大鼠模型：在维持饲料中添加 1.2% 胆固醇、0.2% 胆酸钠、3% ~5% 猪油，适量的酪蛋白、磷酸氢钙、石粉等。除了粗脂肪外，模型饲料的其他质量指标均要达到维持饲料的国家标准。

金黄地鼠模型：在维持饲料中添加 0.2% 胆固醇，其余同大鼠模型。

（4）剂量分组及受试样品给予时间　实验设 3 个剂量组、空白对照组和模型对照组，以人体推荐量的 5 倍为其中的 1 个剂量组，另设 2 个剂量组，必要时设阳性对照组。受试样品给予时间为 30d，必要时可延长至 45d 。

（5）实验方法

①适应期：于屏障系统下动物喂饲维持饲料观察 5 ~7d。

②造模期：按体重将模型随机分成 2 组，10 只动物给予维持饲料作为空白对照组，40 只给予模型饲料作为模型对照组。每周称量体重 1 次。

模型对照组给予模型饲料 1 ~ 2 周后，空白对照组和模型对照组动物不禁食采血（眼内眦或尾部），采血后尽快分离血清，测定血清 TC、TG、LDL – C、HDL – C 水平。根据 TC 水平将模型对照组随机分成 4 组，分组后空白对照组和模型对照组比较 TC、TG、LDL – C、HDL – C 差异均无显著性（$P > 0.05$）。

③受试样品给予：分组后，3 个剂量组每天经口给予受试样品，空白对照组和模型对照组同时给予同体积的相应溶剂，空白对照组继续给予维持饲料，模型对照组及 3 个剂量组继续给予模型饲料，并定期称量体重，于实验结束时不禁食采血，采血后尽快分离血清，测定血清 TC、TG、LDL – C、HDL – C 水平。

（6）观察指标　TC、TG、LDL – C、HDL – C。

（7）数据处理和结果判定　一般采用方差分析，但需按方差分析的程序先进行方差齐性检验，方差齐，计算 F 值，$F < F_{0.05}$，结论：各组均数间差异无显著性；$F \geqslant F_{0.05}$，$P \leqslant 0.05$，用多个实验组和一个对照组间均数的两两比较方法进行统计；对非正态或方差不齐的数据进行适当的变量转换，待满足正态或方差齐要求后，用转换后的数据进行统计；若变量转换后仍未达到正态或方差齐的目的，可改用秩和检验进行统计。

辅助降低胆固醇功能结果判定：模型对照组和空白对照组比较，血清总胆固醇或低密度脂蛋白胆固醇升高，差异有显著性，血清甘油三酯差异无显著性，判定模型成立。各剂量组与模型对照组比较，任一剂量组血清总胆固醇或低密度脂蛋白胆固醇降低，差异有显著性，并且各剂量组血清高密度脂蛋白胆固醇不显著低于模型对照组，血清甘油三酯不显著高于模型对照组，可判定该受试样品辅助降低胆固醇功能动物实验结果阳性。

（8）注意事项

①在建立动物模型中，可因动物品系、饲养管理而影响模型的建立。

②保证维持饲料的各种营养成分，必要时需进行检测。

实验五 线虫抗氧化功能的评价

理论知识

（一）背景材料

1. 衰老动物模型的概述

虽然衰老动物模型种类较多，但精确地说，目前尚无一种模型能全面再现、模拟、复制出衰老的主要病理、生化、神经递质及行为等方面的全部特征性变化。根据衰老学说的不同，所建立的衰老模型也各有侧重。针对现有的动物模型，根据研究内容和研究方法的不同，可以选择 D－半乳糖致衰模型、自然衰老模型和快速衰老模型等不同的动物模型。

2. 半乳糖的主要代谢途径

半乳糖属于动物体内的正常代谢产物。哺乳动物从外界摄取乳糖，乳糖在体内被水解生成葡萄糖和半乳糖。通常半乳糖会在肝脏中迅速被酶解成葡萄糖。半乳糖的代谢异常会使动物体的生理功能发生显著变化。半乳糖及其代谢物浓度在体内的异常升高会导致代谢障碍，患者的肝脏、肾脏、脑组织和晶状体会成为主要的受累器官，因此可能引发白内障、肝大、肝硬化等并发症。根据半乳糖的代谢特点，研究人员通过给予动物大剂量 D－半乳糖致使其代谢紊乱，从而建立具有特殊研究目的的动物模型。

3. 针对大剂量 D－半乳糖所致的亚急性衰老模型的研究

这种模型是目前最为常用的制备衰老动物模型的方法，以衰老的代谢学说为指导。衰老的代谢学说认为，生命的本质是新陈代谢，是生命活动的基础，衰老是机体代谢性障碍所导致的结果。糖代谢的紊乱必然会引起心、肝、肾、脑等重要器官代谢异常，最终出现衰老。在一定时期内，给动物连续注射大剂量的 D－半乳糖，会增高机体细胞内半乳糖的浓度，在还原酶（如醛糖等）的催化下，半乳糖还原成半乳糖醇，半乳糖醇堆积在细胞内会使细胞不能被进一步代谢，从而会影响细胞的正常渗透压，导致细胞肿胀和功能障碍，最终导致衰老的发生。

（1）氧化应激 细胞内 DNA、蛋白质、细胞膜脂质等大分子会受到来自自由基的氧化积累的损伤，致使机体逐渐衰老。一般认为，机体的代谢速率越高，自由基氧化积累的速率越快，由此造成的细胞损伤也越大，其寿命也越短。在 D－半乳糖的衰老模型中，给予过量的 D－半乳糖会导致机体代谢率的提高。如研究发现经过 D－半乳糖的处理，家蝇和果蝇脑组织中的丙二醛（MDA）和脂褐质（LF）显著增加，而超氧化物歧化酶（SOD）的含量则显著减少。研究同样发现，给予啮齿类动物 D－半乳糖，能引起它们出现氧化应激损伤，如导致小鼠血清和脑组织中 MDA 浓度增加，总抗氧化能力的活性降低。此外，D－半乳糖浓度与这种氧化应激损伤的程度有着密切的联系，并且有器官选择性。在给予小鼠 1% 或 5% 浓度的 D－半乳糖后，小鼠血液和脑组织中的 SOD 活性下降，而 MDA 增多；但是在肝脏中，只有给予的 D－半乳糖浓度达到 5% 时，才能检测到 MDA 的增加，并且肝脏中 SOD 含量在两个浓度下相对于模型组均无变化。皮肤的氧化损伤也是衰老的重要标志之一。在 D－半乳糖模型中，可发现小鼠皮肤中 SOD 活性下降且羟脯氨酸增加。衰老胶原交联学说认为，皮肤中羟脯氨酸密度是胶原密度的间接标志。衰老胶原交联的增加，会使胶原敏感性降低，胶原的分解减少，弹性和韧性降低。综上所述，D－半乳糖能加速动物衰老的进程。

（2）寿命缩短　根据 Hayflick 极限，个体的年龄与成纤维细胞的分裂能力有关，物种的寿命也与其在体外可传代的次数有关。崔旭等观察到 D－半乳糖可使大鼠胎脑神经元出现生长发育缓慢、突起脱落、死亡率增高等退行性病变；大鼠肺成纤维细胞的体外分裂代数减少；有研究证实，D－半乳糖能抑制细胞生长发育、加速细胞衰老、减少细胞的分裂次数；D－半乳糖能导致乳鼠心脏成纤维细胞端粒的长度缩短，这在细胞水平进一步明确了它的加速衰老的作用。

（3）线粒体损伤　线粒体损伤学说目前已经成为衰老学说的一个重点部分。线粒体 DNA（mtDNA）由于缺乏组蛋白，在复制过程中，较快的复制速度且无校读功能以及缺乏有效的 DNA 修复机制，使得 mtDNA 较容易受到自由基的攻击，因此容易产生氧化损伤致使机体出现突变，其突变率比核 DNA 高出多达 10 倍。mtDNA 损伤会导致线粒体功能缺陷，最终引起细胞的衰老与死亡。有研究发现 D－半乳糖诱导的衰老动物模型会加速动物的内耳衰老，导致实验动物不同组织以及血液样本中 mtDNA 4834bp 的缺失且突变率很高。在自然衰老小鼠的实验中发现，线粒体外膜上的外周型苯二氮卓受体（PBR）与其阻滞剂〔3H〕PK11195 的结合活力下降，结合有所减少，这反映了线粒体功能受到了损伤；而 SD 大鼠长期注射 D－半乳糖可导致海马突触中 PBR 与〔3H〕PK11195 特异性结合的减少，且无性别差异。

（4）神经损伤　导致衰老的另一个因素——氧化应激造成的神经毒性。由 D－半乳糖诱导的 AD 模型大鼠海马有 β 淀粉状蛋白免疫反应物，胆碱能神经元丢失。AD 生物标志物神经纤维纠缠，星形神经胶质细胞纤维紧密聚集成束，突触退化，出现髓样体。另外，研究发现 D－半乳糖诱导的模型鼠海马中神经生长因子（NT－3）减少，微管相关蛋白（Tau－2）磷酸化增加。通过 NeuN/BrdU 双重着色发现 D－半乳糖的诱导并不仅仅能减少粒细胞层（GCL）新神经元的迁移和存活，也能减少粒细胞下层（SGZ）中的神经元前体的增殖。

（5）认知能力　由 D－半乳糖引起认知能力的变化是一系列衰老反应的最终体现。长时期注射 D－半乳糖会引起氧化应激，进而导致线粒体损伤，神经退行性变形，最终会导致动物的认知能力下降。近年来，不少学者用 Morris 水迷宫（MWM）、目标识别测试（ORT）、运动行为测试、矿场实验、自发性运动、平衡木实验、紧绳实验和强迫逃避等行为学实验检测了 D－半乳糖致衰老模型动物的行为学能力，实验发现，经 D－半乳糖处理的动物各项表现有明显的变化。如在进行水迷宫实验时，研究发现给予 D－半乳糖的动物其空间记忆会发生障碍，逃避反应时间和游泳的途径都比正常组长，雌雄鼠在空间记忆障碍方面均出现了显著性差异。另外，实验动物的认知能力下降与 D－半乳糖有剂量依赖关系。Wei 等研究了不同剂量 D－半乳糖对小鼠衰老模型的影响，他们每天给小鼠皮下注射 50mg/kg 体重、100mg/kg 体重、200mg/kg 体重剂量的 D－半乳糖。在行为学实验中，人们发现在 50～100mg/kg 体重范围时，实验动物的学习和记忆功能障碍程度与使用剂量成正比，而当剂量 >100mg/kg 体重时，上述相关性不再存在。

4. 抗氧化功能评价指标

机体通过酶系统与非酶系统产生氧自由基，后者能攻击生物膜中的多不饱和脂肪酸

（PUFA），引发脂质过氧化作用，并因此形成脂质过氧化物，如醛基（丙二醛 MDA）、酮基、羟基、羰基、氢过氧基或内过氧基，以及新的氧自由基等。脂质过氧化作用不仅把活性氧转化成活性化学剂，即非自由基性的脂类分解产物，而且通过链式或链式支链反应，可放大活性氧的作用。

因此，初始的一个活性氧能导致很多脂类分解产物的形成，在这些分解产物中，一些是无害的，另一些则能引起细胞代谢及功能障碍，甚至死亡。氧自由基不但通过生物膜中多不饱和脂肪酸（PUFA）的过氧化引起细胞损伤，而且还能通过脂氢过氧化物的分解产物引起细胞损伤。因此，测试 MDA 的量常常可反映机体内脂质过氧化的程度，间接地反映出细胞损伤的程度。

SOD 催化超氧阴离子自由基（O_2^- ·）生成 H_2O_2，再由其他抗氧化酶如谷胱甘肽过氧化物酶（GSH－PX）和过氧化氢酶作用生成水，这样可以清除 O_2^- ·对细胞的毒害作用。SOD、GSH－PX 在动物某些器官和人体血红细胞中的含量均有明显的增龄变化，酶活性与生物年龄的增长成反比。消除自由基的能力与酶活性成正比。

MDA 的测定常常与 SOD 的测定相互配合，SOD 活力的高低间接反映了机体清除氧自由基的能力，而 MDA 的高低又间接反映了机体细胞受自由基攻击的严重程度，通过 SOD 与 MDA 的结果分析有助于医学、生物学、药理及工农业生产的发展。

谷胱甘肽是一种低分子清除剂，它可清除 O_2^- ·、H_2O_2、LOOH。谷胱甘肽是谷氨酸、甘氨酸和半胱氨酸组成的一种三肽，是组织中主要的非蛋白质的巯基化合物，是 GSH－PX 和 GST 两种酶类的底物，为这两种酶分解氢过氧化物所必需，它能稳定含巯基的酶和防止血红蛋白及其他辅助因子受氧化损伤，缺乏或耗竭 GSH 会促使许多化学物质或环境因素产生中毒作用，GSH 量的多少是衡量机体抗氧化能力大小的重要因素。

（二）实验目的

（1）了解线虫抗氧化功能评价的具体指标的意义及作用。

（2）了解线虫各项抗氧化功能评价指标的测定原理。

（3）掌握各项抗氧化功能评价指标的测定方法。

实验内容

（一）构建线虫模型

1. 高糖模型

在 NGM 培养基中加入一定量葡萄糖，诱导线虫的高糖损伤。

2. 过氧化氢氧化损伤模型

挑取线虫转移到含有双氧水的 NGM 培养基中，每 10mL NGM 培养基添加 30% 质量浓度的双氧水 10μL。

3. 百草枯氧化损伤模型

挑取线虫转移到含有百草枯的 NGM 培养基中，百草枯终浓度为 2×10^{-3}mol/L。

4. 胡桃醌氧化损伤模型

挑取线虫转移到含有胡桃醌的 NGM 培养基中，胡桃醌终浓度为 5×10^{-4}mol/L。

5. AD 模型

转基因线虫 CL4716 置于 25℃下 60h，诱导 Aβ 毒性，可引发瘫痪。

（二）超氧化物歧化酶测定

1. 实验原理

过黄嘌呤及黄嘌呤氧化酶反应系统产生超氧阴离子自由基（O_2^- ·），后者氧化羟胺形成亚硝酸盐，在显色剂的作用下呈现紫红色，用紫外－可见分光光度计测其吸光值。当被测样品中含 SOD 时，则对超氧阴离子自由基有专一性的抑制作用，使形成的亚硝酸盐减少，比色时测定管的吸光度值低于对照管的吸光值，通过公式计算可求出被测样品中的 SOD 活力。

高等动物细胞内只有 2 种 SOD 即铜锌超氧化物歧化酶与锰超氧化物歧化酶，二者相加等于总 TSOD，经样本前处理过的样本中 MnSOD 活力丧失，但 CuZnSOD 活力不变。

2. 实验设备

（1）紫外－可见分光光度计；

（2）酶标仪；

（3）离心机；

（4）恒温水浴；

（5）匀浆器。

3. 化学药品及试剂

（1）65mmol/L 磷酸盐缓冲液（PBS）pH 7.8；

（2）10mmol/L 盐酸羟胺　盐酸羟胺 6.95mg，加 PBS 至 10mL；

（3）7.5mmol/L 黄嘌呤　黄嘌呤 11.41mg，加 0.1mol/L NaOH 2.5mL 溶解，加 PBS 至 10mL；

（4）0.2g/L 黄嘌呤氧化酶　取 10g/L 黄嘌呤氧化酶 0.2mL 加冰冷 PBS 9.8mL 至 10mL；

（5）0.1% 甲萘胺：取 0.2g α－甲萘胺溶于 40mL 沸蒸馏水，凉至室温加 50mL 冰乙酸，再加 110mL 凉蒸馏水至 200mL；

（6）0.33% 对氨基苯磺酸　取 0.66g 对氨基苯磺酸溶于 150mL 温蒸馏水，加 50mL 冰乙酸至 200mL；

（7）SOD 标准品；

（8）三氯甲烷；

（9）95% 乙醇（体积分数）；

（10）0.9% 生理盐水。

4. 实验方法

（1）组织匀浆的制备　用 M_9 缓冲液冲洗线虫，离心，去除上清液，反复清洗三次，制成 1% 组织匀浆，（最好用超声波发生器处理 30s），使线粒体振破，以中性红－詹钠氏绿 B 染色证明线粒体已振碎。以 4000r/min 离心 5min，取上清液 20μL 待测。

（2）样品测定步骤　实验操作表如表 9－4 所示。

表 9－4　　实验操作表

试剂	测定管	对照管
1/15mol/L 磷酸盐缓冲液 pH 7.8/mL	1.0	1.0
样品	A^*	
10mmol/L 盐酸羟胺/mL	0.1	0.1
7.5mmol/L 黄嘌呤/mL	0.2	0.2
0.2mg/mL 黄嘌呤氧化酶/mL	0.2	0.2
双蒸水/mL	0.49	0.49
混匀，37℃恒温水浴 30min		
0.33% 对氨基苯磺酸/mL	2.0	2.0
0.1% 甲萘胺/mL	2.0	2.0
混匀 15min 后，倒入 1cm 光径比色皿，以蒸馏水调零，530nm 处比色测定吸光值。		
红细胞抽提液	10μL	
血清（或血浆）	20～30μL（溶血样品剔除）	
1% 组织匀浆	10－40μL	

注：如用试剂盒，可按试剂盒的操作要求进行。

5. 数据处理

SOD 标准抑制曲线：将 SOD 标准品用磷酸盐缓冲液配制成 750U/mL 的溶液，再稀释到 50 倍，即 SOD 量为 15U/mL（1.5μg/mL），用本法测定不同量的 SOD 标准液的百分抑制率，如式（9－5）所示。以百分抑制率为纵坐标，以 SOD 活力单位 U/mL 为横坐标绘制标准曲线。

$$\text{SOD 百分抑制率\%} = \frac{\text{对照管 OD 值} - \text{测定管 OD 值}}{\text{测定管 OD 值}} \times 100 \qquad (9-5)$$

计算每毫升反应液中 SOD 抑制率达 50% 时所对应的 SOD 量为一个单位，如式（9－6）所示。

$$\text{SOD 活力（U/mL）} = \text{SOD 抑制率} \div 50\% \times \text{反应体系稀释倍数}\left(\frac{0.24\text{mL}}{0.02\text{mL}}\right) \times \text{样品测试前稀释倍数} \qquad (9-6)$$

也可用酶比活法即以每管样品的百分抑制率从 SOD 标准曲线查出相应的 SOD（U/mL），乘以稀释倍数（1mL/取样量）。

样品为组织匀浆液，根据匀浆浓度或组织蛋白质含量，将单位换算为 U/g 组织或 U/mg 蛋白。

（三）过氧化氢酶（CAT）测定（试剂盒）

1. 实验原理

过氧化氢酶（过氧化氢酶）分解 H_2O_2 的反应可通过加入钼酸铵而迅速中止，剩余的 H_2O_2 与钼酸铵作用产生一种淡黄色的络合物，在 405nm 处测定其变化量，可计算出 CAT 的活力。

2. 化学药品及试剂

试剂一：液体 100mL ×1 瓶，4℃保存 6 个月。

试剂二：底物液体 10mL ×1 瓶，4℃保存 6 个月。

试剂三：显色粉剂 ×1 瓶，4℃保存 6 个月。加双蒸水至 100mL 溶解，4℃保存 1 个月（如果底部有不溶粉末沉淀，直接取上清使用，不影响测定结果）。

试剂四：液体 10mL ×1 瓶，4℃保存 6 个月。天冷时会凝固，临用前 37℃ 水浴至透明方可使用。

3. 实验方法

组织匀浆液的制备：准确称取组织质量，按质量（g）∶体积（mL）＝1∶9 的比例加入 9 倍体积的生理盐水，在冰水浴条件下，制备成 10% 的组织匀浆，2500r/min 离心 10min，取上清液，再用生理盐水稀释成最佳取样浓度，待测（最佳取样浓度摸索见附录）。如表 9－5 所示。

表 9－5 实验操作表

	对照管	测定管
组织匀浆/mL		0.05
试剂一（37℃预温）/mL	1.0	1.0
试剂二（37℃预温）/mL	0.1	0.1
混匀，37℃准确反应 1min（60s）		
试剂三/mL	1.0	1.0
试剂四/mL	0.1	0.1
组织匀浆/mL	0.05	

注：一般样本没有高脂等导致显著差异的情况，对照管的样本更换成双蒸水，做 1～2 管对照即可。如需做样本自身对照，则试剂盒所测定样本数量应减至 4～8 样。

4. 注意事项

（1）测定组织匀浆时，如果不是高脂样本，每批样本只需要随机挑 2 个样本做对照或者用双蒸水代替样本做对照；如果是高脂样本，必须每个样本都要做对照。

（2）本试剂盒也可用酶标仪读数（即在反应完后取 200μL 进孔板 405nm 读数，计算公式斜率倒数变为 235.65 代入计算）。

（四）过氧化脂质降解产物丙二醛（MDA）测定

1. 实验原理

MDA 是细胞膜脂质过氧化的终产物之一，测其含量可间接估计脂质过氧化的程度。1 个丙二醛（MDA）分子与 2 个硫代巴比妥酸（TBA）分子在酸性条件下共热，形成粉红色复合物。该物质在波长 532nm 有极大吸收峰。可用分光光度法进行测定。

2. 实验设备

（1）紫外－可见分光光度计；

（2）酶标仪；

（3）微量加样器；

（4）恒温水浴锅；

（5）普通离心机；

（6）混旋器；

（7）具塞离心管；

（8）组织匀浆器。

3. 化学药品及试剂

（1）0.2mol/L 乙酸盐缓冲液 pH 3.5；0.2mol/L 乙酸溶液 185mL；0.2mol/L 乙酸钠溶液 15mL；

（2）1mmol/L 四乙氧基丙烷（贮备液，4℃保存 3 个月），临用前用水稀释成 40nmol/mL；

（3）8.1% 十二烷基硫酸钠 SDS；

（4）0.8% 硫代巴比妥酸 TBA；

（5）0.2mol/L 磷酸盐缓冲液 pH 7.4：0.2mol/L 磷酸氢二钠 1920mL、0.2mol/L 磷酸二氢钾 480mL。

4. 实验方法

（1）组织匀浆样品　用 M_9 缓冲液冲洗线虫，离心，去除上清液，反复清洗 3 次，制成 10% 组织匀浆（*W/V*），3000r/min 离心 5 ~ 10min，取上清液待测。

（2）样品测定　如表 9 - 6 所示。

表 9 - 6　实验操作表

试剂	空白管	样品管	标准管
10% 组织匀浆	—	0.2mL	—
40nmol/mL 四乙氧基丙烷	—	—	0.2mL
8.1% SDS	0.2mL	0.2mL	0.2mL
0.2M 乙酸盐缓冲液	1.5mL	1.5mL	1.5mL
0.8% TBA	1.5mL	1.5mL	1.5mL
H_2O	0.8mL	0.7mL	0.7mL
混匀，避光沸水浴 60min，流水冷却，于 532nm 比色			

注：如用试剂盒，可按试剂盒的操作要求进行。

5. 数据处理

丙二醛测定的数据处理计算公式，如式（9 - 7）所示。

$$\text{组织中的 MDA 含量（nmol/mg 蛋白）} = \frac{\text{测定 OD 值} - \text{对照 OD 值}}{\text{标准 OD 值} - \text{空白 OD 值}} \times \frac{\text{标准品浓度（10nmol/mL）}}{\text{待测样本蛋白浓度（mg 蛋白/mL）}} \tag{9-7}$$

（五）还原型谷胱甘肽（GSH）测定（试剂盒）

1. 实验原理

谷胱甘肽是由谷氨酸（Glu）、半胱氨酸（Cys）和甘氨酸（Gly）组成的天然三肽，是一种含巯基（—SH）的化合物，广泛存在于动物组织、植物组织、微生物和酵母中。谷胱甘肽能和 5,5’ - 二硫代 - 双 -（2 - 硝基苯甲酸）（5,5’ - dithiobis - 2 - nitrobenoicacid，DTNB）反应产生 2 - 硝基 - 5 - 巯基苯甲酸和谷胱甘肽二硫化物（GSSG）。2 - 硝基－5－巯基苯甲酸为黄色产物，在波长412nm处具有最大光吸收值。因此，利用分光光度法可测定样品中谷胱甘肽的含量。

2. 实验设备

（1）分析天平；

（2）微量匀浆器（规格2mL）；

（3）低温离心机；

（4）水浴锅；

（5）移液器；

（6）紫外－可见分光光度计；

（7）1mL比色皿。

3. 化学药品及试剂

试剂盒组成：

试剂Ⅰ液体1瓶50mL（4℃保存）；

试剂Ⅱ液体1瓶50mL（4℃保存）；

试剂Ⅲ液体1瓶15mL（4℃避光保存）；

标准品粉末1支10mg（4℃避光保存）。

4. 实验方法

（1）样品的处理（组织处理） 新鲜组织首先用PBS冲洗2次，然后称取动物组织或者植物组织0.1g。加入用试剂Ⅰ润洗过的匀浆器中（匀浆器提前放冰上预冷）；然后加入1mL试剂Ⅰ（组织/试剂Ⅰ比例保持不变即可），迅速在冰上充分研磨（使用液氮研磨效果更好）；8000r/min 4℃离心10min；取上清液放置于4℃条件下待测，若暂时不能完成测试可放于－80℃条件下保存（可保存10d）。

（2）分光光度计预热30min以上，调节波长至412nm，蒸馏水调零。

（3）试剂Ⅱ放置37℃（哺乳动物）或25℃（一般物种）水浴中保温30min。

（4）空白管检测 取1mL比色皿，依次加入100μL蒸馏水，700μL试剂Ⅱ，200μL试剂Ⅲ，混匀，放置2min后测定412nm吸光值A_1。

（5）制作标准曲线称取1mg标准品，用1mL蒸馏水溶解，质量浓度为1mg/mL。取适当溶液配制质量浓度为200g/mL、100g/mL、50g/mL、25g/mL、12.5g/mL的标准品（试剂Ⅰ10倍稀释后进行稀释）。如表9－7所示。

表9－7　实验操作表

试剂/L	EP管编号				
	1（12.5g/mL）	2（25g/mL）	3（50g/mL）	4（100g/mL）	5（200g/mL）
标准品	100	100	100	100	100
试剂Ⅱ	700	700	700	700	700
试剂Ⅲ	200	200	200	200	200

每管混匀后静置2min，检测412nm处吸光值，吸光值减去空白孔（A_1）为横坐标，质量浓度为纵坐标做标准曲线。

（6）样品管测定　取1mL比色皿，依次加入100μL样品，700μL试剂Ⅱ，200μL试剂Ⅲ，混匀后静置2min检测412nm处吸光值A_2。

5. 数据处理

样品A_{412}即A_2减去空白管A_1得到ΔA，将ΔA代入标准曲线公式，式（9－8）所示，即可计算出每0.1g组织或相应血液、细胞样品中还原性谷胱甘肽的含量。

样品鲜重中GSH的含量计算：

$$\text{GSH 含量（g/g 鲜重）} = C/\text{样品鲜重} \tag{9-8}$$

式中　C——1mL样品提取液中GSH的含量，g。

样品鲜重为0.1g。

6. 注意事项

（1）样品处理需匀浆完全，若当天不能完成测量，可放－80℃条件下保存。

（2）标准品　还原型谷胱甘肽现配现用。

（3）若不确定样品中GSH含量的高低，可稀释几个梯度后再进行测量。

（4）因为试剂Ⅰ中含有蛋白质沉淀剂，因此上清液不能用于蛋白质浓度的测定。

（5）本试剂盒所配制的试剂除测定4～8个样品外，至少可做4次标准曲线。

思考题

1. 简述线虫抗氧化功能评价的具体指标的意义及作用。
2. 简述线虫各项抗氧化功能评价指标的测定原理。
3. 简述各项抗氧化功能评价指标的测定方法。

实验六　调节血压功能评价

理 论 知 识

（一）背景材料

血压（Blood pressure，BP）是指血液在血管内流动时作用于单位面积血管壁的侧压力，它是推动血液在血管内流动的动力。在不同血管内被分别称为动脉血压、毛细血管压和静脉血压，通常所说的血压是指体循环的动脉血压。

影响动脉血压的因素主要有5个方面：①每搏输出量；②外周阻力；③心率；④主动脉和大动脉管壁的弹性；⑤循环血量与血管容量。

正常血压。正常成人安静状态下的血压范围较稳定，正常范围收缩压90～139mmHg，舒张压60～89mmHg，脉压30～40mmHg。

异常血压分两类：①高血压。未使用抗高血压药的前提下，18岁以上成人收缩压≥140mmHg和（或）舒张压≥90mmHg。②低血压。血压低于90/60mmHg。

（二）实验目的

（1）了解辅助降血压的原理。

(2) 掌握降血压的评价方法和检验方法（人体试验）。

（三）保健用品辅助降血压功能检验方法

1. 受试对象纳入标准

原发性高血压患者，无论是否服用降压药物，收缩压≥140mmHg，舒张压≥90mmHg，满足两者任一项即可纳入。

2. 受试对象排除标准

排除者应符合以下标准：

(1) 年龄在18岁以下或65岁以上、妊娠或哺乳妇女、对受试样品过敏者；

(2) 合并有肝、肾和造血系统等严重全身性疾病患者；

(3) 短期内服用与受试功能有关的物品，影响到对结果的判断者；

(4) 未按照规定使用受试样品，无法判断功效或因资料不全等影响功效判断者。

实验内容

（一）实验设备与材料

血压计；秒表。

（二）实验方法与数据处理

1. 试验设计及分组要求

采用自身和组间两种对照设计。按受试者的血压水平随机分为试用组和对照组，尽可能考虑影响结果的主要因素，如病程、病情、服药种类、年龄、性别等，进行均衡性检验，每组至少60例，以保证组间的可比性。

2. 受试样品的使用方法

受试者在试用观察期间不改变原有抗高血压药物治疗方案，试用组按推荐方法使用受试产品，对照组用阴性对照或不做处理。

（三）结果解读

1. 观察指标

(1) 安全性指标　各项指标于试验开始及结束时各测定一次。

(2) 功效性指标

①一般情况：详细询问病史，了解受试者饮食情况、活动量。观察主要症状：头痛、眩晕、心悸、耳鸣、失眠、烦躁、腰膝酸软等。

②血压、心率测量：测量血压时要定时定人，测量前让受试者休息15~20min。

(3) 功效判定标准

有效：达到以下任何一项者。①舒张压下降≥10mmHg或降至正常；②收缩压下降≥20mmHg或降至正常。

无效：未达到以上标准者，按症状轻重（重症3分、中症2分、轻症1分）统计试食前后积分值和计算改善率（症状改善1分及1分以上为有效）。

2. 检验结果的解释

专业人员负责检验结果的审核。

检验结果会受到检验者年龄、性别、体重等因素的影响。在通常情况下，其结果如在参考范围内，认为正常；如在临界区域内，应重新测定再确认；如果明显超出参考范围或确认检测后仍超出参考范围，则认为血清胆固醇浓度异常。检验结果如出现与临床不符甚至相悖的情况，应分析并查找原因。

3. 数据统计

血压测定数据为计量资料，可用 t 检验进行分析。凡自身对照资料可以采用配对 t 检验，两组均数比较采用成组 t 检验，后者需进行方差齐性检验，对非正态分布或方差不齐的数据进行适当的变量转换，待满足正态方差齐后，用转换的数据进行 t 检验；若转换数据仍不能满足正态方差齐要求，改用 t 检验或秩和检验；但变异系数太大（如 $CV>50\%$）的资料应用秩和检验。在试验前组间比较差异无显著性的前提下，可进行试验后组间比较。当 $P<0.05$ 时，认为差异具有显著性。

改善率为计数资料，用 X_2 检验。四格表总例数小于 40，或总例数等于或大于 40 但出现理论数等于或小于 1 时，应改用确切概率法。

4. 结果判定

试用前后试验组自身比较，舒张压或收缩压测定值明显下降，差异有显著性，且平均下降幅度达到有效标准，试用后试验组与对照组组间进行比较，舒张压或收缩压测定值或其下降百分率差异有显著性，可判定该受试样品具有辅助降血压的作用。

（四）注意事项与说明

试剂盒在 2～8℃避光保存。

思考题

1. 简述高血压对人体的影响。
2. 辅助降血压的检验方法是什么？

参考文献

中华人民共和国卫生部医政司．全国临床检验操作规程［M］．2 版．南京：东南大学出版社，1997.

实验七　血清尿素氮的测定

理 论 知 识

（一）背景材料

疲劳的表现主要有运动时体内能量的降低和肌肉力量的下降，使机体不能持续在特定水平和/或不能维持预定的运动强度。通过测定机体持续运动到力竭的时长可以反映机体的耐力。

运动耐力的提高与否是抗疲劳能力最有力的宏观表现，负重游泳实验可以考察小鼠动态运动耐力，游泳时间的长短可以反映动物运动疲劳的程度。当机体长时间活动时，不能通过糖和脂肪分解代谢来获得足够的能量，机体蛋白质和氨基酸分解代谢将随之增强，机体血清尿素氮含量将随运动负荷的增加而增加。血清尿素氮的含量可以反映体内肌肉蛋白质的分解代谢状况以及肌肉细胞大强度训练后的损伤状况。

尿素氮是氨基酸和蛋白质分解代谢的产物，机体运动后血清尿素氮含量将降低，反映蛋白质参与供能的比例下降，而碳水化合物和脂肪参与供能的比例升高。

（二）实验目的

了解人血清尿素氮测定的方法及临床意义。

（三）实验原理

血清（或血浆）中的尿素，在尿素氮试剂的酸性环境中与二乙酰－肟（DAM）共沸后，可缩合成一种红色化合物，称为 Fearon 反应。其颜色的深浅与血清（或血浆）中尿素的含量成正比，与同样处理的尿素氮标准液比色，即可测算出血清（或血浆）中尿素氮的含量。

实验内容

（一）实验设备与材料

1. 实验设备

紫外－可见分光光度计；10mL 带塞试管；1mL（或 1.5mL）塑料离心管；电炉；锅；灌胃针头；试剂盒。

2. 化学药品及试剂

可自行配制试剂 1g/L 二乙酰－肟溶液：取二乙酰－肟 1.0g，氨基硫脲（Thiosemicarbazide）0.2g，氯化钠 4.5g，溶于蒸馏水并定容至 1L。

33g/L 三氯化铁溶液：取三氯化铁 1.0g 溶于浓磷酸 20mL 中，加蒸馏水 10mL，摇匀。

酸溶液：取蒸馏水 800mL，慢慢加入浓硫酸 50mL，边加边摇；再加入 85% 磷酸 50mL，摇匀。加入 33g/L 三氯化铁溶液 1.5mL，定容至 1L。

10mmol/L 尿素标准液（尿素氮 28.01mg/dL）：精确称取尿素（AR）150.3mg 溶于 16mmol/L 苯甲酸溶液并定容至 250mL。

（二）实验方法与数据处理

（1）末次给受试动物（大鼠）30min 后，在温度为 30℃ 的水中游泳 90min，采血测定。

（2）大鼠采尾血，小鼠拔眼球采血 0.5mL。草酸盐、肝素或 EDTA 抗凝的血浆或血清。血清中的尿素在室温下可稳定 24h，在 4～6℃ 可稳定 7d 以上。

充分混匀，置沸水浴中 15min，立即用自来水冷却。用波长 520nm，以空白管调零，读取各管吸光值。实验操作表如表 9－8 所示。

表 9－8　实验操作表

	空白管	标准管	样本管
样本/mL	—	—	0.1
尿素氮标准液/（0.02mg/mL）	—	0.1	—

续表

	空白管	标准管	样本管
纯化水/mL	0.1	—	—
二乙酰-肟/mL	0.5	0.5	0.5
尿素氮试剂/mL	5.0	5.0	5.0
吸光值		$A_{校准}=$	$A_{样品}=$

3. 结果的计算

计算公式如式（9-9）所示。

$$尿素氮含量（mg/dL）=\frac{A_{样品}-A_{空白}}{A_{校准}-A_{空白}}\times 20.0（mg/dL） \tag{9-9}$$

转换系数：mg/dL×0.02586=mmol/L；

mmol/L×38.67=mg/dL。

（三）结果解读

专业人员负责检验结果的审核。

统计方法可用方差分析。若受试物组高于对照组，且差异有显著性（$P<0.05$），可判定该受试物有减少疲劳小鼠尿素氮产生的作用。

检验结果会受到检验者年龄、性别、体重等因素的影响。在通常情况下，其结果如在参考范围内，认为正常；如在临界区域内，应重新测定再确认；如果明显超出参考范围或确认检测后仍超出参考范围，则认为血清胆固醇浓度异常。检验结果如出现与临床不符甚至相悖的情况，应分析并查找原因。

（四）注意事项与说明

（1）试剂盒在2~8℃避光保存。

（2）为避免色度转移，应在标本加入后30min内读出吸光值。

（3）一般标本测定管反应后应澄清，严重脂血可制备血滤液重新测定。

（4）煮沸时间应明确。

思考题

了解人血清尿素氮测定的方法及临床意义。

实验八 骨健康（动物方法）的测定

理 论 知 识

（一）背景材料

骨是一种高活性结缔组织，可以通过骨代谢及骨重塑来修复自身微损伤，保持骨结构、荷载及钙含量的内稳态平衡，同时骨也作为内分泌器官调控代谢过程，是维持人体生命的重要器官。从新生儿时期开始，骨量随年龄的增长而增加，直到青年时期骨发育成熟，骨量达到峰值。研究发现，个体青少年时期注意提高骨量，能够在青年时期获得个体峰值骨量。因此，青少年时期骨的生长发育对骨的成熟至关重要。有研究指出，青少年时期的骨密度（Bone mineral density，BMD）决定了成年后的骨量峰值和随后的骨丢失速率。BMD 降低会导致骨量不足，从而引发佝偻病、软骨病等一系列骨疾病，严重影响青少年的骨健康。在这一时期，营养的补充是影响骨量峰值的重要因素，摄入营养物质能够提高骨量峰值，促进骨的形成。因此，寻求一种天然的功能性营养物质来提高青少年 BMD，增加骨形成，对提高骨量、预防青少年骨折与中老年骨质疏松症等骨疾病以及维持骨健康有着重要意义。

（二）实验目的

（1）了解人体中骨健康的作用及意义。

（2）理解骨健康（动物方法）的测定。

（三）实验测定指标

测定幼年大鼠体重和脏体比变化、股骨骨密度（Bone mineral density，BMD）和骨微观结构变化、骨微观结构以及血清和股骨骨髓组织中骨吸收标志物：血清及股骨骨髓组织中抗酒石酸酸性磷酸酶（Tartrate resistant acid phosphatase，TRACP）、基质金属蛋白酶 9（Matrix metalloproteinase 9，MMP－9）、组织蛋白酶 K（Cathepsin，CTSK）、骨代谢过程中核因子 κB 受体激活因子配体（Receptor activator for nuclear factor－κB ligand，RANKL）和骨保护素（Osteocalcin，OPG）的水平。

实验内容

（一）实验设备与材料

1. 实验设备

4 周龄幼年 SD 大鼠数只；TE 601－1 电子天平；DYY－8C 型电泳；高压灭菌锅；WIGGENS，Vortes3000 涡旋振荡器；GL－21M 离心机；DHP－9082 型电热恒温培养箱；Step One Plus，TM 荧光定量 PCR 仪；UV－2401PC 紫外－可见分光光度计。

2. 化学药品及试剂

大鼠 TRACP 酶联免疫吸附测定试剂盒、大鼠 MMP－9 酶联免疫吸附测定试剂盒、大鼠 CTSK 酶联免疫吸附测定试剂盒、大鼠 RANKL 酶联免疫吸附测定试剂盒、大鼠 OPG 酶联免疫吸附测定试剂盒全部购自上海江莱生物科技有限公司；Trizol（Invitrogen 公司）；红细胞裂解液（江苏凯基生物技术股份有限公司）；PBS（美国 Gibco 公司）；Prime Script™ RT reagent Kit with gDNA Eraser［宝生物工程（大连）有限公司］；GoTaq® qPCR Master Mix（美国 Promega 公司）。

（二）实验方法与数据处理

1. 大鼠股骨显微 CT 检测

取多聚甲醛固定好的各组大鼠左侧股骨，采用 Micro－CT 对股骨的显微结构进行评价。分别将待测股骨放入 Micro－CT 仪的样本杯中，进行扫描。扫描条件为：电压 75kV，电流 200yA，180°旋转扫描，扫描时间为 17min，曝光时间 460ms，帧平均 1 帧，角度增益 0.4°，分辨率 6pimo 对同一样品扫描获得 1027 张不同角度的 4032×2688 像素的图片。通过 NRECON 程序对扫描得到的样品信息在相同条件下进行三维 CT 重建，而后选取股骨远端距生长板 0.77～3.85mm 的骨组织进行分析。定量分析使用 CTAn 软件，分析参数包括 BMD、骨小梁数量、骨小梁厚度和骨小梁分离度。

2. 大鼠血清中骨代谢生化指标检测

取 -80℃保存的大鼠血清，采用酶联免疫吸附实验（ELISA）法检测大鼠血清中骨吸收指标 TRACP、MMP-9、CTSK 和 RANKL 和骨形成指标 OPG 水平，试剂盒由上海江莱生物科技有限公司提供，操作步骤严格按照说明书进行。应用 Bio-RAD 酶标仪测量 450nm 处吸光值，并将其在标准曲线下换算成浓度值。

3. 实时荧光定量 PCR 技术检测大鼠骨髓中骨代谢相关基因的表达

取 -80℃保存的股骨骨髓，液氮处理骨髓组织，用 Trizol 法提取骨髓总 RNA。具体操作如下：首先取 50～100mg 右腿股骨骨髓组织（新鲜或 -80℃及液氮中保存的组织均可）置于 1.5mL 离心管中，加入适量红细胞裂解液充分裂解，经 PBS 洗涤后，加入 1mL Trizol 充分匀浆，于室温条件下静置 5min；加入 0.2mL 氯仿，振荡 15s，静置 2min；于 4℃条件下离心，12000×g、15min，取上清液；加入 0.5mL 异丙醇，将管中液体轻轻混匀，室温静置 10min；4℃离心，12000×g 10min，弃上清液；加入 1mL 75%乙醇，轻轻洗涤沉淀；4℃，7500×g、5min，弃上清液；晾干，加入适量的 DEPC H_2O 溶解（65℃促溶 10～15min）。

4. 采用 RT-PCR 法检测

使用 Prime Script™ RT reagent Kit with gDNA Eraser 试剂盒，按说明书操作将 RNA 逆转录成 cDNA（混合后的反应体系立即在 37℃水浴中反应 15min，然后 85℃，5s 灭酶，逆转录的 cDNA4℃存放）。按照 GoTaq® qPCR Master Mix 说明书的方法配制 PCR 荧光定量反应液，使用 Step One Plus™ System 系统进行各基因 PCR 扩增，反应条件如下所示。预变性：95℃，2min（1 个循环）；变性：95℃，15s，延伸 60℃，60s（40 个循环）；融解曲线：95℃，15s；60℃，15s；95℃，15s（1 个循环）。以 GAPDH 为内参，引物序列由上海生工生物工程股份有限公司合成，扩增条件：95℃，2min；95℃，30s；60℃，30s（40 个循环）。

（三）结果解读

专业人员负责检验结果的审核。

检验结果会受到检验者年龄、性别、体重等因素的影响。在通常情况下，其结果如在参考范围内，认为正常；如在临界区域内，应重新测定再确认；检验结果如出现与临床不符甚至相悖的情况，应分析并查找原因。

（四）注意事项与说明

试剂盒在 2～8℃避光保存。

思考题

1. 简述骨健康测定的指标。
2. 简述骨健康检测结果的意义。

参考文献

赵添玉，邹丹阳，谢银丹，等．乳铁蛋白对幼年大鼠骨健康影响［J］．食品工业科技，2020，41（15）：302－309.

第十章 膳食调查和食谱编制

CHAPTER 10

实验一　膳食调查与评价

理 论 知 识

（一）背景材料

膳食调查根据具体情况可采用记账法，称重法、询问法、膳食史法及 24 小时回忆法等。营养工作者必须选择一个能正确反映个体或人群当时食物摄入量的方法，必要时可并用两种方法。

（1）记账法　适用于集体单位有详细账目的膳食调查。根据该单位每日购买食物的发票和账目，出勤人数的记录，得到在一定期限内的各种食物消耗总量和就餐者的人日数（一个人一天吃早午晚三餐时算一个人日），从而计算出平均每人每日的食物消耗量。此方法在账目精确和每餐用膳人数统计确实的情况下相当准确，并可调查较长时期的膳食状况，适用于全年四个季度的调查，调查的手续较简便，所费的人力少，且易于为膳食管理人员掌握，使调查单位能定期进行本单位的调查计算，作为改进膳食质量的参考。

（2）称重法（或称量法）　此法可以应用于集体食堂、家庭以及个人的膳食调查。调查期间，调查对象在食堂或家庭以外吃的零食或添加的菜等，均需根据不同的调查对象采用不同方法以取得这部分资料。该方法较为仔细精确，可调查出每日膳食的变动情况和三餐食物的分配情况。虽然结果准确，但所费人力大，不适合于大规模的个体调查工作（如肿瘤流行病学调查）。

（3）询问法（Dietary inquiry methods）　在客观条件限制下不能进行记账法或称重法时,应用询问法也可对个体的食物消耗量得到初步了解，如对一般门诊患者或孕妇可询问最近三日或一周内每天所吃食物的种类及重量并加以估计。同时，可了解患者的膳食史，饮食习惯及有无忌食、偏食等情况，此种简单的方法是为了解在特定时期内调查对象所吃的餐数，仅提供食物摄入量的频数，显然对于流行病学前瞻性和回顾性调查是必需的，其目的是将大量被调查的个体按各种食物组分的消费量分成高和低两档，关键在于此种分类是否可行以及可靠性如何。

（4）膳食史法　本法为 Bruke 所创立，鉴于人体生长发育受到长期饮食习惯的影响，人们认为采用膳食史法可获得调查对象的通常的膳食构成（模式 Dietary pattern）。最原始的方法有 3 个组成部分：①记录某人通常一餐吃的食品；②饮食习惯的了解，是采用一张预先记录好的详细食物清单；③要求调查对象保存 3 天的食物记录，从而估计出常吃食物的量。在膳食与罹患癌症关系的研究中，经过修正后的膳食史法已得到广泛的应用。主要是利用直观教材定量食物的摄入量或者记录家庭使用称量器皿的数量，再通过食物成分表将其换算成营养素摄入量。此方法可应用于大规模的流行病学个体调查。但必须由训练有素的，通晓调查对象膳食构成知识的营养师来使用。例如，营养师应熟悉当地主副食种类、定量供给情况、市场供应食物的品种、价格和产销情况，并对食物加工、熟重及体积之间的关系有较明确的概念。

（5）24 小时回忆法（Dietary recall） 应用本法的第一份表格要求调查对象在被询问之前列出对象在特定时间内所吃的食物及其重量，要求用家用量器作计量单位，例如将各种蔬菜切成平时烹调的形状，然后取一碗称其重量，用碗计数，并根据通常的食物成分表来计算分析营养素的摄入量。但是，因为回忆当天的食谱可能极不典型，在癌症肿瘤个体流行病学研究方面应用较少。通常认为，此法可用于估计集体单位当天的食物消耗量，但这样个体逐日的膳食与日常膳食的差异可能会相互抵消。

（二）实验目的

膳食调查的目的是要了解不同地区、不同生活条件下某类人群或某个人的饮食习惯、每日饮食构成的优缺点，了解存在的主要问题，研究其对于人民健康以及平常所吃的食物种类和数量，再根据食物成分表计算出每人每日各种营养素的平均摄入量，根据目前营养学知识和体格测量、临床体征检查和营养状况实验室检验的结果等，评定当地膳食对儿童的生长发育的影响，从而改善饮食的调配，并为国家食物生产计划和改进人民营养状况提供科学依据。

（三）实验原理

膳食调查主要包括：①调查期间每人每日所吃的食物品种、数量，这是膳食调查最基本的资料；②了解烹调加工方法对维生素保存的影响等；③注意饮食制度、餐次分配是否合理；④过去膳食情况、饮食习惯等，以及调查对象的生理状况、是否有慢性病等。

实验内容

（一）实验方法与数据处理

（1）以个人为单位记录调查表，可以是自己或某个同学，收集摄食资料，要求不少于 5d（节假日应除去）。每日应有早、中、晚餐，少数同学还有三餐以外的零食，也应计算在内。

（2）依次计算完成表 10－1～表 10－6 各项内容。（表中的表格不够可增加，最好直接用 Excel 做表格，以方便后面的计算）

表 10－1 为每人每日摄入各类食物摄入量登记表；

表 10－2 为每人平均每日营养素摄入量计算表；

表 10－3 为每人平均每日膳食评价表（与 DRIs 中的 RNIs 或 AIs 相应值比较）；

表 10－4 为每人平均每日三餐热量分配；

表 10－5 为每人平均每日热量来源；

表 10－6 为每人平均每日蛋白质来源。

表 10－1　　每人每日摄入各类食物摄入量登记表

餐次日期	食物名称/g
早	
中	
晚	
早	
中	
晚	
早	
中	
晚	
早	
中	
晚	
早	
中	
晚	

表 10－2　　每人平均每日营养素摄入量计算表

食物名称	质量/g	蛋白质/g	脂肪/g	糖类/g	热量/kJ	钙/mg	磷/mg	铁/mg	维生素 A/IU	胡萝卜素/mg	维生素 B_1/mg	维生素 B_2/mg	维生素 B_5/mg	维生素 C/mg	维生素 D/mg

表 10-3 每人平均每日膳食评价表

各种营养素	蛋白质/g	脂肪/g	糖类/g	热量/kJ	钙/mg	铁/mg	维生素A/IU	维生素B_1/mg	维生素B_2/mg	维生素B_5/mg	维生素C/mg
每日供给量标准											
平均每日摄入量											
摄入量/供给量×100%											
评价级别											

表 10-4 每人平均每日三餐热量分配

热量与分配	早餐	中餐	晚餐
平均每天摄入热量/kJ			
占全天热量的百分比/%			

表 10-5 每人平均每日热量来源

类别	平均摄入量/g	热量/kJ	占总热量/%
蛋白质			
脂肪			
糖类			
共计			

表 10-6 每人平均每日蛋白质来源

蛋白质来源	摄入量/g	占总摄入量/%
谷类		
豆类		
其他植物性食物		
动物性食物		
总计		

（二）结果解读

1. 每人每日平均摄入量

参照《中国居民膳食营养素参考摄入量》进行评价。根据中等劳动强度成年男子EAR、RNI或AI、UL值，分析能量、各种营养素摄入是否存在摄入不足或过剩的现象；与RNI或AI相差10%上下，可以认为合乎要求。

（1）若低于EAR，认为该个体该种营养素处于缺乏状态，应该补充。

（2）若达到或超过RNI，认为该个体该种营养素摄入量充足。

（3）若介于EAR或RNI之间，为安全起见，建议进行补充。

另外，要注意超过UL的营养素。

2. 评价一日三餐的能量分配是否合理

早:中:晚＝2:4:4 或 3:4:3

3. 能量、蛋白质和铁的食物来源分配是否合理

蛋白质（动物性食物＋豆类）＞1/3

铁（动物性食物）＞1/3

4. 三大营养素的供能比是否合理

蛋白质：10%～12%；

脂肪：20%～30%；

碳水化合物：55%～65%。

（三）注意事项与说明

（1）膳食调查的研究也是一项群众工作，必须要有群众的合作才能很好地完成。调查者必须得到集体单位的领导、托幼机构的保健员、家长及炊事员的充分协作才能得到可靠的资料。因此，在调查前一般要通过当地卫生行政部位和居民委员会的介绍并取得与调查单位的联系；调查者当详细说明调查目的和方法，并了解当时市场上主要食物的供应情况和当地居民一般的生活和饮食习惯。

（2）调查工作的目的在于为下一步的改善提出依据。因此，在调查过程中，要关心群众，尽可能不要影响群众的工作和生活，要注意从实际出发，同时必须仔细考虑在具体条件下如何抓住主要问题。

（3）调查者应注意，填写调查表格时要字迹清楚。一律用钢笔或圆珠笔，计算结果均要复核一次并签署调查者的姓名。

（4）结合调查，及时宣传普及卫生知识。工作结束离开时要有交代。

思考题

请你对上述膳食调查的资料进行分析，并对该膳食的质量进行评价，如果相应改善不符合平衡膳食的要求，应该如何调整？

参考文献

中国营养学会．中国居民膳食营养素参考摄入量速查手册［M］．北京：中国标准出版社，2014.

实验二 调查与设计膳食食谱

理 论 知 识

（一）背景材料

膳食食谱设计总原则：满足平衡膳食及合理营养要求，并同时满足膳食多样化的原则且尽可能照顾进餐者的饮食习惯和经济能力。

（1）满足营养素及热能的供给量 根据用膳者年龄、性别、劳动强度、生理状况和营养素摄入量标准，计算各种食物用量，使平均每天的热能及营养素摄入能满足人体需要。

（2）各种营养素之间比例适当 除了全面达到热能和各种营养素的需求量外，还要考虑各种营养素之间适宜的比例和平衡，充分利用不同食物中的各种营养素之间的互补作用，使其发挥最佳协同作用。

（3）食物多样化 “中国居民膳食指南”中将食物分为谷类、豆类、蔬菜、水果、肉类、乳类、蛋类、水产品、油脂类9类。每天应从每类食物中选用1~3种适量食物，组成平衡膳食。对同一类食物可更换不同品种和烹调方法。尽量做到主食粗细搭配，粮豆混杂，有米有面，副食荤素兼备，有菜有汤，还应注意菜肴的色、香、味、形。

（4）食物安全无害 选用新鲜和卫生的食物。

（5）减少营养素损失 尽量多选择营养素损失较少的烹调和加工方法。

（6）其他因素 考虑用膳者饮食习惯、进餐环境、用膳目的和经济能力，结合季节、食物供应情况、食堂或家庭的设备条件和炊事人员的技术等因素，编制切实可行的食谱及配餐。

（7）及时更换调整食谱 每1~2周可调整或更换一次食谱。食谱执行一段时间后应对其效果进行评价，不断调整食谱。

（二）实验目的

根据合理膳食的原则，把一天或一周各餐中主、副食的品种、数量、烹调方式、进餐时间做详细的计划并编排成表格形式，即食谱编制。食谱编制后，交营养配餐人员或炊管人员按主、副食的品种、数量和烹调方法进行配餐。

编制食谱及营养配餐是为了把“膳食营养素参考摄入量”（DRIs）和膳食指南的原则与要求具体化并落实到一日三餐，使其按人体的生理需要摄入适宜的热能和各种营养素，以达到合理营养、促进健康的目的。

（三）实验原理

食谱编制及营养配餐是社会营养的重要工作内容。对正常人来说是保证其合理营养的具体措施，对患营养性疾病或患其他疾病的患者来说是一种基本的治疗措施。应根据人体对各种营养素的需要，结合当地食物的品种、生产供应情况、经济条件和个人饮食习惯等合理选择各类食物，编制符合营养原则与要求的食谱，然后按编制的食谱进行配餐。用有限的经济开支来取得最佳的营养效果，不仅节约食物资源，而且还能提高生活质量。

实验内容

（一）实验方法与数据处理

（1）食谱设计前的理论培训及分组。

（2）以小组为单位分头到有关单位食堂或家庭内调查某人每周膳食结构和膳食营养素搭配。

（3）调查当地当前市场上所提供的食物品种。

（4）列出已选择的食物，并查对食物成分表，确定每种食物的各种营养成分。

（5）初步设计某人一周（7d）每日三餐的膳食组成及膳食原料。

（6）根据所用原料占每餐的用量（百分比），计算出每种食物可提供的营养量。

（7）参照我国 DRIs，对三餐食物进行合理调整和搭配，设计出较为理想的一周食谱。

（8）制作一周食谱一览表，填写相应数据，并进行各种营养素的核算。

（9）设计每周膳食蛋白质、脂肪、碳水化合物各占能量的分配比例。

（10）计算三餐能量的分配比例。

（11）计算动植物食物蛋白质的供应比例，如表 10－7～表 10－11 所示。

表 10－7　　每人每日膳食食谱计算表

项目	餐次						
	早餐	早餐小计	中餐	中餐小计	晚餐	晚餐小计	合计
食物名称							
食物所占部分/%							
质量/g							
蛋白质/g							
脂肪/g							
糖类/g							
热量/kJ							
钙/mg							
磷/mg							
铁/mg							
维生素 A/IU							
维生素 D/IU							
维生素 B_1/mg							
维生素 B_2/mg							
维生素 PP/mg							
维生素 C/mg							

记录者　　　　计算者　　　　年　月　日

表 10－8　　膳食营养素计算表

营养素	蛋白质/g	脂肪/g	糖类/g	热量/J	钙/mg	铁/mg	视黄醇当量	维生素 B_1/mg	维生素 B_2/mg	烟酸/mg	维生素C/mg
每日供给量											
实际每日摄入量											
摄入量/供给量×100%											

表 10－9　　食物源的营养素分配比例

营养素来源	能量	蛋白质	铁
动物食物/%			
豆类/%			
植物/%			

表 10－10　　一日三餐能量分配比例

	早餐	中餐	晚餐
能量比例/%			

表 10－11　　三大营养素能量分配比例

类别	能量/J	能量比例/%
蛋白质		
脂肪		
糖类		

记录者　　　　计算者　　　　年　月　日

（二）结果解读

（1）参照各表，提交某人一日的膳食食谱，并加以营养学解释。

（2）核定与矫正营养素供给（营养分析）。

（3）核定与矫正饭菜用量。

（4）最终确定某人一周的膳食食谱表格。

（三）注意事项与说明

（1）上述项目的平均数和标准差。

（2）文字评价，注明用餐单位、年龄段人群、测定项目的数据等。

（3）写出实验报告并加以分析。

思考题

在设计食谱时，哪些问题是必须遵循的原则，而哪些事项可以灵活掌握？

参考文献

中国营养学会. 中国居民膳食营养素参考摄入量速查手册［M］. 北京：中国标准出版社，2014.

实验三　营养宣教计划书的设计

理 论 知 识

（一）背景材料

营养宣教即营养教育，是以改善人民营养状况为目标，通过营养科学的信息交流，帮助个体和群体获得营养知识、形成科学合理饮食习惯的教育活动过程，是健康教育的重要组成部分。

营养宣教效果评价是评价或评估由营养宣教计划的实施引起的目标人群营养知识水平的提高程度、营养相关良好行为及其影响因素（倾向因素、促成因素、强化因素）的变化，以及由此引起的身体营养状况和健康状况的变化。根据上述因素变化发生的时间顺序可将其分为近期、中期和远期效果评价。

（1）近期效果即目标人群营养的知识、态度信息服务的变化。

（2）中期效果主要指行为和危险目标因素的变化，如不良饮食行为的改变率或良好饮食行为的形成率等。

（3）远期效果指人们营养健康状况和生活质量的变化，如反映营养状况的指标有身高、体重变化，影响生活质量变化的指标有劳动生产力智力、寿命、精神面貌的改善以及卫生保健、医疗费用的降低等。

要想对营养宣教的效果进行评价，必须以良好的宣教计划和实施过程为前提，目前从国内外营养宣教效果评价的文献来看，营养宣教效果的评价大多采用宣教前后营养知识、态度和行为（Knowledge，attitude and practice，KAP）调查和营养健康状况调查，评价宣教前后相关指标的变化。

（二）实验目的

（1）学习营养宣教项目计划书的具体设计方法。

（2）熟悉营养宣教项目计划书的具体设计内容和设计流程。

（3）锻炼学生独立制订营养宣教项目计划的能力。

（三）实验原理

1. 宣教前后营养知识、态度行为的改变

（1）营养知识均分 = 受调查者知识得分之和/受调查者总人数

（2）营养知识合格率 =（营养知识达到合格标准人数/受调查者总人数）×100%

（3）营养知识知晓率（正确率）=（知晓即能正确回答某营养知识的人数/受调查

者总人数）×100%

（4）正确态度持有率 =（持某正确态度的人数/受调查者总人数）×100%

（5）行为流行率 =（有某一特定行为的人数/受调查者总人数）× 100%

这里的特定行为既可以是良好饮食行为也可以是不良饮食行为，如每天吃早餐人数的比率或不吃早餐人数的比率。

2. 营养健康状况指标的变化

（1）营养状况指标　可以为通过膳食调查获得的营养素摄入量方面的指标，也可以为体内营养状况的指标，如血清维生素 A 水平等。

（2）生理指标　如身高、体重、体质指数、血压、血红蛋白、血脂水平等，并可以获得超重或肥胖、偏瘦或消瘦在人群中总的发生率，根据人群的不同也可有心理方面的指标，如人格、智力等。

（3）疾病与死亡指标　如疾病发病率、患病率、死亡率、婴儿死亡率、5 岁以下儿童死亡率、平均期望寿命等，尤其与营养有关的各种营养素缺乏症的发生率、上呼吸道感染发生率、消化道感染发生率、高脂血症患病率、高血压患病率、糖尿病患病率等营养相关疾病的发生率或患病率更有价值。

3. 生活质量指标

可采用各种生活质量量表进行评价，如幸福量表、生活满意度量表等，并分析指标前后的变化情况。

实验内容

（一）实验设备与材料

（1）宣教材料和营养问卷的拟定。

（2）选择适当的宣教区域和宣教对象。

（3）宣教中的营养知识宣传和科技服务。

（二）实验方法与数据处理

（1）项目的名称　根据项目的目的和内容，确定项目的名称，要求兼顾学术性和通俗性，避免晦涩难懂。

（2）项目的目的和意义　项目的目的和意义应该具体而实际，避免大而空。

（3）项目的立项背景和依据　收集和总结已有的相关项目资料，分析项目立项的必要性和可行性。

（4）项目的预期目标　预期目标应该具体而明确、紧扣项目的目的，避免华而不实。

（5）项目的具体内容

①宣教对象的选择。确定宣教对象的年龄、性别、生理状态、收入水平、知识层次等基本情况。

②宣教内容的确定。根据宣教对象的具体情况和宣教项目的目的，确定宣教具体内容以及内容的深浅程度。

③宣教方法的确定。根据宣教对象的年龄和知识层次，确定宣教的方法和手段，尽可能形式多样，通俗易懂，简便易行，易被人接受。

④宣教效果的评价。根据宣教目标制定宣教效果评价标准，要求紧扣目标，细化量化。

⑤宣教项目的预算和经费安排。本着全面、合理、节约的原则，测算项目的全部费用，开列具体的支出明细。

（6）项目的实施程序

①准备工作。确定项目负责人、社区联络人、调查方法和质量控制标准，完成文本表格设计及人员培训，安排专家日程。

②基线调查。针对项目的目标，了解调查人群的健康状况和膳食状况、调查对象的营养知识。

③项目进度安排。确定时间进度，明确各阶段应该完成的任务及阶段负责人。

④项目实施。

（7）项目的评价

①形成评价。评价项目的目标是否明确、指标是否恰当，人员配备是否合理，可行性是否足够。

②过程评价。评价项目的实施过程是否遵守计划安排，计划变动的具体内容和原因，以及对项目结果的影响。

③效果评价。根据项目的评价指标，评价指标的达成情况。

（8）项目总结　评价项目的完成情况，是否达到预期的目的，是否取得了预期的效果，是否存在需要进一步完善之处。

（三）结果解读

1. 准备工作

确定项目负责人、宣教区域联络人、调查方法和质量控制标准，完成表格设计及工作日程。

2. 基本调查

针对项目的目标，了解调查人群的健康状况和膳食状况、调查对象的营养知识。

3. 项目实施

营养宣教计划书的撰写。

（1）格式是否合乎世界卫生组织（WHO）规范。

（2）文笔是否通顺。

（3）内容是否充实。

（4）是否具有可行性。

（5）是否有创新性。

4. 项目进度安排

确定时间进度，明确各阶段应完成的任务及阶段负责人。

（四）注意事项与说明

制订营养宣教计划书之前，学生要进行专项学习，以保证规范的操作。

思考题

1. 如何进行营养宣教效果的评价？

2. 怎样使营养宣教计划书既具有可行性，同时又具有一定的创新性？

参考文献

金邦荃．营养学实验与指导［M］．南京：东南大学出版社，2008.

实验四　制作食品营养标签

理论知识

（一）背景材料

食品营养标签是食品标签的重要内容。营养标签是指向消费者提供食品营养成分信息和特性的说明，包括营养成分表、营养声称和营养成分功能声称。国家鼓励食品企业对其生产的产品标示营养标签。营养标签上的营养成分表是标有食品营养成分名称、含量和占营养素参考值（NRV）的表格。表格中可以标示的营养成分包括能量、营养素、水分和膳食纤维等。

为指导和规范食品营养标签的标示，我国卫生健康委员会制定了《食品营养标签管理规范》。规范共21条，包括《食品营养成分标示准则》《中国食品标签营养素参考值》和《食品营养声称和营养成分功能声称准则》3个技术附件。

1. 营养的食品标签

（1）营养成分的标示　营养成分表中营养成分的标示，是对食品中营养成分含量做出的确切描述。

营养成分的含量标示使用每100g、100mL食品或每份食用量作为单位，营养成分的含量用具体数值表示，同时标示该营养成分含量占营养素参考值（NRV）的百分比，如表10－12所示。

表10－12　营养成分表中营养成分的标示

项目	每100g（mL）或每份	营养素参考值
能量	J	%
蛋白质	g	%
脂肪	g	%
碳水化合物	g	%
钠	mg	%

①能量和核心营养素的标示。核心营养素指蛋白质、脂肪、碳水化合物和钠。食品企业对食品进行营养成分标示和/或营养声称、营养成分功能声称的标示时，应首先标示能量及4种核心营养素的含量。

②宜标示的营养成分。饱和脂肪（酸）、胆固醇、碳水化合物、膳食纤维、钙和维生素 A 对人体健康十分重要，是推荐标示的重要营养成分。

③其他营养成分。如维生素 E、叶酸、烟酸（烟酰胺）以及其他维生素和矿物质。

④营养成分标示的顺序。

能量；蛋白质；脂肪，饱和脂肪（酸）、不饱和脂肪（酸）、反式脂肪（酸）；胆固醇；碳水化合物，糖；膳食纤维，可溶性膳食纤维、不可溶性膳食纤维；钠；钙；维生素 A；其他维生素包括维生素 D、维生素 E、维生素 K、维生素 B_1（硫胺素）、维生素 B_2（核黄素）、维生素 B_6、维生素 B_{12}、维生素 C（抗坏血酸）、烟酸（烟酰胺）、叶酸、泛酸、生物素和胆碱；其他矿物质包括磷、钾、镁、铁、锌、碘、硒、铜、氟、铬、锰和钼。当缺少项目时，依序上移。

（2）营养标签的推荐格式　在营养成分表中，能量和核心营养成分应为粗体或以其他方法使其显著。若再标示除核心和重要营养成分外的其他营养素，应列在推荐的营养成分之下，并用横线隔开。对于附有营养声称和营养成分功能声称的营养成分表格式，如营养声称："低脂肪※※"，可以标在营养成分表下端，上端或其他任意位置；营养成分功能声称："每日膳食中脂肪提供的能量占总能量的比例不宜超过 30%"，应当标在营养成分表下端。

（3）中国食品标签营养素参考值（NRV）　中国食品标签营养素参考值，简称"营养素参考值"，是食品营养标签上比较食品营养素含量多少的参考标准，是消费者选择食品时的一种营养参照尺度。营养素参考值依据我国居民膳食营养素推荐摄入量（RNI）和适宜摄入量（AI）制定，用于比较和描述能量或营养成分含量的多少，如占营养素参考值的百分数（NRV，%），如表 10－13 所示。

表 10－13　　中国食品标签营养素参考值（NRV）

营养成分	NRV	营养成分	NRV	营养成分	NRV
能量*	8400kJ	维生素 B_2	1.4mg	钠	2000mg
蛋白质	60g	维生素 B_6	1.4mg	镁	300mg
脂肪	<60g	维生素 B_{12}	2.4μg	铁	15mg
饱和脂肪酸	<20g	维生素 C	100mg	锌	15mg
胆固醇	<300mg	烟酸	14mg	碘	150μg
碳水化合物	300g	叶酸	400μgDEF	硒	50μg
膳食纤维**	25g	泛酸	5mg	铜	1.5mg
维生素 A	800μgRE	生物素	30μg	氟	1mg
维生素 D	5μg	胆碱	450mg	铬	50μg
维生素 E	14mgα~TE	钙	800mg	锰	3mg
维生素 K	80μg	磷	700mg	钼	40μg

注：*—能量相当于 2000 kcal；蛋白质、脂肪、碳水化合物供能分别占总能量的 13%、27% 与 60%；**—膳食纤维暂定为营养成分；DEF—膳食叶酸当量；RE—膳食视黄醇当量；α~TE—α－生育酚当量。

（4）营养成分的分析　食品营养标签用数据可通过计算或检测的方法获得。

计算法是根据食品原料的配比，或其他确实的资料，如公认的食物营养成分数据、同类食品等的成分数据计算出的产品营养成分含量，所得结果应可信。

直接分析时，所用的检验方法、样品采集的基本选择原则按照 GB/T 5009.1—2003《食品卫生检验方法　理化部分　总则》规定执行。检验方法应首先选择国家标准方法的最新版本，当无国标方法时，推荐优先使用美国官方分析化学家协会（AOAC）的方法。

2. 营养成分的计算

（1）计算数据

①利用原料的营养成分含量数据，根据原料配方计算获得。

②利用可信赖的食物成分数据库数据，根据原料配方计算获得。

对于采用计算法的，企业负责计算数值的准确性，必要时可用检测数据进行比较和评价。为保证数值的可溯源性，建议企业保留相关信息，以便查询和及时纠正相关问题。

利用原料的营养成分含量数据，根据原料配方计算产品的营养成分较为简便、快捷。

（2）营养成分计算注意事项

①能量单位的换算：1kcal = 4.18kJ。

②出成率：计算表中的出成率是指根据该原料配方生产至终产品时因失水或吸水的得率，如烘烤类糕点产品，该出成率应为面团烘烤后与烘烤前的比率，该比率与生产过程损耗（如面团粘缸、次品等）无关。

③能量验证：根据蛋白质、脂肪、碳水化合物计算出来的结果进行反推。

能量 =（蛋白质 ×4 + 脂肪 ×9 + 碳水化合物 ×4） ×4.184，得出的结果应与计算出来能量相近。

（3）营养素参考值（NRV）的计算。

$$\text{NRV}\% = \frac{X}{\text{NRV}} \times 100\% \qquad (10-1)$$

式中　X——食品中某营养素的含量；

NRV——该营养素的营养素参考值。

（二）实验目的

（1）了解国内外食品营养标签的发展及现状。

（2）了解中国食品营养标签法规的发展。

（3）掌握食品营养标签管理规范的内容。

（4）掌握食品营养标签的内容、制作方法及格式。

（三）实验原理

食品营养标签包括营养成分、营养信息或营养声明和健康声明，它是显示食品组成成分、食品的特征和性能、向消费者传递食品营养信息的主要手段，也是向公众进行营养教育、指导选择健康膳食的一个指南。近年来，随着市场经济的发展和商品流通的日益国际化，食品营养标签的内容和形式在进行公平交易、引导、促进消费、保护消费者的权益和身体健康过程中占有越来越重要的地位。食物标签从以保护消费者免受经济损失为主，逐渐过渡到以保护消费者免于健康损害的危险因素为主。食品标签“营养化”“健康化”已成为世界范围内的一种追求和趋势，也标志着食品工业现代化和人类文明的进步。

食品标签是向消费者传递产品信息的载体。做好预包装食品标签管理，既是维护消费者权益、保障行业健康发展的有效手段，也是实现食品安全科学管理的需求。

实 验 内 容

（一）实验设备与材料

需要制作标签的一种或几种食品。

（二）实验方法与数据处理

（1）食品营养标签的制作　选一种加工食品，查出营养成分，制作营养标签。

（2）食品营养标签标示规范性调查　采用市场调查的方法，按类型调查市场现有食品营养标签的标注情况，每个类型产品调查5个以上的营养标签，对照《食品营养标签标示规范》，进行评价，写出调查结果分析报告。

（三）结果解读

姓名、班级、学号、调查时间、地点，调查食品类型名称，素材（图片），做出调查结果分析。

（四）注意事项与说明

（1）标签标注净含量的计量单位必须是国家法定计量单位；例如：1kg，日常生活中也可以称为1公斤，但是“公斤”非国家法定计量单位，所以在标签标示时不能采用。标示位置应与食品名称在包装物或容器的同一展示版面；固、液两相且固相物质为主要食品配料的预包装食品，应在靠近“净含量”的位置以质量或质量分数的形式标示沥干物（固形物）的含量。

（2）生产日期标示有严格的规定，不得另外加贴、补印或篡改。同一预包装食品包含多个生产日期不同的产品时，应按最早生产的产品标示或分别标示各个单件食品的生产日期。

（3）标签多处标示食品名称时应当保持一致。市场上也经常出现标签主版面醒目位置的名称与其他部位食品名称不一致的情况。例如，主展示版面醒目位置食品名称标示为“牛肉条”，而背面标签标注名称却是“牛肉味面筋制品”。

思考题

1. 怎样得到某一种食品具体的营养成分？
2. 在计算营养成分时，如何尽可能地降低误差？

附　录

APPENDIX

附录一　食品样品的采集、制备与保存

（一）采样要求

进行食品检验，是在整批被检食品中抽取一部分作为检验样品，而对样品进行检验的结果是用来说明整批食品性状的。因此，采样时必须注意样品的代表性和均匀性，要认真填写采样记录，写明样品的生产日期、批号、采样条件、包装情况等。对于从外地调入的食品应结合运货单、兽医卫生人员证明、商品检验机关或卫生部门的化验单、厂方化验单了解起运日期、来源地点、数量、品质情况，并填写检验项目及采样人。

（二）采样数量和方法

采样数量应能反映该食品的卫生质量并能满足检验项目对试样量的需要，一式三份，供检验、复验、备查或仲裁，一般散装样品每份不少于0.5kg。

鉴于采样的数量和规则各有不同，一般可按下述方法进行。

（1）液体、半流体饮食品，如植物油、鲜乳、酒或其他饮料，如用大桶或大罐盛装者，应先行充分混匀后再采样。样品应分别盛放在三个干净的容器中，盛放样品的容器不得含有待测物质及干扰物质。

（2）粮食及固体食品应自每批食品的上、中、下三层中的不同部位分别采取部分样品混合后按四分法对角取样，再进行几次混合，最后取有代表性的样品。

（3）肉类、水产等食品应按分析项目要求分别采取不同部位的样品或将样品混合后进行采样。

（4）罐头、瓶装食品或其他小包装食品，应根据批号随机取样。同一批号取样件数：250g以上的包装不得少于6个，250g以下的包装不得少于10个。掺伪食品和食物中毒的样品采集，要具有典型性。

因食品数量较大，而且目前的检测方法大多数具有破坏作用，故不能对全部食品进行校验，必须从整批食品中采取一定比例的样品进行校验。从大量的分析对象中抽取具有代表性的一部分样品作为分析化验样品，这项工作即称为样品的收集或采样。食品的种类繁多，成分复杂。同一种类的食品，其成分及其含量也会因品种、产地、成熟期、加工或保藏条件不同而存在相当大的差异；同一分析对象的不同部位，其成分和含量也可能有较大差异。从大量的、组成成分不均匀的被检物质中采集能代表全部被检物质的

分析样品（平均样品），必须采用正确的采样方法。如果采取的样品不足以代表全部物料的组成成分，即使以后的样品处理、检测等一系列环节非常精密、准确，其检测的结果也毫无价值，甚至可导出错误的结论。可见，采样是食品分析工作非常重要的环节。

正确采样，必须遵循以下两个原则：第一，采集的样品要均匀一致、有代表性，能够反映被分析食品的整体组成、质量和卫生状况；第二，在采样过程中，要设法保持原有的理化指标，防止成分逸散或带入杂质。

1. 采样步骤

样品通常可分为检样、原始样品和平均样品。采集样品的步骤一般分五步，如下所述。

（1）获得检样　以被分析的整批物料的各个部分采集的少量物料为检样。

（2）形成原始样品　许多份检样综合在一起称为原始样品。如果采得的检样互不一致，则不能把它们放在一起做成一份原始样品，而只能把质量相同的检样混在一起，做成若干份原始样品。

（3）得到平均样品　原始样品经过技术处理后，再抽取其中一部分供分析检验用的样品称为平均样品。

（4）平均样品三分　将平均样品平均分为三份，分别作为检验样品（供分析检测使用）、复验样品（供复验使用）和保留样品（供备查或查用）。

（5）填写采样记录　采样记录要求详细填写采样的单位、地址、日期、样品的批号、采样的条件、采样时的包装情况、采样的数量、要求检验的项目以及采样人等资料。

2. 采样的一般方法

采样通常有两种方法：随机抽样和代表性取样。随机抽样是按照随机的原则，从分析的整批物料中抽取一部分样品。随机抽样时，要求使整批物料的各个部分都有被抽到的机会。代表性取样则是用系统抽样法进行采样，即已经掌握了样品随空间（位置）和时间变化的规律，按照这个规律采集样品，使采集到的样品能代表其相应部分的组成和质量，如对整批物料进行分层取样、在生产过程的各个环节取样、定期从货架上采集陈列不同时间的食品的取样等。

两种方法各有利弊。随机抽样可以避免人为的倾向性，但是，在有些情况下，如采集难以混匀的食品（如黏稠液体、蔬菜等）的样品，仅仅使用随机抽样法是不行的，不如结合代表性取样法，从有代表性的各个部分分别取样。因此，采样通常采用随机抽样与代表性取样相结合的方式。具体的取样方法，因分析对象性质的不同而异。

（1）均匀固体物料（如粮食、粉状食品）

①有完整包装（袋、桶、箱等）的物料：可先按（总件数/2）1/2 确定采样件数，然后从样品堆放的不同部位，按采样件数确定具体采样袋（桶、箱），再用双套回转取样管插入包装容器中采样，回转 180°取出样品；再用“四分法”将原始样品做成平均样品，即将原始样品充分混合均匀后堆集在清洁的玻璃板上，压平至厚度在 3cm 以下，并划出对角线或“十”字线，将样品分成 4 份，取对角线的 2 份混合，再次分为 4 份，取对角的 2 份。这样操作直至取得所需数量为止，此即是平均样品。

②无包装的散堆样品：先划分若干等体积层，然后在每层的四角和中心点用双套回

转取样器各采集少量检样，再按上述方法处理，得到平均样品。

（2）较稠的半固体物料（如稀奶油、动物油脂、果酱等） 这类物料不易充分混匀，可先按（总件数/2）1/2 确定采样件（桶、罐）数，打开包装，用采样器从各桶（罐）中分上、中、下三层分别取出检样，然后将检样混合均匀，再按上述方法分别缩减，得到所需数量的平均样品。

（3）液体物料（如植物油、鲜乳等）

①包装体积不太大的物料：可先按（总件数/2）1/2 确定采样件数。开启包装，用混合器充分混合（如果容器内被检物不多，可用由一个容器转移到另一个容器的方法混合）。然后用长形管或特制采样器从每个包装中采取一定量的检样；将检样综合到一起后，充分混合均匀形成原始样品；再用上述方法分取缩减得到所需数量的平均样品。

②大桶装的或散（池）装的物料：这类物料不易混合均匀，可用虹吸法分层（大池的还应分四角及中心五点）取样，每层 500mL 左右，得到多份检样；将检样充分混合均匀即得原始样品；然后分取缩减得到所需数量的平均样品。

（4）组成不均匀的固体食品（如肉、鱼、果品、蔬菜等） 这类食品各部位组成极不均匀,个体大小及成熟程度差异很大，取样更应注意代表性，可按下述方法采样。

①肉类：根据分析目的和要求不同而定。有时从不同部位取得检样，混合后形成原始样品，再分取缩减得到所需数量的能代表该只动物的平均样品；有时从一只或很多只动物的同一部位采样，混合后形成原始样品，再分取缩减得到所需数量的能代表该动物某一部位情况的平均样品。

②水产品：小鱼、小虾可随机采集多个检样，切碎、混匀后形成原始样品，再分取缩减得到所需数量的平均样品；对个体较大的鱼，可从若干个体上切割少量可食部分得到检样，切碎、混匀后形成原始样品，再分取缩减得到所需数量的平均样品。

③果蔬：体积较小的（如山楂、葡萄等），可随机采取若干个整体作为检样，切碎、混匀形成原始样品，再分取缩减得到所需数量的平均样品；体积较大的（如西瓜、苹果、菠萝等），可按成熟度及个体大小的组成比例，选取若干个个体作为检样，对每个个体按生长轴纵剖分 4 份或 8 份，取对角线 2 份，切碎、混匀得到原始样品，再分取缩减得到所需数量的平均样品；体积蓬松的叶菜类（如菠菜、小白菜等），由多个包装（一筐、一捆）分别抽取一定数量的检样，混合后捣碎、混匀形成原始样品，再分取缩减得到所需数量的平均样品。

（5）小包装食品（罐头、袋或听装乳粉、瓶装饮料等） 这类食品一般按班次或批号连同包装一起采样。如果小包装外还有大包装（如纸箱），可在堆放的不同部位抽取一定量（总件数/2）1/2 大包装，打开包装，从每箱中抽取小包装（瓶、袋等）作为检样；将检样混合均匀即形成原始样品，再分取缩减得到所需数量的平均样品。

3. 采样数量

食品分析检验结果的准确与否通常取决于两个方面：①采样的方法是否正确；②采样的数量是否得当。因此，从整批食品中采取样品时，通常按一定的比例进行。确定采样的数量，应考虑分析项目的要求、分析方法的要求和被分析物的均匀程度 3 个因素。一般平均样品的数量不少于全部检验项目的 4 倍；检验样品、复验样品和保留样品一般每份数量不少于 0.5kg。检验掺伪物的样品，与一般成分分析的样品不同，分析项目事先不明确，属于捕捉性分析，因此，相对来讲，取样数量要多一些。

4. 采样的注意事项

（1）一切采样工具（如采样器、容器、包装纸等）都应清洁、干燥、无异味，不应将任何杂质带入样品中。例如，做3,4－苯并芘测定的样品不可用石蜡封瓶口或用蜡纸包装，因为有的石蜡含有3,4－苯并芘；检测微量和超微量元素时，要对容器进行预处理；做锌测定的样品不能用含锌的橡皮膏封口；做汞测定的样品不能使用橡皮塞；供微生物检验用的样品，应严格遵守无菌操作规程。

（2）设法保持样品原有微生物状况和理化指标，在进行检测之前样品不得被污染，不得发生变化。例如，做黄曲霉毒素 B_1 测定的样品，要避免阳光、紫外灯照射，以免黄曲霉毒素 B_1 发生分解。

（3）感官性质极不相同的样品，切不可混在一起，应另行包装，并注明其性质。

（4）样品采集完后，应在4h之内迅速送往检测室进行分析检测，以免发生变化。

（5）盛装样品的器具上要贴牢标签，注明样品名称、采样地点、采样日期、样品批号、采样方法、采样数量、分析项目及采样人。

5. 采样实例

（1）罐头

①按生产班次取样，取样量为1/3000，尾数超过1000罐者，增取1罐，但每班每个品种取样量基数不得少于3罐。

②某些罐头生产量较大，则以班产量总罐数20000罐为基数，取样量按1/3000。超过20000罐以上罐数，取样量按1/10000，尾数超过1000罐者，增取1罐。

③个别生产量过小的产品，同品种、同规格可合并班次取样，但并班总罐数不超过5000罐，每生产班次取样量不少于1罐，并班后取样基数不少于3罐。

④按杀菌锅取样，每锅检取1罐，但每批每个品种不得少于3罐。

（2）瓶、袋、听装乳粉　按批号采样，自该批产品堆放的不同部位采取总数的1‰，但不得少于2件，尾数超过500件者应增取1件。

（三）检验样品的制备和保存

若采样得到的样品数量不能全用于检验，必须再在样品中取少量样品进行检验。检验样品的制备可使用四分法。即将各个采集回来的样品进行充分混合均匀后，堆为一堆，从正中划“十”字，再将“十”字的对角2份取出，混合均匀再从正中划“十”字，这样直至达到所需要的数量为止，即为检验样品。四分法取样图解如附图1－1所示。

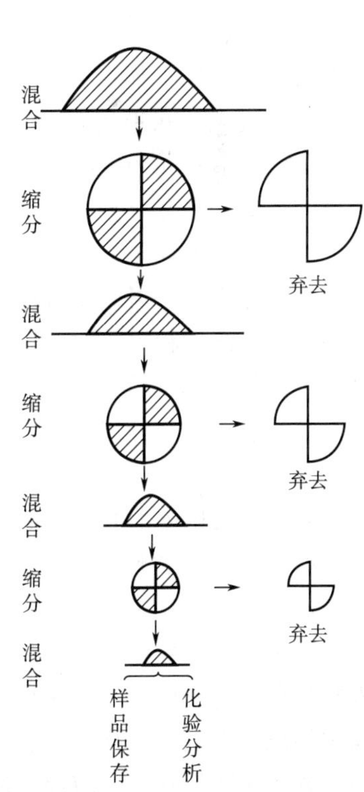

附图1－1　四分法取样图解

采取的样品，为了防止其水分或挥发性成分散失以及其他待测成分含量变化（如光解、高温分解、发酵等），应在短时间内进行分析。如果不能立即分析或是作为复验和备查的样品，则应妥善保存。

制备好的样品应放在密封洁净的容器内，置于阴暗处保存；并应根据食品种类选择其物理化学结构变化极小的适宜温度保存。对易腐败变质的样品应保存在0～5℃的冰箱里，但保存时间不宜过长。有些成分，如胡萝卜素、黄曲霉毒素 B_1、维生素 B_1 等，容易发生光解，以这些成分为分析项目的样品，必须在避光条件下保存。特殊情况下，样品中可加入适量的不影响分析结果的防腐剂，或将样品置于冷冻干燥器内进行升华干燥以便保存。

此外，样品保存环境要清洁干燥，存放的样品要按日期、批号、编号摆放，以便查找。

按采样规程采集的样品往往数量较多，颗粒较大，而且组成也不十分均匀。为了确保分析结果的正确性，必须对采集到的样品进行适当地处理，以保证样品十分均匀，使分析的部分能代表全部样品的成分。

样品的制备是指对采取的样品进行分取、粉碎、混匀等处理工作。样品的制备方法因产品类别不同而异。

1. 液体、浆体或悬浮液体

一般将样品摇匀，充分搅拌。常用的简便搅拌工具是玻璃搅拌棒，还有带变速的电动搅拌器，可以任意调解搅拌速度。

2. 互不相溶的液体（如油与水的混合物）

应首先使不相溶的成分分离，然后分别进行采样；再制备成平均样品。

3. 固体样品

应用切细、粉碎、捣碎、研磨等方法将样品制成均匀的可检状态。水分含量少、硬度较大的固体样品（如谷类）可用粉碎机或研钵磨碎并均匀；水分含量较高、韧性较强的样品（如肉类）可取可食部分放入绞肉机中绞匀，或用研钵研磨；质地软的样品（如水果、蔬菜）可取可食部分放入组织捣碎机中将其捣匀。各种机具应尽量选用惰性材料，如不锈钢、合金材料、玻璃、陶瓷、高强度塑料等。

为控制颗粒度均匀一致，可采用标准筛过筛。标准筛为金属丝编制的有不同孔径规格的配套过筛工具，可根据分析的要求选用。过筛时，要求全部样品都能通过筛孔，未通过的部分应继续粉碎并过筛，直至全部样品都通过为止，不应该把未过筛的部分随意丢弃，否则将造成食品样品成分构成的改变，从而影响样品的代表性。经过磨碎过筛的样品，必须进一步充分混匀。固体油脂应加热熔化后再混匀。

4. 罐头

水果罐头在捣碎前必须清除果核；肉禽罐头应预先清除骨头；鱼类罐头要将调味品（葱、辣椒及其他）分出后再捣碎。常用捣碎工具有高速组织捣碎机等。

在样品制备过程中，应注意防止易挥发性成分的逸散并避免样品组成和理化性质发生变化。做微生物检验用的样品，必须根据微生物学的要求，按照无菌操作规程制备。所采样品在分析之前应妥善保存，不使样品发生受潮、挥发、风干、变质等现象，以保证其中的成分不发生变化。检品采集后应迅速化验。检验样品应装入具有磨口玻璃塞的瓶中。易于腐败的食品，应放在冰箱中保存，容易失去水分的样品，应首先取样测定水分。一般样品在检验结束后应保留一个月，以备需要时复查，保留期限从检验报告单签发日起计算；易变质食品不予保留；保留样品应加封存放在适当的地方，并尽可能保持其原状。感官不合格产品不必进行理化检验，直接判为不合格产品。

附录二　单个脂肪酸甲酯标准品的分子式及 CAS 号

单个脂肪酸甲酯标准品的分子式及 CAS 号如附表 2－1 所示。

附表 2－1　　单个脂肪酸甲酯标准品的分子式及 CAS 号

序号	脂肪酸甲酯	脂肪酸简称	分子式	CAS 号
1	丁酸甲酯	C4:0	$C_5H_{10}O_2$	623－42－7
2	己酸甲酯	C6:0	$C_7H_{14}O_2$	106－70－7
3	辛酸甲酯	C8:0	$C_9H_{18}O_2$	111－11－5
4	癸酸甲酯	C10:0	$C_{11}H_{22}O_2$	110－42－9
5	十一碳酸甲酯	C11:0	$C_{12}H_{24}O_2$	1731－86－8
6	十二碳酸甲酯	C12:0	$C_{13}H_{26}O_2$	111－82－0
7	十三碳酸甲酯	C13:0	$C_{14}H_{28}O_2$	1731－88－0
8	十四碳酸甲酯	C14:0	$C_{15}H_{30}O_2$	124－10－7
9	顺－9－十四碳一烯酸甲酯	C14:1	$C_{15}H_{28}O_2$	56219－06－8
10	十五碳酸甲酯	C15:0	$C_{16}H_{32}O_2$	7132－64－1
11	顺－10－十五碳一烯酸甲酯	C15:1	$C_{16}H_{30}O_2$	90176－52－6
12	十六碳酸甲酯	C16:0	$C_{17}H_{34}O_2$	112－39－0
13	顺－9－十六碳一烯酸甲酯	C16:1	$C_{17}H_{32}O_2$	1120－25－8
14	十七碳酸甲酯	C17:0	$C_{18}H_{36}O_2$	1731－92－6
15	顺－10－十七碳一烯酸甲酯	C17:1	$C_{18}H_{34}O_2$	75190－82－8
16	十八碳酸甲酯	C18:0	$C_{19}H_{38}O_2$	112－61－8
17	反－9－十八碳一烯酸甲酯	C18:1n9t	$C_{19}H_{36}O_2$	1937－62－8
18	顺－9－十八碳一烯酸甲酯	C18:1n9c	$C_{19}H_{36}O_2$	112－62－9
19	反，反－9,12－十八碳二烯酸甲酯	C18:2n6t	$C_{19}H_{34}O_2$	2566－97－4
20	顺，顺－9,12－十八碳二烯酸甲酯	C18:2n6c	$C_{19}H_{34}O_2$	112－63－0
21	二十碳酸甲酯	C20:0	$C_{21}H_{42}O_2$	1120－28－1
22	顺，顺，顺－6,9,12－十八碳三烯酸甲酯	C18:3n6	$C_{19}H_{32}O_2$	16326－32－2
23	顺－11－二十碳一烯酸甲酯	C20:1	$C_{21}H_{40}O_2$	2390－09－2
24	顺，顺，顺－9,12,15－十八碳三烯酸甲酯	C18:3n3	$C_{19}H_{32}O_2$	301－00－8
25	二十一碳酸甲酯	C21:0	$C_{22}H_{44}O_2$	6064－90－0
26	顺，顺－11,14－二十碳二烯酸甲酯	C20:2	$C_{21}H_{38}O_2$	61012－46－2

续表

序号	脂肪酸甲酯	脂肪酸简称	分子式	CAS 号
27	二十二碳酸甲酯	C22:0	$C_{23}H_{46}O_2$	929－77－1
28	顺，顺，顺－8,11,14－二十碳三烯酸甲酯	C20:3n6	$C_{21}H_{36}O_2$	21061－10－9
29	顺－13－二十二碳一烯酸甲酯	C22:1n9	$C_{23}H_{44}O_2$	1120－34－9
30	顺 11,14,17－二十碳三烯酸甲酯	C20:3n3	$C_{21}H_{36}O_2$	55682－88－7
31	顺－5,8,11,14－二十碳四烯酸甲酯	C20:4n6	$C_{21}H_{34}O_2$	2566－89－4
32	二十三碳酸甲酯	C23:0	$C_{24}H_{48}O_2$	2433－97－8
33	顺 13,16－二十二碳二烯酸甲酯	C22:2	$C_{23}H_{42}O_2$	61012－47－3
34	二十四碳酸甲酯	C24:0	$C_{25}H_{50}O_2$	2442－49－1
35	顺－5,8,11,14,17－二十碳五烯酸甲酯	C20:5n3	$C_{21}H_{32}O_2$	2734－47－6
36	顺－15－二十四碳一烯酸甲酯	C24:1	$C_{25}H_{48}O_2$	2733－88－2
37	顺－4,7,10,13,16,19－二十二碳六烯酸甲酯	C22:6n3	$C_{23}H_{34}O_2$	2566－90－7

附录三　脂肪酸甲酯、脂肪酸和脂肪酸甘油三酯之间的转化系数

脂肪酸甲酯、脂肪酸和脂肪酸甘油三酯之间的转化系数如附表 3－1 所示。

附表 3－1　　脂肪酸甲酯、脂肪酸和脂肪酸甘油三酯之间的转化系数

序号	脂肪酸简称	$F_{FAME-FA}$	$F_{FAME-TG}$	F_{TG-FA}
1	C4:0	0.8627	0.9868	0.8742
2	C6:0	0.8923	0.9897	0.9016
3	C8:0	0.9114	0.9915	0.9192
4	C10:0	0.9247	0.9928	0.9314
5	C11:0	0.9300	0.9933	0.9363
6	C12:0	0.9346	0.9937	0.9405
7	C13:0	0.9386	0.9941	0.9441
8	C14:0	0.9421	0.9945	0.9474
9	C14:1n5	0.9417	0.9944	0.9469
10	C15:0	0.9453	0.9948	0.9503
11	C15:1n5	0.9449	0.9947	0.9499
12	C16:0	0.9481	0.9950	0.9529

续表

序号	脂肪酸简称	$F_{FAME-FA}$	$F_{FAME-TG}$	F_{TG-FA}
13	C16:1n7	0.9477	0.9950	0.9525
14	C17:0	0.9507	0.9953	0.9552
15	C17:1n7	0.9503	0.9952	0.9549
16	C18:0	0.9530	0.9955	0.9573
17	C18:1n9t	0.9527	0.9955	0.9570
18	C18:1n9c	0.9527	0.9955	0.9570
19	C18:2n6t	0.9524	0.9954	0.9567
20	C18:2n6c	0.9524	0.9954	0.9567
21	C20:0	0.9570	0.9959	0.9610
22	C18:3n6	0.9520	0.9954	0.9564
23	C20:1	0.9568	0.9959	0.9608
24	C18:3n3	0.9520	0.9954	0.9564
25	C21:0	0.9588	0.9961	0.9626
26	C20:2	0.9565	0.9958	0.9605
27	C22:0	0.9604	0.9962	0.9641
28	C20:3n6	0.9562	0.9958	0.9603
29	C22:1n9	0.9602	0.9962	0.9639
30	C20:3n3	0.9562	0.9958	0.9603
31	C20:4n6	0.9560	0.9958	0.9600
32	C23:0	0.9619	0.9964	0.9655
33	C22:2n6	0.9600	0.9962	0.9637
34	C24:0	0.9633	0.9965	0.9667
35	C20:3n3	0.9557	0.9958	0.9598
36	C24:1n9	0.9632	0.9965	0.9666
37	C22:6n3	0.9590	0.9961	0.9628

注：$F_{FAME-FA}$——脂肪酸甲酯转换成脂肪酸的转换系数。

$F_{FAME-TG}$——脂肪酸甲酯转换成相当于单个脂肪酸甘油三酯（1/3）的转换系数。

F_{TG-FA}——脂肪酸甘油三酯转换成脂肪酸的转换系数。

附录四 食品营养学实验报告

食品营养学实验 实验报告

实验名称： 时间：

姓名：________专业：________学号：________成绩：________指导教师：________

一、实验目的
二、实验原理
三、设备与材料
四、方法与步骤
五、实验结果

续表

六、结果解读
七、思考题
八、其他 (实验心得等)